建筑工程概论

（第二版）

主　编　刘尊明
副主编　崔海潮　刘晓华　吕　东
编　写　张　毅　李艳红　徐晓妮
主　审　吴明军

中国电力出版社
CHINA ELECTRIC POWER PRESS

内 容 提 要

本书为普通高等教育"十二五"规划教材（高职高专教育）。全书共分为5章，主要内容包括概述、建筑工程基础知识、建筑工程设计、建筑工程施工、建筑工程管理以及附录建筑工程常用标准规范清单。本书突出"以能力为本位"的思想，强调实践性、应用性；基本理论以"必需、够用和管用"为度，详略得当；采用最新建筑工程标准规范，概念准确，深入浅出，通俗易懂。

本书可作为高职高专院校建筑工程技术、建筑工程管理等土建类和管理类专业的教材，也可作为电大、函授、远程教育、自学考试等教学用书，还可供从事建筑工程设计、施工、管理的人员参考。

图书在版编目（CIP）数据

建筑工程概论 / 刘尊明主编. —2版. —北京：中国电力出版社，2014.10（2020.9重印）
普通高等教育"十二五"规划教材. 高职高专教育
ISBN 978-7-5123-6568-1

Ⅰ. ①建… Ⅱ. ①刘… Ⅲ. ①建筑工程－高等职业教育－教材 Ⅳ. ①TU

中国版本图书馆CIP数据核字（2014）第233200号

中国电力出版社出版、发行
（北京市东城区北京站西街19号　100005　http://www.cepp.sgcc.com.cn）
北京传奇佳彩数码印刷有限公司印刷
各地新华书店经售

*

2009年7月第一版
2014年10月第二版　2020年9月北京第八次印刷
787毫米×1092毫米　16开本　13.75印张　335千字
定价 **28.00** 元

版 权 专 有　侵 权 必 究

本书如有印装质量问题，我社营销中心负责退换

前 言

本次修订根据高职高专教育土建类专业教学指导委员会发布的《高等职业教育建筑工程技术专业教学基本要求》和《高等职业教育建筑工程管理专业教学基本要求》、高职高专教育土建类专业"十二五"规划教材修订要求、本课程教学基本要求，以及最新的建筑技术政策、最新的建筑工程标准规范、最新的科技成果，在广泛征求意见的基础上修订而成。

本次修订的主要内容有：

第一章中的第二、三、四节；第二章中的第一、二、四节；第三章中的第一、三节；第四章中的第一节；第五章中的第一、三、四、五节。同时，在参考文献前增加了附录建筑工程常用标准规范清单。另外，还调整了参考文献中的内容。

本次修订由山东城市建设职业学院刘尊明、刘晓华，山东天齐置业集团股份有限公司吕东，和记黄埔地产（北京朝阳）有限公司崔海潮，蓬莱市遇驾夼完全小学徐晓妮等共同完成。四川建筑职业技术学院吴明军教授审阅了全书，就内容的取舍和编排提出了很多宝贵意见。在本书的修订过程中，得到很多老师、学生和读者的关注和支持，在此表示感谢！

限于编者水平，书中难免有一些不足之处，敬请各位读者指正。

编　者
2014 年 9 月

第一版前言

为贯彻落实教育部《关于进一步加强高等学校本科教学工作的若干意见》和《教育部关于以就业为导向深化高等职业教育改革的若干意见》的精神，加强教材建设，确保教材质量，中国电力教育协会组织制订了普通高等教育"十一五"教材规划。该规划强调适应不同层次、不同类型院校，满足学科发展和人才培养的需求，坚持专业基础课教材与教学急需的专业教材并重、新编与修订相结合。本书为新编教材。

本书是根据高等职业技术教育建筑工程专业的教育标准、培养方案及主干课程教学要求编写的。

建筑工程历史悠久，前景光明。建筑材料未来的发展方向为高性能、多品种和组合利用，计算机技术在建筑工程中将得到更广泛应用，建筑工程的生产技术和生产方式将发生重大变化，将向沙漠和海洋进军，向更高、更深的方向发展。发展可持续性的建筑工程将是建筑工程发展的重要趋势。

建筑工程事业的发展，离不开人才的培养。然而，在人才培养过程中，学生如果对自己要学的专业及以后的从业方向不明了，就不能做到有目的、主动的学习。《建筑工程概论》课程，旨在使建筑工程专业的低年级学生了解建筑工程的知识框架与基本知识，了解学习建筑工程知识的方法和步骤，激发学生学好专业、投身建筑工程事业的热忱和信心，为学生今后的学习工作打下良好的思想方法和理论基础。

本书在编写时，注重高职高专技术应用型人才培养特色，突出"以能力为本位"的思想，强调实践性、应用性。对于基本理论以"必需、够用"为度，详略适当。采用国家新规范，广泛联系科学技术的发展现状，概念准确，深入浅出，通俗易懂。

本书共分为五章，主要内容为绪论、建筑工程基础知识、建筑工程设计、建筑工程施工、建筑工程管理等。为便于组织教学和学生自学，本书每章后面配有精选的复习思考题和实践技能训练。在教学的过程中，应理论联系实际，采用多媒体辅助教学，重视实践性教学环节，参观施工现场、设计院等工作场所，邀请有关人员介绍工作经验和学习经验。从而，增强学生的感性认识，提高学生的学习兴趣，增强学生对所学专业的认知。

本书由刘尊明任主编并统稿，张毅、吕东、李艳红任副主编，具体编写分工为：第一章、第二章的第五节和第六节由山东城市建设职业学院刘尊明编写，第二章的第一节～第四节由北京城建五建设工程有限公司崔海潮编写，第三章由山东城市建设职业学院张毅编写；第四章由山东天齐置业集团股份有限公司吕东编写；第五章由山东城市建设职业学院李艳红编写。四川建筑职业技术学院吴明军教授审阅了全书，就内容的取舍和编排提出了许多宝贵意见。同时山东城市建设职业学院张国威、牟培超、李元美等老师给予了大力的支持和帮助，在此一并深表感谢！

限于编者水平，书中定有不足和疏漏之处，敬请读者批评指正。

编 者
2009 年 5 月

目　　录

前　言
第一版前言

第一章　概述 ··· 1
第一节　建筑工程概论课程的任务 ··· 1
第二节　建筑工程发展概况 ··· 3
第三节　建筑工程专业的就业与继续教育 ······································ 11
第四节　建筑工程技术专业人才培养方案 ······································ 16
第五节　建筑工程专业特点及学习方法建议 ··································· 22
复习思考题 ·· 28

第二章　建筑工程基础知识 ·· 29
第一节　建筑材料 ·· 29
第二节　建筑物的组成、类型及建筑模数协调 ······························· 41
第三节　基本建设程序 ·· 46
第四节　建筑制图与识图 ·· 50
第五节　建筑设备 ·· 75
第六节　建筑力学 ·· 81
复习思考题 ·· 93
实践技能训练 ·· 94

第三章　建筑工程设计 ·· 95
第一节　建筑工程设计的内容、程序和依据 ··································· 95
第二节　建筑设计 ·· 101
第三节　建筑结构设计 ·· 113
复习思考题 ·· 125
实践技能训练 ·· 125

第四章　建筑工程施工 ·· 126
第一节　建筑施工技术 ·· 126
第二节　建筑工程测量 ·· 145
第三节　建筑施工组织 ·· 151
第四节　建筑工程计量与计价 ··· 165
复习思考题 ·· 176
实践技能训练 ·· 177

第五章　建筑工程管理 ·· 178
第一节　建设法规与建筑技术政策 ·· 178
第二节　建筑工程项目管理 ··· 188

  第三节 建筑工程监理 194
  第四节 建筑工程项目招投标 198
  第五节 建设工程合同 202
  复习思考题 206

附录 建筑工程常用标准规范清单 207

参考文献 213

第一章 概 述

第一节 建筑工程概论课程的任务

一、建筑及建筑工程的含义

(一) 建筑的含义、构成要素及建筑方针

建筑是一种用砖、石材、木材、钢筋混凝土或钢材等建筑材料搭建的供人们居住和使用的物体,是人工创造的供人们从事某项活动的空间环境。广义的建筑,包括建筑物和构筑物两大类;狭义的建筑,亦即本书中所指的建筑,仅指建筑物,不包括构筑物。建筑物,通常称为房屋,是指直接供人们使用的建筑,如住宅、教学楼、办公楼、厂房等。构筑物,是指间接供人们使用的建筑,如水塔、水井、道路、桥梁等。建筑的特点是地点固定、类型多样、体积庞大、技术复杂。建筑既具有实用性,又具有艺术性,不但是一种物质产品,也是一种精神产品。

总结人类的建筑活动经验,构成建筑的主要因素有三个方面:建筑功能、建筑技术和建筑形象。建筑的三要素是辩证的统一体,不可分割,有主次之分。建筑功能是指建筑物在物质和精神方面必需满足的使用要求,对技术和建筑形象起决定作用。建筑技术是建造房屋的方法和手段,包括建筑材料与制品技术、结构技术、施工技术、设备技术等。建筑不可能脱离技术而存在。其中材料是物质基础,结构是构成建筑空间的骨架,施工技术是实现建筑生产的过程和方法,设备是改善建筑环境的技术条件。建筑技术对建筑功能和建筑形象起制约或促进的作用。建筑形象是功能和技术的综合反映,包括建筑的体型、立面构图等因素。在一定的功能和技术条件下,人们可以使建筑更加美观。

"适用、安全、经济、美观"这一建筑方针,既是我国建筑工作者进行工作的指导方针,也是评价建筑优劣的基本准则。

(二) 建筑工程的含义及基本属性

建筑工程是指新建、改建或扩建房屋建筑所进行的规划、勘察、设计、施工、管理等各项技术工作和完成的工程实体。建筑工程一般可分为一般土建工程(包括基础、主体、屋面)、装饰装修工程(包括幕墙、墙面、地面、门窗)和水暖电安装工程。

1. 综合性

一项建筑工程项目的建设,一般都要经过勘察、设计和施工等阶段,都需要运用地质勘察、工程测量、土力学、建筑力学、建筑结构、工程设计、建筑材料、建筑设备、建筑经济施工技术、施工组织等学科领域的知识以及电子计算机和力学测试等技术。随着科学技术的进步和工程实践的发展,建筑工程这个学科也已发展成为内涵广泛、门类众多、结构复杂的综合体系。

2. 社会性

建筑工程是伴随人类社会的进步而发展起来的,所建造的建筑物和构筑物反映出不同历史时期社会、经济、文化、科学、技术和艺术发展的面貌。建筑工程在相当大的程度上,已成为社会政治和历史发展的外在特征和标志，成为社会历史发展的见证之一。

远古时代，人们就开始修筑简陋的房舍、道路，以满足简单的生活和生产需要。后来，人们为了适应战争、生产和生活以及宗教传播的需要，兴建了城池、运河、宫殿、寺庙。产业革命以后，特别是到了20世纪，一方面是社会向建筑工程提出了新的需求；另一方面是社会各个领域为建筑工程的发展创造了良好的条件。因而这个时期的建筑工程得到突飞猛进的发展。现代建筑工程不断地为人类社会创造崭新的物质环境，成为人类社会现代文明的重要组成部分。

3. 实践性

建筑工程是通过工程实践，总结成功的经验，尤其是吸取失败的教训发展起来的。从17世纪开始，以伽利略和牛顿为先导的近代力学同建筑工程实践结合起来，逐渐形成材料力学、结构力学、流体力学、岩体力学等，作为建筑工程的基础理论的学科。这样建筑工程才逐渐从经验发展成为科学。在建筑工程的发展过程中，工程实践经验常先行于理论，工程事故常显示出未能预见的新因素，触发新理论的研究和发展。至今不少工程问题的处理，在很大程度上仍然依靠实践经验。

建筑工程技术的发展之所以主要凭借工程实践而不是凭借科学试验和理论研究，有两个原因：一是有些客观情况过于复杂，难以如实地进行室内实验或现场测试和理论分析。例如，地基基础、地下工程的受力和变形的状态及其随时间的变化，至今还需要参考工程经验进行分析判断。二是只有进行新的工程实践，才能揭示新的问题。例如，建造了高层建筑，建筑工程的抗风和抗震问题突出了，才能发展出这方面的理论和技术。

4. 技术、经济和艺术的统一性

建筑工程是为人类需要服务的，人们总是力求最经济地通过各项技术活动建造一项工程设施，用以满足使用者的预定需要，达到理想的艺术效果。所以它必然是集一定历史时期社会经济、技术和文化艺术的产物，是技术、经济和艺术统一的结果。追求技术、经济和艺术的统一性，是建筑工程学科的出发点和最终归宿。

二、建筑工程的重要性

建筑工程内涵丰富、专业覆盖面广，是国家的基础产业和支柱产业。建筑工程对人类的生存、国民经济的发展、社会文明的进步起着举足轻重的作用，其重要性主要体现在建筑工程的基础性、带动性、综合性和恒久性。

1. 基础性

建筑工程是一个国家的基础产业和支柱产业，因为建筑工程与人类的生活、生产乃至生存息息相关、密不可分。只有建筑工程设施先行建设好，人们的生活、工作、学习和其他产业才有活动的空间，才有发展的基础和支持。多数行业的起步和发展，大都由建筑工程充当先行官。国民经济各行各业的发展都或多或少地离不开建筑工程。

2. 带动性

建筑工程对国民经济发展的带动作用，主要表现在建筑工程的资金投入大，带动行业多，是挖掘和吸纳劳动力资源的重要平台之一。在漫长的人类社会发展史上，它显示了极强的生命力，这种强大的生命力源于人类生活乃至生产对它的依赖和与它的关联。我们很难找出一个与建筑工程毫无关系的行业，何况建筑工程自身又不断地用现代高技术来充实武装自己。这种与时俱进的发展和壮大，又进一步增强了它的生命力及其与各行各业的依存关系。近年来，随着我国城市化建设的持续深入和社会主义新村镇建设的蓬勃开展，建筑工程的行业贡献率和对国民经济的拉动作用还将有持续增长的势头。

3. 综合性

现代科学技术的发展和时代的进步，不断为建筑工程技术注入新理念，提供新工具，造就新工艺，提出新要求。特别是现代工程材料的变革，力学理论的进步，计算机应用的推广，对建筑工程的发展、进步和更新起着极为重要的推动作用。时至今日，建筑工程面对的已不仅仅是往昔传统意义上的砖瓦砂石堆砌，而是有较大高科技含量的现代工程设施建设。建筑工程已发展成为由新理论、新概念、新材料、新工艺、新方法、新技术、新结构、新设备等武装起来的、涉及行业多、内涵深邃的大型综合性工程。

4. 恒久性

建筑工程的恒久性体现在建筑工程的使用周期长、建筑工程的效益丰厚、建筑工程在防灾减灾中承担的积极的不可替代的作用。

三、建筑工程概论课程的任务

建筑工程具有强大的生命力和永恒性，是一个古老又年轻的学科。古老是因为它的诞生和萌芽始于17世纪。年轻是因为随着科学技术的进步和时代的发展，建筑工程被不断注入新的内涵和活力，呈现出勃勃生机。目前，建筑工程已经演变成一个由新理论、新技术、新材料、新工艺、新方法武装起来的为众多领域和行业不可或缺的大型综合性学科。

建筑工程概论是建筑工程技术专业的一门专业基础课，是为新入学的学生开设的一门知识面较宽、启发性较强的必修课程。本课程阐述了建筑工程的重要性和这一学科所含的大致内容，介绍了国内外最新技术成就和信息，讲述了建筑工程技术专业的学习规律和学习方法。

1. 建立献身建筑工程事业的信念

通过阐述建筑工程的重要性、建筑工程的发展历史与发展前景、建筑工程的就业与继续教育，使学生增强学好建筑工程技术的自豪感和使命感，建立献身建筑工程事业的信念，确立新的奋斗目标，树立正确的学习观念和学习方向。

2. 提高学习建筑工程技术的能力

针对大学与中学的许多不同之处以及建筑工程技术的特点，讲述大学生学习建筑工程技术专业的方法，为提高学习能力、工作能力和科研能力打下基础。

3. 为学好专业课奠定基础

本课程介绍了建筑工程技术专业的主要教学内容，介绍了建筑工程技术的入门知识，为学好专业课奠定基础。

第二节　建筑工程发展概况

一、建筑工程的发展历史简述

纵观建筑工程的发展历史，对建筑工程的发展起关键作用的，首先是作为工程物质基础的建筑材料，其次是随之发展起来的设计理论和施工技术。每当出现新的优良的建筑材料时，建筑工程就会有飞跃式的发展。砖和瓦这种人工建筑材料的出现，使人类第一次突破了天然建筑材料的束缚，实现了建筑工程的第一次飞跃。钢材的大量应用是建筑工程的第二次飞跃。混凝土的兴起给建筑物带来了新的经济、美观的工程结构形式，使建筑工程产生了新的施工技术和工程结构设计理论。这是建筑工程的又一次飞跃发展。

中国传统的建筑以木结构为主，西方的传统建筑以砖石结构为主，现代的建筑则是以钢筋混凝土结构为主。

建筑工程的发展经历了古代、近代和现代三个阶段。

（一）古代建筑工程

古代建筑工程的时间跨度，大致从新石器时代（约公元前5000年起）开始至17世纪中叶。古代建筑工程有以下的特征：

1. 从选用的材料来看

古代建筑工程材料主要是泥土、砾石、树木以及土坯、砖瓦、铜铁等。中国在公元前11世纪西周初期制造出瓦；在公元前5世纪至公元前3世纪战国时的墓室中出现了最早的砖。

2. 从古代建筑的结构形式来看

我国的古代建筑以木结构为主，如山西应县木塔、北京故宫、天坛、天津蓟县的独乐寺、观音阁等；西方的古代建筑以砖石结构为主，如埃及的金字塔、希腊的帕提农神庙、古罗马的斗兽场等。

3. 从建筑工程设计理论和思想来看

古代建筑工程缺乏理论依据和指导，古代建筑工程的建造主要依靠实际生产经验和迷信。

4. 从工程分工分析

古代建筑工程已有很清楚的分工，如木工、瓦工、泥工、土工、窑工、雕工、石工等。

5. 从建筑工程工艺技术来分析

最早使用的工具只是石斧、石刀等简单工具，后来开发出斧、凿、锤、钻、铲等青铜和铁制工具，封建社会后期开始使用打桩机、桅杆起重机等简单施工机械。尽管如此，古代建筑工程还是留下了许多伟大的工程，记载着灿烂的古代文明。

（二）近代建筑工程

一般认为，近代建筑工程的时间跨度为17世纪中叶到第二次世界大战前后，历时300余年。在这一时期，建筑工程有了革命性的发展，具有了以下几个鲜明的特征：

1. 建筑工程结构设计有了力学和结构理论作指导

建筑工程的实践及其他学科的发展为系统的设计理论奠定了基础。在这一时期，意大利学者伽利略于1683年首次用公式表达了梁的设计理论。1687年牛顿总结出力学三大定律，为建筑工程奠定了力学分析的基础。1744年瑞士数学家欧拉的《曲线的变分法》建立了柱的压屈理论，给出了柱的临界压力的计算公式，为分析建筑工程结构物的稳定问题奠定了基础。随后，在材料力学、弹性力学和材料强度理论的基础上，法国的纳维于1825年建立了建筑工程中结构设计的容许应力法，里特尔等人于19世纪末提出极限平衡的概念，他们都为建筑工程结构理论的分析奠定了基础。20世纪初，有人发表了水灰比等学说，初步奠定了混凝土强度的理论基础。1906年美国旧金山大地震和1923年日本关东大地震，推动了建筑工程对结构动力学和工程结构抗震的研究。从此，建筑工程结构设计有了比较系统的理论。

2. 出现了钢材、钢筋混凝土、早期预应力混凝土等新的建筑工程材料

在这一时期，砖、瓦、木、石等材料的应用日益广泛，新建筑工程材料不断涌现。从材料方面来讲，波特兰水泥的发明及钢筋混凝土的开始应用是近代建筑工程发展史上的重大事件。1824年英国人阿斯普丁取得了波特兰水泥的专利权，1850年开始生产。这是形成混凝土的主要材料，使得混凝土在建筑工程中得到广泛应用。1859年贝赛麦发明了转炉炼钢法，使

钢材得以大量生产，并能越来越多地应用于建筑工程。1867年法国人莫尼埃用钢丝加固混凝土制成花盆，并把这种方法推广到建筑工程，建造了一座蓄水池，这是应用钢筋混凝土的开端。1875年，他主持建造了第一座长16m的钢筋混凝土桥。1886年美国人杰克逊首先应用预应力混凝土制作建筑配件，后又用它制作楼板。1930年法国工程师弗涅希内将高强度钢丝用于预应力混凝土，克服了因混凝土徐变造成所施加的预应力完全丧失的问题。于是，预应力混凝土在建筑工程中得到广泛应用。

3. 出现了新的施工机械及其施工技术

这一时期内，产业革命促进了工业、交通运输业的发展，对建筑工程设施提出了更多的要求，同时也为建筑工程的建造提供了新的施工机械和施工方法。打桩机、挖土机、掘进机、起重机、吊装机、压路机等纷纷出现，这为快速高效地建造建筑工程提供了有力的手段。

4. 建筑工程发展到成熟阶段，建设规模前所未有

工业的发达，城市人口的集中，使工业厂房向大跨度发展，民用建筑向高层发展。日益增多的电影院、摄影场、体育馆、飞机库等都要求采用大跨度结构。1883年美国在芝加哥建造的11层保险公司大楼（图1-1），是世界上最先用铁框架（部分钢梁）承受全部大楼的重力、外墙仅为自承重墙的高层建筑。1889年法国在巴黎建成的高320m的埃菲尔铁塔（图1-2），使用钢约7000t，金属部件约12 000个。它们是近代高层钢结构建筑的萌芽。1925～1933年在法国、前苏联和美国分别建成了跨度达60m的圆壳、扁壳和圆形悬索屋盖。中世纪的石砌拱终于被近代的壳体结构和悬索结构所取代。1931年美国纽约的帝国大厦（图1-3）落成，共102层，高378m，有效面积160 000m^2，结构用钢约50 000t，内装电梯67部，还有各种复杂的管网系统，可谓集当时技术成就之大成，它保持世界房屋最高纪录达40年之久。

图1-1　芝加哥保险公司大楼　　　图1-2　埃菲尔铁塔　　　图1-3　帝国大厦

（三）现代建筑工程

现代建筑工程为20世纪中叶第二次世界大战结束后至今的建筑工程。产业革命以后，特

别是到了 20 世纪，一方面社会向建筑工程提出了新的需求；另一方面社会各个领域为建筑工程的发展创造了良好的条件，因而这个时期的建筑工程得到突飞猛进的发展。

现代建筑已不仅仅是技术与艺术的结晶，而是与人、环境及自然有着密切联系的产物，如保持生态平衡的自然条件、无污染的"绿色建筑"、舒适方便的智能建筑、低耗能源的节能建筑、便于邻里交往的高层住宅建筑等。百层以上的摩天大楼，一二百米的大跨度建筑，各种新颖的建筑材料、结构和设备，以及形形色色的建筑外观，不断的改变着人们对建筑的印象。

现代建筑工程主要有以下特点。

1. 重视建筑环境质量

首先是建筑物室外的自然环境。如居住区必须有一定比例的面积作为绿化用地，种植树木、花卉、草坪及绿篱等，以净化空气，减少噪声，为人们提供一个安静休息及进行保健活动的场所。至于公共建筑，则更需要有个优美的自然环境，如疗养建筑、旅游建筑一般都选在有山、有水的山麓或海边，绿绿树林，蓝蓝海水，令人心旷神怡。即使是大城市闹市区，室外也有一定面积的绿化区。高级宾馆、饭店中还建有室内中庭，在几层楼高的大空间中，有绿化、有喷泉、有假山，景色宜人，有如室外自然环境。

其次是建筑物室内环境卫生。室内装饰材料如塑料墙纸等往往含有挥发性有机物的气体，还有建筑材料中所含的放射性衰减物质氡气等，对人体健康都有害；其他如厨房燃气及油烟等，对人们身体也不利，已引起人们广泛的注意与重视。

建筑物以外的环境，如城市中工厂或街道上车辆的噪声污染，相邻建筑物的反光玻璃引起的影响视力的光污染等，也逐渐提到有关方面的议事日程上来。

2. 平面或空间适应性强、灵活性大

现代生活对建筑功能的要求比以往要复杂得多，绚烂多彩的生活必须有新的建筑为其服务。于是，医院、影剧院、宾馆、写字楼、实验室等许许多多以前从未有过的建筑类型涌现出来，而且还有许多新的建筑类型正在随着社会的发展和科技的进步而出现。

由于人们生活水平日益提高，并考虑到发展的需要，要求建筑物的平面或空间在使用功能上有充分适应性及改变的灵活性。特别是公共建筑，除楼梯、电梯间等难以改变者外，对其他用房总希望可以根据需要进行灵活分割，大小由之，如住房的卧室、起居室，办公楼的办公室，宾馆、饭店的餐厅等。

从整体建筑来说，不满足于单一功能或主要功能，而要求能适应多功能的需要，成为多功能建筑，如有的体育馆不单是作为体育锻炼、运动竞赛之用，在增加某些设备或设施情况下，就可作为文艺演出及滑冰之用。

由多个不同使用功能的部分组合在一起的建筑称为综合体建筑，或称建筑综合体。它有两种组合形式，一种是在一单体建筑内，各层使用功能不同，或在同一层内，各个房间使用功能不同，如国内外兴建的许多高层大厦或大型中心，集办公、公寓、贸易、商业、饮食、娱乐与体育健身于一体，屋顶有直升机场，地下有多层车库，真可谓大型的综合体建筑。还有一种组合形式，就是由不同功能的多幢建筑组合成一个综合建筑群体。

3. 新材料、新技术不断涌现

现代建筑所用材料，除仍需沿用传统的砖瓦灰砂石及钢木、混凝土等外，也在向"高新"方向发展。普通混凝土向轻骨料混凝土、加气混凝土和高性能混凝土发展，钢材向低合金、高强度方向发展。一批轻质高强度材料，如铝合金、建筑塑料、陶瓷、玻璃钢也得到迅速发展。

建筑设备的发展得到了空前的提高。日光灯、空调和一系列现代化电气设备被运用于建筑中，人们对建筑的室内外环境如声、光、热等也提出了新的要求。

新技术如预应力技术、复合构件技术、空间结构技术、节能技术、人工气候技术及近年来提出的智能建筑技术等，均为现代建筑提供安全、舒适、经济、美观的条件。

建筑工程施工中出现了在工厂里成批生产房屋的各种构配件、组合体，再将它们运到建设场地进行拼装的方式。此外，各种先进的施工手段，如大型吊装设备、混凝土自动搅拌输送设备、现场预制模板、土石方工程中的定向爆破技术也得到很大发展。

4. 设计理论的精确化、科学化

建筑工程设计由人工手算、人工做建筑方案比较、人工制图到计算机辅助设计、计算机优化设计、计算机制图。结构理论分析由线性分析到非线性分析，由平面分析到空间分析，由单个分析到系统的综合整体分析，由静态分析到动态分析，由经验定值分析到随机分析乃至随机过程分析，由数值分析到模拟试验分析。此外，建筑工程相关理论，如可靠度理论、土力学和岩体力学理论、结构抗震理论、动态规划理论、网络理论等也得到迅速发展。

5. 高层建筑、大跨度建筑大量兴起，地下工程高速发展

城市人口过度集中、膨胀，建筑用地有限，只能往高空及地下延伸发展，而且多层与单层、高层与多层相比，既可以节约用地，又可以减少市政设施，节约投资。再者，建筑结构技术及材料技术的发展为房屋建筑向上延伸、向下发展创造了有利条件。因此，近50多年来，在世界许多大城市中，高层建筑、地下工程得到了广泛的推广和应用。

我国2005年7月1日实施的《民用建筑设计通则》（GB 50352—2005）中规定，10层及10层以上的住宅建筑为高层住宅；总高度超过24m的公共建筑及综合性建筑定为高层建筑，高度超过100m时，不论住宅或公共建筑均为超高层建筑。而1972年国际高层建筑会议则将高层建筑分为四类：第一类（9~16层，最高50m）；第二类（17~25层，最高75m）；第三类（26~40层，最高100m）；第四类（40层以上，高于100m）。

美国是高层建筑的发源地，也是高层、超高层建筑发展较快的国家之一。1903年，美国在辛辛那提建成世界上第一座钢筋混凝土结构的高层建筑——16层的因格尔斯大楼。1931年，纽约建成102层（高381m）的帝国大厦，保持了世界上最高建筑物纪录达40年之久。1973年，纽约世界贸易中心落成，110层，高411m；1974年，芝加哥西尔斯大厦建成，也是110层，但高度为443m。1996年完成的马来西亚吉隆坡的石油双塔大厦（图1-4），88层，高度为455m。目前，世界上最高的建筑，是位于阿拉伯联合酋长国迪拜的哈利法塔（图1-5）。哈利法塔总高828m，2010年1月4日竣工，拥有世界上最多的楼层数（162层），是当今世界最高的自立建筑，也是当今世界最高的混凝土结构建筑（混凝土结构高度601.0m）。"鸟巢"是2008年北京奥运会主体育场（图1-6），是当今世界跨度最大的钢结构建筑（最大跨度343m）。

一般高层建筑都有地下建筑，有的一层，有的多层，如北京的中国银行大厦，地下有3层；澳大利亚广场大厦，地下5层；纽约世界贸易中心，地下有7层之多。现在的地下建筑不仅仅是个体建筑，还有发展为商业街、商业城的趋向。如日本东京八重洲地下商业街，面积达68 000多平方米，层数1~3层。

图 1-4　吉隆坡石油双塔大厦　　　　　图 1-5　阿拉伯联合酋长国哈利法塔

图 1-6　北京奥运会主体育场

二、建筑工程的发展趋势

(一) 建筑工程的可持续发展

面临人口的增长、生态失衡、环境污染、人类生存环境恶化，20 世纪 80 年代提出了"可持续发展"的原则，已被大多数国家和人民所认同。可持续发展，是指既满足当代人的需要，又不对后代人满足其需要和发展构成危害。推动建筑向绿色、节能、智能化方向发展，是国际建筑界实践可持续发展理念的大趋势，也是中国经济社会发展面临的重要任务。

1. 环保意识普及，绿色建筑优先

所谓"绿色建筑"的"绿色"，并不是指一般意义的立体绿化、屋顶花园，而是代表一种概念或象征，指建筑对环境无害，能充分利用环境自然资源，并且在不破坏环境基本生态平衡条件下建造的一种建筑，又可称为可持续发展建筑、生态建筑、回归大自然建筑、节能环保建筑等。

绿色建筑的基本内涵可归纳为：减轻建筑对环境的负荷，即节约能源及资源；提供安全、健康、舒适的生活空间；与自然环境亲和，做到人及建筑与环境的和谐共处、永续发展。

绿色建筑设计理念可包括节约能源、节约资源、回归自然、舒适和健康的生活环境等。

绿色建筑在设计与建造过程中，充分考虑建筑物与周围环境的协调，利用光能、风能等自然界中的能源，最大限度地减少能源的消耗以及对环境的污染。

绿色建筑的室内布局十分合理，尽量减少使用合成材料，充分利用阳光，节省能源，为居住者创造一种接近自然的感觉。

绿色建筑以人、建筑和自然环境的协调发展为目标,在利用天然条件和人工手段创造良好、健康的居住环境的同时,尽可能地控制和减少对自然环境的使用和破坏,充分体现向大自然的索取和回报之间的平衡。

2. 能源日趋紧缺,节能建筑风行

节能建筑是指遵循气候设计和节能的基本方法,对建筑规划分区、群体和单体、建筑朝向、间距、太阳辐射、风向以及外部空间环境进行研究后,设计出的低能耗建筑,其主要指标有：建筑规划和平面布局要有利于自然通风,绿化率不低于35%；建筑间距应保证每户至少有一个居住空间在大寒日能获得满窗日照2小时等。

节能建筑有少消耗资源、高性能品质、少环境污染、长生命周期、多回收利用五个特征。节能建筑应考虑朝向、体型、面积、环境、节水、节地、太阳能利用、装修等问题。

（二）信息和智能化技术全面引入建筑工程

目前,信息和智能化技术已经在建筑材料和制品的生产、建筑设计、建筑施工、建筑管理、建筑教育以及建筑研究开发等各个环节得到日益广泛的应用。将信息和智能化技术应用于建筑工程,将是今后建筑工程发展的重要方向,必将使建筑工程有一个新的飞跃。

1. 信息化施工

所谓信息化施工是在施工过程中所涉及的各部分各阶段广泛应用计算机信息技术,对工期、人力、材料、机械、资金、进度等信息进行收集、存储、处理和交流,并加以科学地综合利用,为施工管理及时准确地提供决策依据。例如,在隧道及地下工程中将岩土样品性质的信息、掘进面的位移信息收集集中,快速处理及时调整并指挥下一步掘进及支护,可以大大提高工作效率并可避免不安全的事故。信息化施工还可通过网络与其他国家和地区的工程数据库联系,在遇到新的疑难问题时可及时查询解决。信息化施工可大幅度提高施工效率和保证工程量,减少工程事故,有效控制成本,实现施工管理现代化。

2. 适应信息时代,时兴智能建筑

智能建筑是以建筑物为平台,兼备信息设施系统、信息化应用系统、建筑设备管理系统、公共安全系统等,集结构、系统、服务、管理及其优化组合为一体,向人们提供安全、高效、便捷、节能、环保、健康的建筑环境。智能建筑主要由通信自动化系统、办公自动化系统和楼宇自动化系统三方面组成。

智能建筑必须满足两个基本要求：第一,对于建筑管理者来说,智能建筑应当具有一套管理、控制、维护和通信设施,能够在花费较少的条件下,有效地进行环境控制、安全检查、报警监视,能够实时地与城市管理部门取得联系。第二,对于建筑使用者来说,智能建筑应当创造一个有利于提高工作效率和激发工作人员创造性的舒适和谐的好环境。

1984年美国康涅狄格州哈特福德市,建成了世界上第一座智能化大厦,该大厦38层高,用户不必购置设备,便可获得语言通信、市场行情信息等服务。1990年建成的北京发展大厦,是我国智能建筑的雏形。随后,国内建成了上海金茂大厦等千余幢智能建筑。

智能化建筑的兴起与发展,主要是适应社会信息化与经济国际化的需要,也是人类社会进步、生产力发展的必然需求。智能化建筑是建筑技术与电子信息技术相结合的产物,已成为21世纪房地产投资开发的主导方向。智能化建筑正是当代用信息技术改造传统（建筑）产业本身带动产业优化升级与产业结构调整最典型、最具体、最直接的体现形式。

3. 建筑工程结构分析的仿真系统

许多工程结构是毁于台风、地震、火灾、洪水等灾害。在这种小概率的大荷载作用下工程结构的性能很难一一去做实验去验证。其原因：一是参数变化条件不可能全模拟，二是实体试验成本过高，三是破坏实验有危险性，设备达不到要求。而计算机仿真技术可以在计算机上模拟原型大小的工程结构在灾害荷载作用下从变形到倒塌的全过程，从而揭示结构不安全的部位和因素。用此技术指导设计可大大提高工程结构的可靠性。

（三）工程材料向轻质、高强、多功能化发展

近百年以来，建筑工程的结构材料主要还是钢材、混凝土、木材和砖石。21 世纪，在工程材料方面希望有较大突破。

1. 传统材料的改性

混凝土材料应用很广，且耐久性好，但其强度（比钢材）低，韧性差，建成的构件笨重而易开裂。目前常用混凝土强度可达 C50～C60，特殊工程可达 C80～C100，今后将会有 C400 的混凝土出现，而常用的混凝土可达 C100 左右。为了改善韧性，加入微型纤维的混凝土，塑料混合混凝土正在开发应用之中。对于钢材，主要问题是易锈蚀、不耐火，必须研制生产耐锈蚀（甚至不锈）的钢材，生产高效防火涂料用于钢材及木材。

2. 化学合成材料的应用

目前的化学合成材料主要用于门窗、管材、装饰材料，今后的发展是向大面积围护材料及结构骨架材料发展。一些化工制品具有耐高温、保温隔热、隔声、耐磨耐压等优良性能，用于制造隔板等非承重功能构件很理想。目前碳纤维以其轻质、高强、耐腐蚀等优点而用于结构补强，在其成本降低后可望用作混凝土的加筋材料。

3. 组合材料的开发

用两种或两种以上材料组合，利用各自的优越性开发出高性能的便于使用的建筑制品，应该成为 21 世纪建筑工程的一个重要特征。目前，用钢材和混凝土做成的压型钢板楼盖、组合梁、组合柱已在高层建筑和大跨桥梁中广泛应用；今后，利用层压技术把传统材料组合起来形成各种具有建筑装饰、受力、热工、隔音、绝缘、防火等方面新性能的复合材料，用于屋面、墙体乃至结构构件，是建筑业发展的新天地。

（四）设计方法精确化、设计工作自动化

在 19 世纪与 20 世纪，力学分析的基本原理和有关微分方程已经建立，用之指导建筑工程设计也取得了巨大成功。但是由于建筑工程结构的复杂性和人类计算能力的局限性，人们对工程的设计计算还比较粗糙，有一些还主要依靠经验。三峡大坝，用数值法分析其应力分布，其方程组可达几十万甚至上百万个，靠人工计算显然是不可能的。快速电子计算机的出现，使这一计算得以实现。类似的海上采油平台、核电站、摩天大楼、地下过海隧道等巨型工程，有了计算机的帮助，便可合理地进行数值分析和安全评估。此外，计算机的进步，使设计由手工走向自动化。目前许多设计部门已经丢掉了传统的制图板而改用计算机绘图，这一进程在未来的 21 世纪将进一步发展和完善。

数值计算机的进步使过去不能计算的带有盲目性的估计可以变为较精确的分析。例如，建筑工程中的由各个杆件分析到整体分析；工程结构的定型分析到按施工阶段的全过程仿真分析；工程结构中在灾害载荷作用下的全过程非线性分析；与时间有关的长时间徐变分析和瞬间的冲击分析等。

（五）建造技术的不断发展

（1）恶劣环境和不利条件下的建造技术将得到研究和发展。随着人口不断增多，城市用地日减，人们除了兴建大量居住建筑、高层建筑、重大工程项目以外，还要不断开辟新的可供建设的用地，例如在近海地带建设、沙漠地区建设和向太空扩展等。

（2）工业化、规模化建造技术将不断进步。传统的建造过程由许多费时费力的工作构成。为了提高劳动生产率和改善工作条件，建筑工业化向着两个方向发展：一方面，致力于材料和制品生产的工业化，越来越多地把施工现场工作转移到工厂或车间；另一方面，大力推进建造流程的工业化，尽量提高施工现场的劳动生产率。以移动式钢模和现浇混凝土为基础的第二代工业化流程比前者更为灵活，更能适应建筑多样化的要求。

第三节 建筑工程专业的就业与继续教育

一、建筑工程专业的就业

随着国民经济的发展和人民生活水平的提高，建筑工程的社会需求量日益增大，迫切需要大量的建筑工程技术人才。然而，目前我国每年培养的建筑工程人才远远不能满足需求，加之这个专业涉及数学、力学、建筑材料、建筑结构等许多难度较大的学科，增加了学习与掌握的难度，从而使建筑工程专业成为一个名符其实的就业市场不易饱和的硬专业。

（一）就业面向

建筑工程技术专业的学生毕业后，主要在建筑施工企业从事现场施工技术与组织管理（施工员）、工程质量控制与验收（质量员）、建筑施工安全管理（安全员）、材料供应与检测（材料员）、施工技术档案资料管理（资料员）、工程计量与计价（预算员）、工程投标（投标员）与合同管理（合同管理员）等岗位的技术及管理工作，或在建设管理部门、监理单位、各种企事业单位的基建管理部门等从事类似的技术及管理工作。

本专业毕业生可以在毕业2年后通过国家二级建造师考试获得二级建造师执业资格，并通过注册成为项目经理；也可以在毕业5年后经过努力获取一级建造师、造价工程师和监理工程师等更高一层的执业资格。

（二）主要就业岗位的技能要求

1. 施工员

施工员是指在建筑与市政工程施工现场，从事施工组织策划、施工技术与管理，以及施工进度、成本、质量和安全控制等工作的专业人员。施工员的工作职责包括施工组织策划、施工技术管理、施工进度成本控制、质量安全环境管理、施工信息资料管理等。

施工员要求具备以下专业技能：

（1）能够参与编制施工组织设计和专项施工方案。

（2）能够识读施工图和其他工程设计、施工等文件。

（3）能够编写技术交底文件，并实施技术交底。

（4）能够正确使用测量仪器，进行施工测量。

（5）能够正确划分施工区段，合理确定施工顺序。

（6）能够进行资源平衡计算，参与编制施工进度计划及资源需求计划，控制调整计划。

（7）能够进行工程量计算及初步的工程计价。

（8）能够确定施工质量控制点，参与编制质量控制文件、实施质量交底。

（9）能够确定施工安全防范重点，参与编制职业健康安全与环境技术文件、实施安全和环境交底。

（10）能够识别、分析、处理施工质量缺陷和危险源。

（11）能够参与施工质量、职业健康安全与环境问题的调查分析。

（12）能够记录施工情况，编制相关工程技术资料。

（13）能够利用专业软件对工程信息资料进行处理。

2. 质量员

质量员是指在建筑与市政工程施工现场，从事施工质量策划、过程控制、检查、监督、验收等工作的专业人员。质量员的工作职责包括质量计划准备、材料质量控制、工序质量控制、质量问题处置、质量资料管理等。

质量员要求具备以下专业技能：

（1）能够参与编制施工项目质量计划。

（2）能够评价材料、设备质量。

（3）能够判断施工试验结果。

（4）能够识读施工图。

（5）能够确定施工质量控制点。

（6）能够参与编写质量控制措施等质量控制文件，并实施质量交底。

（7）能够进行工程质量检查、验收、评定。

（8）能够识别质量缺陷，并进行分析和处理。

（9）能够参与调查、分析质量事故，提出处理意见。

（10）能够编制、收集、整理质量资料。

3. 安全员

安全员是指在建筑与市政工程施工现场，从事施工安全策划、检查、监督等工作的专业人员。安全员的工作职责包括项目安全策划、资源环境安全检查、作业安全管理、安全事故处理、安全资料管理等。

安全员要求具备以下专业技能：

（1）能够参与编制项目安全生产管理计划。

（2）能够参与编制安全事故应急救援预案。

（3）能够参与对施工机械、临时用电、消防设施进行安全检查，对防护用品与劳保用品进行符合性判断。

（4）能够组织实施项目作业人员的安全教育培训。

（5）能够参与编制安全专项施工方案。

（6）能够参与编制安全技术交底文件，并实施安全技术交底。

（7）能够识别施工现场危险源，并对安全隐患和违章作业进行处置。

（8）能够参与项目文明工地、绿色施工管理。

（9）能够参与安全事故的救援处理、调查分析。

（10）能够编制、收集、整理施工安全资料。

4. 材料员

材料员是指在建筑与市政工程施工现场，从事施工材料计划、采购、检查、统计、核算等工作的专业人员。材料员的工作职责包括材料管理计划、材料采购验收、材料使用存储、材料统计核算、材料资料管理等。

材料员要求具备以下专业技能：

（1）能够参与编制材料、设备配置管理计划。
（2）能够分析建筑材料市场信息，并进行材料、设备的计划与采购。
（3）能够对进场材料、设备进行符合性判断。
（4）能够组织保管、发放施工材料、设备。
（5）能够对危险物品进行安全管理。
（6）能够参与对施工余料、废弃物进行处置或再利用。
（7）能够建立材料、设备的统计台账。
（8）能够参与材料、设备的成本核算。
（9）能够编制、收集、整理施工材料、设备资料。

5. 资料员

资料员是指在建筑与市政工程施工现场，从事施工信息资料的收集、整理、保管、归档、移交等工作的专业人员。资料员的工作职责包括资料计划管理、资料收集整理、资料使用保管、资料归档移交、资料信息系统管理等。

资料员要求具备以下专业技能：

（1）能够参与编制施工资料管理计划。
（2）能够建立施工资料台账。
（3）能够进行施工资料交底。
（4）能够收集、审查、整理施工资料。
（5）能够检索、处理、存储、传递、追溯、应用施工资料。
（6）能够安全保管施工资料。
（7）能够对施工资料立卷、归档、验收、移交。
（8）能够参与建立施工资料计算机辅助管理平台。
（9）能够应用专业软件进行施工资料的处理。

（三）执业资格注册

1. 注册师制度简介

注册师制度是指对从事与人民生命、财产和社会公共安全密切相关的从业人员实行资格管理的一种制度。从事建筑活动的专业技术人员，应当依法取得相应的执业资格证书，并在执业资格证书许可的范围内从事建筑活动。人事部、建设部共同负责全国土木工程建设类注册师执业资格制度的政策制定、组织协调、资格考试、注册登记和监督管理工作。执业注册师的"证书"及"专用章"全国通用。

一般来说，执业注册包括专业教育、执业实践、资格考试和注册登记管理四个部分。专业教育和执业实践是注册师制度的重要环节和组成部分，是注册师制度建立的基础性工作，而注册师制度是专业教育的源动力和要求所在，它促进了专业教育制度的建立和完善。

建设工程按实施过程，可分为前期决策、勘察设计、施工三大阶段。建设工程执业注册制度的分类也可以按照这种方式相应分类。我国从20世纪90年代开始已为从事勘察设计的专业技术人员设立了注册建筑师、注册结构工程师等执业资格；为决策和建设咨询人员建立了注册监理工程师、注册造价师等执业资格；2002年，为从事建设施工的技术人员设立了注册建造师执业资格。

2. 注册师制度对人才培养的要求

注册师制度的建立对学校的专业建设、人才培养规格及能力培养要求等方面产生极大的影响，这主要体现在对学生专业理论和实践能力的培养方面，要求学校在专业的办学思想、专业教学内容、教学方法及实践性教学环节等各个方面，紧紧围绕注册师制度对专业人员的要求而开展教学活动。例如，在注册建筑师和注册结构师考试中，要求报考人员必须掌握必要的法律、法规及工程管理方面的知识，这就要求学校及时优化教学体系，增加这方面的内容，以适应注册师制度的要求，同时学生也应该学习经济、管理和法规方面的知识。

注册师制度的建立要求各校通过评估把专业建设向更高水平发展。另外，作为一种个人执业资格制度，它要求参加注册的专业技术人员必须具备对注册师所规定的要求，包括专业教育要求和职业实践要求。从一个长远的观点来看，未来的执业注册师必须要有通过评估认可的专业教育背景。所以，随着我国注册师制度的不断完善，必将进一步推动专业评估制度的建立和完善，从而使专业的办学水平向更高的方向发展。

注册师的执业注册实施的是动态管理，获得了注册资格并不是终身制。随着建筑科学技术的发展，注册师在取得注册资格后，还要参加继续教育，提高业务水平，遵守职业道德，每两年需要办理继续注册。这就促使注册师不断更新知识，为持续保持成为一名合格的注册师而不懈努力。

人事部、建设部共同负责全国土木工程建设类注册师执业资格制度的政策制定、组织协调、资格考试、注册登记和监督管理工作。

3. 注册师介绍

（1）注册结构师。所谓注册结构工程师，是指取得中华人民共和国注册结构工程师执业资格证书和注册证书，从事房屋结构、桥梁结构及塔架结构等工程设计及相关业务的专业技术人员。

注册结构工程师分为一级注册结构工程师和二级注册结构工程师。

注册结构工程师的执业范围：

结构工程设计；

结构工程设计技术咨询；

建筑物、构筑物、工程设施等调查和鉴定；

对本人主持设计的项目进行施工指导和监督；

建设部和国务院有关部门规定的其他业务。

一级注册结构工程师的执业范围不受工程规模及工程复杂程度的限制。注册结构工程师执行业务，应当加入一个勘察设计单位。因结构设计质量造成的经济损失，由勘察设计单位承担赔偿责任，勘察设计单位有权向签字的注册结构工程师追偿。

结构师注册考试分为基础课考试（闭卷）、专业课考试（开卷）。

（2）注册建造师。建造师是以专业技术为依托、以工程项目管理为主业的执业注册人员，近期以施工管理为主。建造师是懂管理、懂技术、懂经济、懂法规，综合素质较高的复合型人员,既要有理论水平,也要有丰富的实践经验和较强的组织能力。

建造师注册受聘后,可以建造师的名义担任建设工程项目施工的项目经理,从事其他施工活动的管理,从事法律、行政法规或国务院建设行政主管部门规定的其他业务。在行使项目经理职责时,一级注册建造师可以担任《建筑业企业资质等级标准》中规定的特级、一级建筑业企业资质的建设工程项目施工的项目经理;二级注册建造师可以担任二级建筑业企业资质的建设工程项目施工的项目经理。大中型工程项目的项目经理必须逐步由取得建造师执业资格的人员担任;小型工程项目的项目经理可以由不是建造师的人员担任。

建造师与项目经理定位不同,但所从事的都是建设工程的管理。建造师执业的覆盖面较大,选择工作的权力相对自主,可在社会市场上有序流动,有较大的活动空间,担任项目经理只是建造师执业项目中的一项;项目经理则限于从事企业内某一特定工程的项目管理,项目经理岗位是企业设定的,项目经理是企业法人代表授权或聘用的、一次性的工程项目施工管理者。

一级建造师执业资格考试设《建设工程经济》、《建设工程法规及相关知识》、《建设工程项目管理》和《专业工程管理与实务》4个科目。《专业工程管理与实务》科目分为:房屋建筑、市政公用和装饰装修等14个专业类别,考生在报名时可根据实际工作需要选择其一。

建造师的执业范围:

担任建设工程项目施工的项目经理;

从事其他施工活动的管理工作;

法律、行政法规或国务院建设行政主管部门规定的其他业务。

(3)注册监理工程师。全国监理工程师执业资格考试是由人事部与建设部共同组织的全国统一的执业资格考试,考试分4个科目,考试采用闭卷形式。《工程建设监理案例分析》科目为主观题,《工程建设合同管理》、《工程建设质量、投资、进度控制》、《工程建设监理基本理论和相关法规》3个科目均为客观题。

参加全部4个科目考试的人员,必须在连续两个考试年度内通过全部科目考试;符合免试部分科目考试的人员,必须在一个考试年度内通过规定的两个科目的考试,方可取得监理工程师执业资格证书。取得执业资格证书后需到相关部门注册才能正式执业。

(4)造价工程师。造价工程师,是指经全国造价工程师执业资格统一考试合格,并注册取得"造价工程师注册证书",从事建设工程造价活动的人员。

造价工程师执业范围包括:

建设项目投资估算的编制、审核及项目经济评价;

工程概算、工程预算、工程结算、竣工决算、工程招标标底价、投标报价的编制、审核;

工程变更及合同价款的调整和索赔费用的计算;

建设项目各阶段的工程造价控制;

工程经济纠纷的鉴定;

工程造价计价依据的编制、审核;

与工程造价业务有关的其他事项。

在我国,随着工程建设市场化趋向的改革不断深入,造价工程师业务范围将从目前主要集中在编标、审核,拓展到协助招标、合同管理、索赔管理、支付管理、结算管理、定额管理等服务上来,实现由造价工程师参与工程建设全过程的工程造价管理,实现项目三大目标——造价、质量、工期的控制。

二、继续教育

1. 专升本考试

中国高等专科学生升本科考试（简称专升本），是全日制专科层次学生升本科学校或者专业继续学习的考试制度。这一考试在有招收专升本考生任务的高等学校举行，一般每年举行一次。

具有专科学历的考生或应届专科毕业生，才可以参加专升本考试的报名及考试，考试分数及其他身份考察通过后可进入本科学校继续学习。

专升本可分为普通专升本和面向社会专升本两个类别。报名时间一般为每年的12月中旬，选拔考试时间一般为第二年的1月初。建筑工程专业的专科生一般报考本科的土木工程专业，其考试科目一般为英语、计算机、综合一（高等数学、混凝土结构）、综合二（材料力学、结构力学）。公共课（英语、计算机）每门成绩满分为100分，专业综合课（综合一、综合二）每门成绩满分不超过150分。普通专升本学生的修业年限一般为2至3年。

2. 成人高考

成人高等学校招生全国统一考试（简称"成人高考"），是为我国各类成人高等学校选拔合格新生以进入更高层次学历教育的入学考试。考试分专科起点升本科（简称专起本）、高中起点升本科（简称高起本）和高职（高专）三个层次。

全国成人高等学校招生统一考试成人高等教育属国民教育系列，列入国家招生计划，国家承认学历，参加全国招生统一考试，各省、自治区统一组织录取。专科起点（专起本）考试的科目为：政治、外语和高等数学。

成人高校的授课方式大体分为业余及函授两种形式，考生应根据自身的情况来选择适合自己的学习形式。业余授课方式一般在院校驻地招收学生，安排夜晚或双休日上课，适合在职考生报考。

函授授课方式适合在职但业余时间少的考生。函授教学主要以有计划、有组织、有指导的自学为主，并组织系统的集中面授。函授教学的主要环节有：辅导答疑、作业、试验、实习、考试、课程设计、毕业设计及答辩。每学年安排3次左右为期10天或半个月的集中面授。面向教师招生的院校，面授时间一般为寒暑假。

3. 自学考试

高等教育自学考试是我国高等教育的重要组成部分，是个人自学、社会助学和国家考试相结合的有中国特色的高等教育形式。参加自学考试的考生不受性别、年龄、民族、种族和已受教育程度的限制，不用经过入学考试，即可根据自己的情况选择相关的专业，直接入学参加该专业课程的学习。经过国家组织的统一考试，取得合格成绩。在通过教学计划规定的全部理论和实践课程的考试后，即可取得大学专科或本科的毕业证书。本科毕业生还可以申请学士学位。自学考试的学历受到国家的承认，自学考试毕业生享有与普通高校同类毕业生相同的待遇。

第四节　建筑工程技术专业人才培养方案

一、培养目标

本专业培养面向建筑施工企业生产一线的施工员为主要就业岗位，以质量员、资料员、安全员等为就业岗位群，德、智、体、美全面发展，掌握本专业必备的基础理论知识，具有本专业相关领域工作的岗位能力和专业技能的高素质技能型人才。

二、人才培养规格

（一）毕业生应具备的专业知识

（1）具有本专业所必需的数学、力学、信息技术、建设工程法律法规知识。

（2）掌握建筑构造、建筑结构的基本理论和专业知识。

（3）掌握建筑材料与检测、建筑施工、建筑工程计量与计价、施工管理、质量检测、施工安全等专业技术知识。

（4）具有建筑水电设备等相关专业技术知识。

（5）了解建筑新材料、新工艺、新技术的相关信息。

（二）毕业生应具备的职业能力及其对应课程

（1）正确识读土建专业施工图及参与施工图纸会审工作的基本能力，其对应课程为建筑识图与构造、建筑力学与结构、地基与基础、建筑设备。

（2）正确使用建筑材料并进行检测、保管的能力，其对应课程为建筑材料与检测。

（3）一般结构构件计算、设计和验算的能力，其对应课程为建筑力学与结构、地基与基础。

（4）应用计算机进行专业工作的能力，其对应课程为计算机应用基础、数据库技术、建筑工程计量与计价、计算机辅助施工管理、计算机辅助设计。

（5）较强的施工现场组织和管理的能力，其对应课程为建筑法规、建筑工程监理概论、建筑施工组织、建筑工程技术资料。

（6）较强的检验施工质量、实施安全施工管理、处理施工技术问题的能力，其对应课程为建筑工程质量验收、建筑法规、建筑施工技术、高层建筑施工。

（7）建筑施工测量的能力，其对应课程为建筑工程测量、建筑施工技术、建筑施工组织。

（8）一、二个主要工种操作的初步技能，其对应课程为工种操作实训。

（9）工程项目招投标和经营管理的基本能力，其对应课程为工程项目招投标与合同管理。

（10）社会交往、处理公共关系的基本能力，其对应课程为应用文写作基础、实用公共关系。

（11）借助工具书阅读和翻译本专业外文资料的初步能力，其对应课程为英语、专业英语。

（三）毕业生应具备的综合素质

1. 政治思想素质

热爱中国共产党、热爱社会主义祖国、拥护党的基本路线和改革开放的政策，事业心强，有奉献精神；具有正确的世界观、人生观、价值观，遵纪守法，为人诚实、正直、谦虚、谨慎，具有良好的职业道德和公共道德。

2. 文化素质

具有专业必需的文化基础，具有良好的文化修养和审美能力；知识面宽，自学能力强；能用得体的语言、文字和行为表达自己的意愿，具有社交能力和礼仪知识；有严谨务实的工作作风。

3. 身体和心理素质

拥有健康的体魄，能适应岗位对体质的要求；具有健康的心理和乐观的人生态度；朝气蓬勃，积极向上，奋发进取；思路开阔、敏捷，善于处理突发问题。

4. 业务素质

具有从事专业工作所必需的专业知识和能力；具有创新精神、自觉学习的态度和立业创业的意识，初步形成适应社会主义市场经济需要的就业观和人生观。

（四）毕业生获取的职业资格证书（或岗位技能证书）

（1）大学英语三级证书。

（2）大学计算机一级证书。

（3）一个工种的中级技能鉴定证书（钢筋工、混凝土工等）。

（4）一个岗位的岗位资格证书（施工员、预算员、监理员等）。

三、课程设置

课程按课程结构分为公共基础课、专业基础课和专业课；按课程性质分为必修课和选修课（含限定选修课和任意选修课）；按考核方式分为考试课和考查课；按学习顺序分为先修课和后修课。

1. 理论课

（1）基础课。基础课包括德育、高等数学、大学英语、体育、应用文写作、普通话等。

（2）专业基础课。专业基础课包括建筑制图、建筑力学、建筑材料、建筑应用电工、建筑工程测量、房屋卫生设备等。

（3）专业课。专业课包括房屋建筑学、建筑结构、地基与基础、建筑施工技术与机械、计算机辅助设计、建筑工程计量与计价、建筑施工组织、建筑企业管理、工程建设法规、建筑工程项目管理、建筑工程事故分析等。

2. 实践课

实践课包括力学实验、结构实验、建材实验、土力学实验、认识实习、制图实习、测量实习、生产实习、毕业实习、住宅设计、钢筋混凝土整体楼盖设计、钢筋混凝土工程施工设计、吊装工程施工设计、工程预算综合练习、单位工程施工组织设计、毕业设计等。

四、专业主干课程简介

1. 建筑材料与检测

基本内容：建筑材料的基本性质；常用建筑材料和一般装饰材料（如石材、水泥、砂、混凝土、钢材、沥青及防水材料、建筑塑料、玻璃、面砖、涂料等）及其制品的主要技术性能、基本用途、常见规格、质量标准、试验、检测及验收方法、保管要求。

基本要求：初步具有合理选择、使用常用建筑材料及制品的能力，具有对常用建筑材料进行检验的能力。

2. 建筑识图与构造

基本内容：建筑的构成要素及分类；投影的基本原理，制图的基本知识，制图标准；建筑的等级及标准化、民用建筑的构造；工业建筑的构造；土建施工图的绘制和识读。

基本要求：掌握点、线、面、体正投影的基本原理及作图方法，熟练绘制三面正投影图、剖面图、断面图；了解建筑的构造组成，掌握建筑构造的基本原理及常见构造的典型做法，领会国家建筑工程方面的制图标准，能进行简单的民用建筑构造设计，具备绘制土建专业施工图的一般能力，能正确领会工程图纸的设计意图，熟练地识读土建专业施工图。

3. 计算机辅助设计

基本内容：AutoCAD 简介及绘图环境的设置，对象特性设置，几何图形的绘制，二维图形的编辑，高级绘图和编辑，工程尺寸标注，建筑工程图的绘制，天正建筑（TArch）软件的应用。

基本要求：了解 CAD 技术基本知识，掌握 CAD 技术基本概念，掌握图形生成与输出的基本原理，学会图形设计的基本方法。要求学生熟练掌握 AutoCAD 的基本命令，熟悉天正建筑（TArch）软件，能够完成中等复杂程度的建筑工程施工图。

4. 建筑力学与结构

基本内容：理论力学、材料力学、结构力学、混凝土结构、砌体结构、钢结构和房屋抗震设计等内容。

基本要求：具有对一般结构进行受力分析、内力分析和绘制内力图的能力；了解材料的主要力学性能并有测试强度指标和构件应力的初步能力；掌握构件强度、刚度和稳定计算的方法，具有建筑结构设计的一般能力；掌握各种构件的基本概念、基本理论和构造要求，能进行各种结构基本构件的设计和一般民用房屋的结构设计，具有熟练识读和绘制建筑结构施工图的能力，并能处理解决与施工和工程质量有关的结构问题。

5. 地基与基础

基本内容：土的物理性质及工程分类，土中应力及变形计算，土的抗剪强度及地基承载力，浅基础与桩基础设计，土坡的稳定性，挡土墙设计，土工实验，建筑结构基础施工图。

基本要求：了解地基土的基本性能，能看懂建筑工程地质资料，初步具有一般浅基础和挡土墙的设计能力，能正确识读和绘制建筑基础施工图。

6. 建筑工程测量

基本内容：水准测量，角度测量，距离丈量及直线定向，小地区控制测量，大比例尺地形图的测绘与应用，建筑施工测量，相应的测绘仪器、设备的操作实践。

基本要求：了解常用测量仪器的构造、性能、适用范围和使用方法，具有常用测量仪器的操作使用和检验能力，具有建筑施工定位放线、抄平及复核工作的能力，能进行小面积的地形测绘。

7. 建筑设备

基本内容：室内给排水及卫生设备，室内供暖，燃气供应，通风与空调，建筑照明与供电，建筑施工用电基本知识，给排水施工图，暖通施工图，电气施工图。

基本要求：具有工业与民用建筑水、暖、电等常用设备的初步知识，领会水暖电施工图的绘制原理和方法，具有正确识读一般建筑工程水暖电施工图的初步能力，具有在施工中与水暖电专业人员协调配合的初步能力。

8. 建筑施工技术与机械

基本内容：建筑施工主要分部分项工程（包括土方工程，基础工程，主体工程、钢筋混凝土工程、预应力钢筋混凝土工程、结构安装工程、防水工程、装饰工程等）的施工工艺、施工方法、施工要点和质量安全措施，常用中小型建筑机械的种类及其选择。

基本要求：具有根据实际情况编制分部分项工程施工方法与安全技术措施的初步能力，初步具有根据施工条件合理选用中小型建筑机械的能力。

9. 高层建筑施工

基本内容：高层建筑的发展简史；高层建筑施工常用机具；高层建筑基础及主体施工。

基本要求：在学习建筑施工课程的基础上，通过本课程的学习，掌握高层建筑施工的特点、要求和技术标准；了解高层建筑施工有关的施工机具和设备的性能、使用要求以及有关的技术指标。

10. 建筑施工组织

基本内容：建筑施工组织概论、施工准备工作、流水施工原理、网络计划技术、施工组织总设计及单位工程施工组织设计等。

基本要求：了解基本建设程序和施工顺序，领会建筑施工组织的原则和方法，初步具有应用流水施工和网络计划的基础知识，按照一般建筑施工图编制单位工程施工组织设计并配合实施的能力。

11. 建筑工程计量与计价

基本内容：基本建设概述，建筑工程计价的概念，工程量清单计价的方法、程序，工程量清单计价实例；建筑工程消耗量定额的概念及分类，建筑工程消耗量定额的编制及应用；人工、材料、机械台班单价的组成及确定；基本建设费用的构成，建筑工程费用的组成，建筑工程费用的计算方法；工程量计算概述，建筑面积计算，建筑工程工程量计算，装饰工程工程量计算，工程量清单计算实例；综合单价的概念，综合单价的确定，措施项目费的计算；竣工结算与竣工决算的概念，竣工结算的编制，竣工结算审查；电子计算机计量与计价的意义，电子计算机计量与计价软件的应用。

基本要求：掌握基本建设造价文件的分类及工程量清单计价的依据、方法、程序；掌握建筑工程消耗量定额的组成与应用；了解人工、材料、机械台班单价的概念，掌握材料预算价格的组成及确定；掌握建筑工程直接费、间接费、利润、税金的计算方法；掌握工程量计算规则、工程量清单编制方法；掌握综合单价的组价方法；熟悉竣工结算的编制与审查；了解计量与计价软件的应用。

12. 建筑工程质量验收

基本内容：单位（子单位）工程，分部（子分部）工程、分项工程和检验批质量验收以及验收的程序和组织。

基本要求：熟悉工程质量验收的程序和组织，掌握检验批的验收方法，能够按各专业验收规范进行验收。

13. 建筑工程通病防治

基本内容：基础工程、砌体工程、混凝土工程、防水工程和装饰工程中质量问题形成原因的分析与防治措施。

基本要求：通过学习，使学生熟悉建筑工程常见质量问题的基本特征，掌握建筑工程常见质量问题形成的一般规律。通过对典型工程案例的剖析，从实例中吸取经验教训，改进工程施工管理工作，避免同类问题再次出现。培养学生分析问题和解决问题的能力，提高专业技能水平。

14. 建筑工程技术资料

基本内容：建筑工程技术文件的组成，技术文件管理，施工管理，试验，验收文件以及组卷。

基本要求：掌握建筑技术文件各表格内容的填写，掌握技术文件管理组卷，掌握技术文件管理的分类。

15. 工程项目招投标与合同管理

基本内容：建设项目招标与施工项目招标；合同法原理及合同文本的标准内容；施工合同的签订与管理；FIDIC 建筑工程施工合同条件；施工索赔。

基本要求：掌握建设项目招标与施工项目招标的方式、程序及有关文件的编制要求；理解合同法的基本原理及应用；具有签订施工合同的基本知识和能力；了解 FIDIC 建筑工程施工合同条件和施工索赔的一般知识。

16. 工程建设法规

基本内容：工程建设法规概述；建筑法，合同法，招投标法，城市规划法，工程质量管理条例，工程建设程序管理法规，建筑市场法规，工程建设监理法规，工程建设经济纠纷解决的途径。

基本要求：熟悉工程建设主要法规，掌握各阶段合同管理的内容，能运用有关法规分析、处理一般纠纷。

17. 建筑工程监理概论

基本内容：工程建设监理的基本概念；监理工程师；建设监理单位；工程建设项目监理组织及程序；工程监理信息管理和风险管理基本知识；工程建设监理技术文件。

基本要求：掌握工程建设项目监理组织及程序，熟悉工程建设监理技术文件。

18. 建筑工程项目管理

基本内容：工程项目与工程项目管理、工程项目组织、工程项目管理规划、工程项目目标控制、项目生产要素管理和项目现场管理、项目组织协调和信息管理、工程项目风险管理、工程项目后期管理等。

基本要求：掌握工程项目计划、组织、领导、控制的理论，熟练运用其方法与手段，能够联系实际，解决工程项目管理中的实际问题。

19. 工种操作实训

基本内容：砌筑工、抹灰工、钢筋工、混凝土工、模板工的施工工艺、质量标准和常用机具的应用。

基本要求：掌握砌筑工、抹灰工、钢筋工、混凝土工、模板工等主要工种中 1~2 个工种的基本操作工艺；了解相关工种的工艺过程、技术标准和常用施工机具的一般知识。

20. 顶岗实习

基本内容：建筑生产一线有关技术、管理岗位所必需的岗位能力和综合技能；土建施工所需要的识图、构造、结构、施工技术、测量放线、建筑材料应用及检测、施工组织、工程造价、质量评定、施工安全、内业资料、招投标与合同、图纸会审和技术交底以及施工现场的工作环境、工作对象和合作伙伴。

基本要求：通过实习综合运用已学习的专业知识和技能，掌握本专业学生就业相关岗位所需要的识图、结构、施工技术、建筑材料应用与检测、施工组织等方面的知识和能力；掌握与实习及就业岗位要求相关的知识和能力。

第五节　建筑工程专业特点及学习方法建议

一、建筑工程专业特点

建筑工程专业具有综合性强、政策性强、实践性强等特点。本专业涉及建筑材料、建筑制图、建筑设计、建筑施工、工程法律等知识，对学生的综合能力要求很高；本专业涉及大量国家及地方有关建筑工程施工规范、规程、标准、法令、法规的运用，同国家政策紧密相关，因而对知识的及时性要求较高，要求学生及时了解国内外建筑工程专业的动态和国家颁布的新政策；另外专业的实践性比较强，对学生应用理论知识解决不同实际问题的能力要求比较高。

二、怎样适应大学的学习

（一）迅速熟悉大学生活环境，尽快确立新的奋斗目标和学习观念

一般来讲，大学的教学设施要比中学齐全得多，教学的信息量也非常大。大学新生刚入学的时候，在思想上应认识到，要想在学业上获得成功，一定要充分利用现有的学习条件。在入学最初的几个月里，同学们在熟悉新的老师和同学的同时，还要迅速熟悉学校中的生活环境和学习环境，一方面锻炼培养学生的适应能力，更重要的是尽快地使其生活步入正常轨道。大学生应该充分利用环境中的优势，最大限度地利用教育资源，使个人的能力与潜力得到最大限度的促进与提高。

高尔基说过："一个人追求的目标越高，他的才能就发展越快，对社会就越有益。"目标是激发人的积极性，产生自觉行为的动力。大学新生正处在憧憬未来的青年时期，人生的作为往往是从大学时期树立的理想和目标开始的，大学是人成才、成就事业的一个新起点。同学们应该从高考胜利的满足和陶醉中清醒过来，从不满现状的沮丧中走出来，调整心态，根据学校教学的客观现实和自己的实际情况制定奋斗目标。

大学生应该建立自己的学习观念，作为一种能经常激励自己学习的指导性观念。一般认为大学生应具有的学习观念包括大潜力、高目标的观念、创造性学习的观念、勤奋并讲究学习方法的观念、不断向实践学习的观念、全面学习的观念、自主学习的观念。

（二）认识大学学习特点，掌握大学学习方法

大学与中学的不同之处在于，生活上要自理，管理上要自治，思想上要自我教育，学习上要求高度自觉。尤其是学习的内容、方法和要求上，比起中学的学习发生了很大的变化。如果说，学生在中学时代还多少要依靠教师才能学好的话，那么，到了大学，学好主要靠自己。大学教师对学生学习的指导作用仅仅在于传授各门课的知识技能，为学生设置各种教育情景，组织好学习活动，做到最大限度地调动学生的学习主动性和积极性。学生要想真正学到知识和本领，除了继续发扬勤奋刻苦的学习精神外，还要适应大学的教学规律，掌握大学的学习特点，充分利用学校的教师条件、教育设施和教育环境，发挥自己最大的学习主动性，选择适合自己的学习方法。

1. 根据大学学习的主动性特点努力培养自学能力

大学学习中已经没有了永远做不完的习题、频繁的考试、家长的督促、老师的细心辅导，这里很少有人监督你，也没有人给你制订具体的学习目标，看起来似乎非常轻松。其实不然，

大学教育是建立在普通教育基础上的专业性教育，教育的内容是既传授基础知识，又传授专业知识，还要介绍本专业、本行业最新的前沿知识、发展状况、科研动态和成果。知识的深度和广度比中学要大为扩展。课堂教学往往是提纲挈领式的，教师在课堂上只讲难点、疑点、重点，或者是教师最有心得的一部分，老师讲授的内容并非都是来自教材，甚至许多都不在教材上。看起来大学的课表没有中学时排得满，但是大学课堂节奏很快，老师上课速度快、信息量大，介绍思路多，详细的讲解少，课后常常开列参考书目、资料等，要求学生自己查阅。所以大学里很多知识是需要由学生自己去攻读、理解、掌握的，大部分时间是留给学生自学的，学生需要在课外阅读大量的参考资料。因此，大学里看似自由的时间包含着许多自学任务，学习气氛是外松内紧的。这种充分体现自主性的学习方式，将贯穿于大学学习的全过程，并反映在大学生活的各个方面。因此，培养和提高自学能力，是大学生必须具备的本领。当今社会，知识更新越来越快，三年左右的时间人类的知识量就会翻一番，大学毕业了，不会自学或没能养成自学的本领，不会更新知识是不行的。因此，培养和提高自学能力，是大学生必须完成的一项重要任务，也是进行终身学习的基本条件。

2. 注意掌握正确的学习方法

学习方法是提高学习效率、达到学习目的的手段。学习方法对头，往往能收到事半功倍的成效。在大学学习中要把握住的几个主要环节是：预习、听课、复习、总结、记笔记、做作业、考试等，这些环节把握好了，就能为进一步获取知识打下良好的基础。除了以上主要环节之外，同学们在学习过程中还要把握以下几点：

（1）要讲究读书的方法和艺术。大学学习不全是完成课堂教学的任务，更重要的是如何发挥自学的能力，在有限的时间里去充实自己，而充实自己的最好办法是选择并阅读有关书籍。学会在浩如烟海的书籍中选取自己必读之书，就需要有读书的艺术。首先是确定读什么书，其次对确定要读的书进行分类，一般来讲可分为三类。第一类是浏览性质的，第二类是通读的，第三类是精读的。浏览可粗，通读要快，精读要精。读书时，一要读思结合，深入思考，不能浮光掠影，不求甚解；二要读书不唯书，不读死书，这样才能学到真知。

（2）完善知识结构。所谓合理的知识结构，就是既有精深的专门知识，又有广博的知识面，具有事业发展实际需要的最合理、最优化的知识体系。建立合理的知识结构是一个复杂长期的过程，必须注意以下原则：一是整体性原则，即专博相济，一专多通，广采百家为我所用。二是层次性原则，即合理知识结构的建立，必须从低到高，在纵向联系中，划分出基础层次、中间层次和最高层次。三是比例性原则，即各种知识在数量和质量方面的合理配比。四是动态性原则，即所追求的知识结构决不应当处于僵化状态，而应是能够不断进行自我调节的动态结构。

3. 大学期间注重多种能力的培养

大学生要想学有所成，将来在工作中有所发明、有所创造，对人类社会的进步有所贡献，就必须学会独立地支配学习时间，自觉培养各种能力，如自学能力、科学研究能力、发明创造能力、捕捉信息的能力、组织管理的能力、社会活动的能力、仪器设备的操作能力、语言文字的表达能力等，为将来适应社会工作打下良好的基础。

大学生在校学习期间，必须在全面掌握专业知识和其他有关知识的基础上，加强专业技能的培养和智力的开发，在学习书本知识的过程中重视教学实践环节的锻炼和学习。要认真搞好专业实习和毕业设计，积极参加社会调查和生产实践活动，努力运用现代化科学知识和科学手段研究并解决社会发展和生产实践中的各种实际问题，克服在学习中存在的理论脱离实际和"高分低能"的不良倾向。

此外，作为一名大学生，不仅要学习科学文化知识，掌握先进的技术，而且更为重要的是，要学习如何做人，如何去做一个高素质的人。要学习如何去认识社会、接触社会、融入社会、造福社会，要学习如何与他人沟通、如何与他人相处、如何与他人协作。同学们充分利用课余时间参加各种活动，利用各种机会广泛地接触社会，在这个过程当中锻炼自己的社交能力、组织能力，培养自己的兴趣，丰富自己的生活，全面地提高自己的素质，主动地接触社会、深入社会，逐步向一个真正的社会人转变。

三、怎样学好理论课

对于建筑工程专业的学习来说，有三个因素是重要的，它们是学习的动力、态度和方法。没有良好的学习方法，即使学习动力正确、学习态度勤奋，也难以取得好的学习效果。对一个刚跨入高等学校大门的大学生来说，应该充分认识学习方法的重要性。

学习过程的基本阶段可分为形成动机阶段、组织信息阶段、学习应用阶段、重复巩固阶段和迁移综合阶段。

建筑工程专业的理论课表现为各种学科课程，它们的主要教学组织形式为课堂讲授。学习的目标是掌握本学科的基本规律、基本原理、基本概念和基本方法，并了解本学科的前沿知识，具备继续通过自学和实践钻研本学科的能力。学习这些理论课的过程可以剖析为听（怎样听课）、记（怎样记笔记）、习（怎样预习、复习和练习）、问（怎样解决疑难问题）、查（怎样查阅参考文献）、用（怎样在实践课的教学环节和课外工程实践中应用）等几个方面。

（一）怎样听课

听课是学生吸收知识最简捷的途径，"听好课"是获得好的学习效果的最重要手段。学生听课要在集中精力的基础上，就以下几方面加以注意：

（1）按照教学目的，明确自己的学习目标，作为自我检查的依据。

（2）掌握课堂上阐述的基本概念及其定义、定律、定理；并了解它们的外延和背景。

（3）弄清讲授的重点、难点和教师的思路，特别注意本学科研究和解决问题的方法，以便运用基本概念解决问题。

（4）理解本课程的体系以及本课程和已学课程间的关系，以便用已学懂的知识进行联想，温故而知新。

（5）注意教师讲课中阐述的个人见解，既要积极开动脑筋思考问题，又可以大胆怀疑并提出问题。

（6）了解本学科发展趋势，以便于今后利用其他文献资料作进一步探讨。

（二）怎样记课堂笔记

记课堂笔记的详略程度和方法，要根据课程性质、讲授内容、教学方式和学生长期形成的行之有效的习惯而定，没有固定模式。但应注意下列一些要点：

（1）要记教师讲授的思路、重点、难点和主要结论。

（2）要因课程性质确定"记"的重点。对于基础课和专业基础课，学生在课堂上主要是听，笔记侧重于记下基本概念、基本规律、基本原理、基本方法的推论、应用和联系；对于专业课，笔记除记好本学科理论和方法的推论、应用和联系外，还要敏感地记下更新的信息，注意记下与其他学科的联系；对于文科课程，笔记侧重于记基本的哲理、研究的方法、分析的论点、实践的验证；对于外语课，不仅要记好语法分析，还要多记词汇、词组、习惯用语、一词多义等。至于讲课中的数学推导过程、长篇文字叙述或公式堆列则应尽量少记，留待自己复习时补充。

（3）要在记的同时进行积极思考。讲到新概念时，要想一想为什么建立这个概念，它是怎样从实际问题中抽象出来的；讲到论证时，要想一想已知和未知的因素是什么，推理的方法为什么这样，论证中的关键步骤有哪些；教师讲到应用公式时，要想一想应用这些公式有什么限制条件，有什么实际意义。这样边听边思考边记笔记，就能使所记内容成为自己理解的东西。

（4）要用自己的语言和符号记。笔记可以根据自己的需要采用自己愿意采用的各种符号、字母、代号、缩写、短语等，只要自己能看懂便于自己应用就行。

（5）要注意课堂笔记的格式。课堂笔记不拘一格，书写也不求工整美观；但笔记必须清晰、一目了然。因而，文字简练、用语确切、书写迅速、层次分明、纲目清楚等要求就十分重要。最好用固定的笔记本，而且在每页旁留一条空白，供复习或看参考书时作补充、修改、注释、归纳、写心得用。

（6）要经常整理课堂笔记。每学完一章或相似的几章后要对笔记进行整理。整理课堂笔记的目的是为了及时复习、及时总结，形成自己的思路，还有利于各门课程间融会贯通。

记课堂笔记有"五忌"：一忌做教师讲课的速记员，二忌做照抄板书的记录员；三忌心不在焉凌乱记；四忌为图省事在书上记；五忌为记而记，记而不用，等于没有记。

（三）怎样预习、复习和练习

学生在听课前后对主要教科书有关章节的阅读至少要有四遍：

第一遍泛读，预习用。约需上课时间的15%，方法是概略地浏览即将听课的内容，做到心中有数，大体知道哪些是重点和难点。

第二遍精读，复习用。方法是对照课堂笔记消化、理解教师讲授的内容。

第三遍深入精读，重点深入地理解所讲内容中的重点和难点部分。

在第三遍读后，可以认为已经理解所学内容，这时应该用自己的理解写一个小结。在这个基础上着手做练习作业。做作业前还应进行第四遍应用性阅读，侧重于看书上例题是怎样运用原理解决问题的。

1. 怎样预习

课前预习教科书有关章节的作用是：

（1）有助于培养独立思考能力（预习时要独立思考哪些已知，哪些未知，哪些难点）；

（2）有助于提高听课质量（能在听课时格外注意重点和难点，跟上教师的思路）；

（3）有助于提高记课堂笔记水平（能克服"听、看、想、记"间互相干扰的矛盾，也能使笔记更突出重点）；

（4）有助于提高学习效率（预习时有关已学过的知识会在头脑中过一遍，加强新旧知识的联系，也有助于记忆）。

预习的基本方法是用"已知"比较鉴别"未知"，要在教科书上做一些符号，对新的概念和方法以及可能是重点和难点之处加以标明，以便在听课时引起自己注意。

2. 怎样复习

课后复习的作用是：

（1）巩固课堂听课学到的知识；

（2）将"已知"的知识和"新知"的知识联系起来，形成自己头脑中更为丰富的信息网络；

（3）为做习题练习、实际应用以及开展实验、大作业、设计等教学实践活动作理论准备；

（4）反复地过度复习可以使得某些知识形成头脑中的"常规"，达到学习过程中的一次次飞跃。

复习的特点，一是不受讲课节奏的约束，学生可以自己支配复习时间和复习的次数；二是没有定型的方式方法，可以通过温习"已知"掌握"新知"，在新旧对比中复习，可以通过提问、质疑、讨论的方式复习，可以通过综合、归纳、总结的方式复习，可以通过习题、实验、设计等应用环节复习，也可以通过阅读参考文献的方式复习。

复习时，应该注意的问题有：

（1）正确对待复习和做习题练习的关系。应该在通过课后复习，掌握好基本概念、基本原理、基本方法后再做习题练习，而不要边做习题边复习。

（2）正确对待主要教科书和参考文献的关系。复习时，应该以教师指定的主要教科书和课堂笔记为主，参考文献为辅。在复习中还应该分清"重点"和"一般"；对于重点问题应该在复习中阅读一些参考文献以便加深理解。只是在确保掌握好重点知识的前提下，才能去扩大知识面。

（3）要及时复习、及时消化，不要等问题成堆后才复习，更不要考试前"临时抱佛脚"。

（4）在复习过程中，要不断地自己提出问题、自己回答问题，不断地把概念引向深入，以便理解透彻。

（5）要用自己的语言和文字，以自己习用的格式进行学习小结、总结和综述；不要把总结变成抄书或抄笔记。

3. 怎样练习

练习是指学生在教师指导下，依靠自己的控制和校正，反复地完成一定动作或活动，借以形成技能、技巧或行为习惯的一种学习方法。如外语课的语音和作文练习、体育课的技能技巧练习、制图课的绘图练习、学计算机时的应用练习等。

学生在进行课后练习时，应明确以下一些要点：

（1）练习的目的、内容和时间。学生应该按时进行练习、按时将练习结果交给教师，以便教师及时发现错误、纠正缺陷。

（2）练习的方法：

1）练习要按照确定的步骤和格式进行。如果是做习题，计算或分析的步骤、过程、层次、公式来源、图式、数据、量纲、结论一定要清晰。

2）练习先要求正确，后要求熟练。为了正确，宜设置若干自我校正的措施，如果是做计算性习题，宜每一步都设法校核，以免前面出的差错影响后续计算。为了熟练，练习必须有一定的分量。"熟能生巧"，熟练了就能产生巧办法。

3）练习的方式要适当多样化，以提高对练习的兴趣和效果。譬如做习题时，能用几种方法分析解决同一个问题，则不但能从多方面运用所学的知识达到提高学习效率的目的，而且能够提高做习题的质量（保证不出差错）、提高对做习题的兴趣。

4）练习一般先易后难、先单项（解决个别性问题）后综合（解决整体性问题）。一般来说，综合性练习（或者综合性的大作业）对加深单个概念间联系的理解、训练综合地分析和解决问题的能力，更加重要。

5）练习要个人独立地完成（也可在集体讨论的基础上个人独立地完成），在练习过程中要进行积极的思维活动。要理解了才去做，在做的过程中加深理解；不要还没有理解就急忙去做，吃"夹生饭"。

（3）练习结果的处理。学生在每次练习后，应该对自己的练习结果做一些自我检查，检查哪些方面有成效，哪些方面存在着缺点或错误。如果能在每次做完习题后对所做习题的结果有一个讨论，收到的效果会更好。此外，学生更必须认真对待教师对练习的判断和评语，从中能学到书本上学不到的东西。

（四）怎样解决疑难问题

学生在学习过程中会遇到各种疑难问题（包括教科书中的和教师提出的思考题）。这时，只靠听教师讲授和自己勤奋学习是不够的，还要靠勤于提问。所谓学问，就是既要学又要问。问谁呢？问自己、问老师、问同学、问书本。

（1）问自己。不断给自己提出问题，自己设法去解决问题。

（2）问教师。不仅是将疑难问题向教师求答，更重要的是主动争取机会将自己经过思索得到的不确切的答案和教师共同讨论，分析正确和错误。

（3）问同学。经常在同学间展开对学习中遇到的共同疑难问题的讨论。

（4）问书本。通过教科书和参考文献解决疑难问题。

（五）怎样查阅参考文献

1. 文献的形式

（1）图书。它包括：教科书、专著、论文集、国家标准、技术规范、技术规程、工具书。

（2）报刊。它包括：报纸、期刊（或称杂志）。

（3）非报刊文献。它包括：学术会议论文（国际性、全国性、专业性）、科技报告、政府出版物（行政法令、规章制度、技术政策、会议决议等）。技术档案（讲义、图片、照片、录音带、录像带、技术资料等）。

2. 查阅参考文献的基本途径

对一名工科大学生来说，停留于学习教科书中的知识是远远不够的，他们必须学会并具备查阅参考文献的能力。

查阅参考文献的基本途径有两个：一是检索，二是记读书笔记。

文献检索是从众多文献中查找出符合特定需要的文献或某一个问题解答的过程。检索方法有手工检索和计算机检索两种。手工检索的基本手段有：卡片检索、附录检索、期刊检索和书本检索。计算机检索由微机在检索系统的数据库中查寻文献，或在互联网上查寻文献。

查阅参考文献应该和记读书笔记同时进行。记读书笔记的方法有三种，它们是：摘录式笔记、批注式笔记和评注式笔记。

四、怎样学好实践课

实践课表现为实验、实习和设计等各种活动课程。实践课的目标是培养学生的解决实际问题能力，使学生掌握各种实际知识和技能。为了达到这个目标，学生应以下几个方面下功夫：

（1）实践课前要复习好有关的理论知识。如基本概念、基本原理、基本方法、主要构造做法等；弄清本课程需要解决的主要问题，并据此查阅和收集尽可能多的信息。

（2）实践课初期。学生宜根据课程的教学目的，在教师或工程技术人员指导下编制出自己的实践训练方案和具体的实施计划。

（3）在实践课进行过程中。学生要独立完成各项技能训练工作，勤观察多思考，积极锻炼创新能力和解决实际问题能力。

（4）实践课后期。学生要重视各种文字报告或文字总结。在写文字报告或文字总结时，宜在对实践课的学习全面总结以后成文，最好有自己的见解。

复习思考题

1. 我国的建筑方针是什么？
2. 建筑工程概论的课程任务是什么？
3. 试述建筑工程各发展阶段的基本特征。
4. 建筑工程的发展趋势是什么？
5. 试述各就业岗位的要求。
6. 试述毕业生应具备的职业能力及其对应的课程。
7. 怎样适应大学的学习？
8. 怎样学好理论课？
9. 怎样学好实践课？

第二章 建筑工程基础知识

第一节 建 筑 材 料

建筑工程中所使用的各种材料统称为建筑材料。建筑材料按其功能一般分为结构材料、装饰材料和专用材料。结构材料主要包括砖、石灰、砂、石、钢材、水泥、混凝土、砂浆等；装饰材料主要包括建筑涂料、饰面用石材、木材、玻璃、陶瓷等；专用材料也称为建筑功能材料，主要包括建筑防水材料、建筑保温隔热材料等。

建筑材料在建筑工程中具有非常重要的地位和作用。

（1）建筑材料是保证建筑工程质量的基础。建筑材料的选择和使用，直接影响着建筑工程的质量。

（2）建筑材料对建筑工程技术进步起着巨大的促进作用。

每当出现新的建筑材料时，建筑工程就有飞跃式的发展。建筑工程的三次飞跃发展是与砖瓦的出现、钢材的大量运用、混凝土的兴起紧密相关的。建筑材料对建筑工程造价具有非常重要的影响。通常建筑材料费用占工程总造价的一半以上，因此在考虑建筑材料技术性能时，必须兼顾其经济性。

在人类历史发展进程中，建筑材料首先由土木石等原始材料发展到砖、瓦、灰等最早的人工材料，其次又发展到近代的钢材、水泥、混凝土等材料，然后又发展到现代的化学建材、绿色建材等材料。建筑材料的进步促进了建筑物尺寸规模的增大、结构形式的改变和使用功能的改善，使人类的生活空间、生存环境变得越来越美好。为适应未来建筑工程发展的需要，未来的建筑材料将进一步向合成材料、多功能材料、复合材料发展。

建筑材料的基本性质主要包括密度、体积密度、孔隙率、密实度和强度等。密度是指材料在绝对密实状态（不含空隙或孔隙）下单位体积的质量。体积密度是指材料在自然状态下单位体积的质量。松散材料的体积密度一般称为堆积密度。孔隙率是指固体材料体积内孔隙体积所占的比例。密实度是指材料体积内被固体物质充实的程度，即材料的绝对密实体积与其总体积之比。强度是指材料在外力作用下抵抗破坏的能力，用材料在被破坏时的最大应力（单位面积承受的力）值来表示。根据外力作用方式的不同，材料强度主要有抗拉强度、抗压强度、抗折强度和抗剪强度。不同的材料，对其强度的要求也不一样。如水泥以抗压强度为主，钢筋以抗拉强度为主。密度和体积密度主要反映材料的轻重，而孔隙率和密实度主要反映材料中孔隙的多少。一般情况下，材料孔隙率越高（密实度越低），则材料的保温隔热性能、吸声性能和吸湿性能越好，而材料的强度降低，抗渗透性能、耐磨性能、抗冻性能、耐腐蚀性能耐久性等均下降。

一、结构材料

（一）石灰、水泥与砂浆

1. 石灰

将主要成分为碳酸钙的天然岩石，在适当温度下煅烧，排除分解出的二氧化碳后，所得的以氧化钙（CaO）为主要成分的产品即为石灰，又称生石灰。

生石灰呈白色或灰色块状，为便于使用，块状生石灰常需加工成生石灰粉、消石灰粉或石灰膏。生石灰粉是由块状生石灰磨细而得到的细粉，其主要成分是 CaO；消石灰粉是块状生石灰用适量水熟化而得到的粉末，又称熟石灰，其主要成分是 $Ca(OH)_2$；石灰膏是块状生石灰用较多的水（约为生石灰体积的3~4倍）熟化而得到的膏状物，也称石灰浆，其主要成分也是 $Ca(OH)_2$。建筑工程中所用的石灰常分三个品种：建筑生石灰、建筑生石灰粉和建筑消石灰粉。

生石灰（CaO）与水反应生成氢氧化钙的过程，称为石灰的熟化或消化。建筑工程中常用经熟化后的熟石灰，如石灰膏等。为了消除过火石灰的危害，石灰在熟化后，还应"陈伏"2 周左右。石灰浆体的硬化包括干燥结晶和碳化两个同时进行的过程，后者过程缓慢。干燥硬化是石灰浆体在干燥过程中，毛细孔隙失水，从而产生毛细管压力，使得 $Ca(OH)_2$ 颗粒间的接触紧密，产生一定的强度。碳化硬化是 $Ca(OH)_2$ 与空气中的 CO_2 化合生成 $CaCO_3$ 晶体称为碳化，生成的 $CaCO_3$ 具有相当高的强度。

石灰的主要性质有：保水性、可塑性好，凝结硬化慢、强度低、耐水性差、吸湿性强，硬化时体积收缩大。因此，石灰不宜在长期潮湿和受水浸泡的环境中使用，也不宜单独使用。一般在石灰中掺入砂、纸筋、麻刀等材料，以减少收缩，增加抗拉强度，并能节约石灰。将石灰掺入水泥砂浆中，配成混合砂浆，可显著提高砂浆的和易性。

石灰在土木工程中应用范围很广，主要用途如下：

（1）制作石灰乳涂料，用于粉刷墙面和顶棚。

（2）利用熟化石灰制成石灰砂浆或水泥石灰混合砂浆，用于抹灰和砌筑。

（3）熟化后的石灰与黏土拌和成灰土。若再加砂或石屑、炉渣等形成三合土，广泛用于建筑工程的基础和道路的垫层或基层。

（4）生产硅酸盐制品。以石灰（消石灰粉或生石灰粉）与硅质材料（砂、粉煤灰、火山灰、矿渣等）为主要原料，经过配料、拌和、成型和养护后可制得砖、砌块等各种制品。因内部的胶凝物质主要是水化硅酸钙，所以称为硅酸盐制品，常用的有灰砂砖、粉煤灰砖等。

（5）制作碳化石灰板。磨细生石灰、纤维状填料（如玻璃纤维）或轻质骨料加水搅拌成型为坯体，然后再通入 CO_2 进行人工碳化（12~24h）而成的一种轻质板材，作为非承重的内隔墙板以及天花板等。

2. 水泥

水泥是一种加水搅拌后成浆体，能在空气中或水中硬化，并能把砂、石等材料牢固地胶结在一起的粉状水硬性无机胶凝材料。水泥是重要的建筑材料，用水泥制成的砂浆或混凝土，坚固耐久，广泛应用于土木建筑、水利、国防等工程。

从 1824 年英国人 J 阿斯普丁发明了波特兰水泥（即硅酸盐水泥）到现在，水泥品种已发展到 100 多种。

（1）水泥的分类。水泥按用途及性能分为：通用水泥、专用水泥和特性水泥。

一般土木建筑工程通常采用的通用水泥。通用水泥主要包括硅酸盐水泥、普通硅酸盐水泥、矿渣硅酸盐水泥、火山灰质硅酸盐水泥、粉煤灰硅酸盐水泥和复合硅酸盐水泥六大类。硅酸盐水泥的强度等级分为 42.5、42.5R、52.5、52.5R、62.5、62.5R 六个等级。普通硅酸盐水泥的强度等级分为 42.5、42.5R、52.5、52.5R 四个等级。矿渣硅酸盐水泥、火山灰质硅酸盐水泥、粉煤灰硅酸盐水泥、复合硅酸盐水泥的强度等级分为 32.5、32.5R、42.5、42.5R、52.5、52.5R 六个等级。

（2）常用水泥的主要特性与用途。常用水泥的主要特性与用途见表 2-1。

表 2-1　　　　　　　　　　　常用水泥的主要特性与用途

	普通水泥	矿渣水泥	火山灰水泥	粉煤灰水泥
特性	1. 早期强度较高； 2. 水化热较大； 3. 抗冻性好； 4. 耐热性较差； 5. 耐腐蚀与耐水性较差	1. 早期强度低，后期强度增长较快； 2. 水化热较小； 3. 耐热性好； 4. 耐硫酸盐侵蚀和耐水性较好； 5. 抗冻性差和干缩性大； 6. 抗硬化能力差	1. 抗渗性好； 2. 耐热性可能较差，其他与矿渣水泥相同	1. 干缩性较小，抗裂性较好； 2. 其他与火山灰水泥相同
适用范围	一般土建工程中混凝土及预应力钢筋混凝土结构，包括受反复冰冻作用的结构，也可拌制高强度混凝土	1. 高温车间和有耐热耐火要求的混凝土结构； 2. 大体积混凝土结构； 3. 蒸汽养护的混凝土构件； 4. 一般地上、地下和水中的混凝土结构； 5. 有抗硫酸盐侵蚀要求的一般工程	1. 地下、水中大体积混凝土结构和有抗渗性要求的混凝土结构； 2. 蒸汽养护的混凝土构件； 3. 一般混凝土结构； 4. 有抗硫酸盐侵蚀要求的一般工程	1. 地上、地下、水中及大体积混凝土结构； 2. 蒸汽养护的混凝土构件； 3. 有抗硫酸盐侵蚀要求的一般工程
不适用范围	1. 大体积混凝土结构； 2. 受化学侵蚀及水侵蚀的工程	1. 早期强度要求较高的工程； 2. 严寒地区、处在水位升降范围内的混凝土结构	1. 处在干燥环境的工程； 2. 要求快硬、高强混凝土及有腐性要求的混凝土； 3. 其他同矿渣水泥	1. 有抗老化要求的工程； 2. 其他同火山灰水泥

（3）水泥的凝结硬化过程。水泥为干粉状物，加适量的水并拌和后便形成可塑性的水泥浆体，水泥浆体在常温下会逐渐变稠直到开始失去塑性，这一现象称为水泥的初凝；随着塑性的消失，水泥浆开始产生强度，此时称为水泥的终凝；水泥浆由初凝到终凝的过程称为水泥的凝结。水泥浆终凝后，其强度会随着时间的延长不断增长，并形成坚硬的水泥石，这一过程称为水泥的硬化。

（4）水泥的储存、运输和保管。

1）分类储存。不同品种、不同标号的水泥应分别存放，不可混杂。

2）防潮防水。水泥受潮后即产生水化作用，凝结成块，影响水泥的正常使用。所以运输和储存时应保持干燥。对袋装水泥，地面垫板要高出地面 30cm，四周离墙 30cm，堆放高度一般不超过 10 袋。存放散装水泥时，地面要抹水泥砂浆。

3）储存期不宜过长。储存期过长，由于空气中的水汽、二氧化碳作用而降低水泥强度。一般来说，储存三个月后的强度约降低 10%～20%。所以，水泥存放期一般不应超过三个月。快硬水泥、高铝水泥的规定储存期限更短（分别为一、二个月）。过期水泥，使用时必须经过试验，并按试验重新确定的标号使用。

3. 砂浆

砂浆是由胶凝材料、细骨料和水等材料按适当比例配制而成的建筑材料。胶凝材料一般为水泥、石灰浆等，细骨料多采用天然砂。建筑砂浆按用途不同，可分为砌筑砂浆和抹面砂浆；按所用胶凝材料不同，可分为水泥砂浆、石灰砂浆、水泥石灰混合砂浆等。

(1) 砂浆的技术性质。新拌的砂浆主要要求具有良好的和易性。硬化后的砂浆则应具有所需的强度和对底面的黏结力，而且其变形性不能过大。

1) 砂浆的和易性。砂浆的和易性是指新拌砂浆是否便于施工并保证质量的综合性质，即砂浆是否比较容易地在砖石、砌块等表面上铺砌成均匀、连续的薄层，且与底面紧密地黏结。砂浆的和易性可根据其流动性和保水性综合评定。砂浆的流动性也称稠度，是指在自重或外力作用下流动的性能。砂浆的保水性是指新拌砂浆保持其内部水分不泌出流失的能力。保水性不良的砂浆在存放、运输和施工过程中容易产生离析泌水现象。

2) 砂浆强度等级。砂浆的强度等级是以边长为70.7mm的立方体试块，一组6块，在标准养护条件下，用标准试验方法测得28d龄期的抗压强度值（MPa）来确定，并以M和应保证的抗压强度值（MPa）表示。水泥砂浆的强度等级可分为M5、M7.5、M10、M15、M20、M25、M30；水泥混合砂浆的强度等级可分为M5、M7.5、M10、M15。砂浆强度等级的采用，应符合《砌体结构设计规范》（GB 50003—2011）的有关规定。

3) 收缩性能。收缩性能是指砂浆因物理化学作用而产生的体积缩小现象。其表现形式为由于水分散失和湿度下降而引起的干缩、由于内部热量的散失和温度下降而引起的冷缩、由于水泥水化而引起的减缩和由于砂颗粒沉降而引起的沉缩。

4) 黏结力。砂浆的黏结力主要是指砂浆与基体的黏结强度的大小。砂浆的黏结力是影响砌体抗剪强度、耐久性和稳定性，乃至建筑物抗震能力和抗裂性的基本因素之一。通常，砂浆的抗压强度越高黏结力越大。

(2) 常用砂浆。

1) 砌筑砂浆。将砖、石及砌块黏结成为砌体的砂浆称为砌筑砂浆。它起着黏结砖、石及砌块构成砌体，传递荷载，并使应力的分布较为均匀，协调变形的作用。用于砌筑的水泥砂浆采用的水泥强度等级不宜大于32.5级，水泥混合砂浆采用的水泥强度等级不宜大于42.5级。砌筑砂浆中的细骨料宜选用中砂，其细骨料的粒径一般为灰缝的1/4~1/5为宜。水泥砂浆一般适用于水下及潮湿环境下的工程，如基础等；石灰砂浆一般适用于干燥环境下的工程；水泥石灰混合砂浆介于二者之间，如墙体等。砌筑砂浆按配制方式不同，分为现场配制砂浆和预拌砂浆。预拌砂浆是专业生产厂生产的湿拌砂浆或干混砂浆。

2) 抹面砂浆。抹面砂浆是指涂抹在基底材料的表面，兼有保护基层和增加美观作用的砂浆。抹面砂浆按其功能的不同可分为普通抹面砂浆、装饰抹面砂浆和具有特殊功能的抹面砂浆（如保温砂浆、耐酸砂浆等）。

常用的普通抹面砂浆有水泥砂浆、石灰砂浆、水泥石灰混合砂浆、麻刀石灰砂浆（简称麻刀灰）、纸筋石灰砂浆（纸筋灰）等。

装饰砂浆是指涂抹在建筑物内外墙表面，能具有美观装饰效果的抹面砂浆。要选用具有一定颜色的胶凝材料和骨料以及采用某种特殊的操作工艺，使表面呈现出各种不同的色彩、线条与花纹等装饰效果。装饰砂浆所采用的胶凝材料有普通水泥、矿渣水泥、火山灰质水泥、白水泥、彩色水泥，或是在常用水泥中掺加耐碱矿物颜料配成彩色水泥以及石灰、石膏等。

防水砂浆是指具有一定的防水抗渗能力的砂浆。防水砂浆一般采用在水泥砂浆中掺入防水剂的方法来制作。防水砂浆通常用于墙身防潮层或地下防水工程等。

保温砂浆是以水泥、石灰膏、石膏等胶凝材料与膨胀珍珠岩砂、膨胀蛭石、火山渣或浮石砂、陶砂等轻质多孔骨料按一定比例配制成的砂浆，具有轻质、保温的特性，一般用于平屋顶保温层及顶棚、内墙抹灰等。常用的保温砂浆有水泥膨胀珍珠岩砂浆、水泥膨胀蛭石砂浆。

（二）混凝土

混凝土也称砼，是当代最主要的土木工程材料之一。它是由胶凝材料、骨料和水按一定比例配制，经搅拌振捣成型，在一定条件下养护而成的人造石材。混凝土具有原料丰富、价格低廉、生产工艺简单的特点，因而使其用量越来越大；同时混凝土还具有可塑性好、抗压强度高、耐久性好、强度等级范围宽的特点，从而使其使用范围十分广泛。从以水泥为胶凝材料的混凝土问世开始，在1850年和1928年先后出现了钢筋混凝土和预应力混凝土，目前混凝土技术正朝着轻质、高强、高性能、高耐久、多功能、绿色环保和智能化方向发展。

混凝土的种类很多。按胶凝材料不同，分无机胶凝材料混凝土（如水泥混凝土、石膏混凝土等）和有机胶凝材料混凝土（如聚合物混凝土、沥青混凝土等）；按表观密度不同，分重混凝土、普通混凝土、轻混凝土；按使用功能不同，分结构用混凝土、道路混凝土、水工混凝土、耐热混凝土、耐酸混凝土及防辐射混凝土等；按施工工艺不同，又分喷射混凝土、泵送混凝土、振动灌浆混凝土等。按混凝土抗压强度等级，分低强度混凝土（抗压强度值<30MPa）、中强度混凝土（抗压强度值30～60MPa）、高强度混凝土（抗压强度值为60～100MPa）和超高强度混凝土（抗压强度值≥100MPa）。为了克服混凝土抗拉强度低的缺陷，人们还将水泥混凝土与其他材料复合，出现了钢筋混凝土、预应力混凝土、各种纤维增强混凝土及聚合物浸渍混凝土等。此外，随着混凝土的发展和工程的需要，还出现了膨胀混凝土，加气混凝土，纤维混凝土等各种特殊功能的混凝土。泵送混凝土，商品混凝土以及新的施工工艺给混凝土施工带来方便。

1. 普通混凝土

（1）混凝土的组成。水泥混凝土又称普通混凝土（简称为混凝土），是由水泥、砂（粒径为0.16～5mm的集料）、石（粒径大于5mm的集料）和水所组成，另外还常加入适量的掺和料（如硅灰、粉煤灰、粒化高炉矿渣粉等）和外加剂（如减水剂、缓凝剂、早强剂等）。在混凝土中，砂、石起骨架作用，称为骨料；水泥与水形成水泥浆，水泥浆包裹在骨料表面并填充其空隙。在硬化前，水泥浆起润滑作用，赋予拌和物一定的和易性，便于施工。水泥浆硬化后，则将骨料胶结为一个坚实的整体。

（2）混凝土的性质。混凝土的性质包括混凝土拌和物的和易性、混凝土强度、变形及耐久性等。

和易性又称工作性，是指混凝土拌和物在一定的施工条件下，便于各种施工工序的操作，以保证获得均匀密实的混凝土的性能。和易性是一项综合技术指标，包括流动性（稠度）、黏聚性和保水性三个主要方面。

强度是混凝土硬化后的主要力学性能，反映混凝土抵抗荷载的量化能力。混凝土强度包括抗压、抗拉、抗剪、抗弯、抗折及握裹强度。其中以抗压强度最大，抗拉强度最小。混凝土强度等级就是根据立方体抗压强度标准值来确定。强度等级的表示方法是用符号C和立方体抗压强度标准值表示。例如，C40表示混凝土立方体抗压强度标准值小于45MPa，但不小于40MPa。我国现行国家标准《混凝土结构设计规范》（GB 50010—2010）规定，普通混凝土按立方体抗压强度标准值划分为C15、C20、C25、C30、C35、C40、C45、C50、C55、C60、

C65、C70、C75 和 C80 十四个强度等级。强度等级为 C60 及其以上的混凝土，通常称为高强混凝土。

混凝土的变形包括非荷载作用下的变形和荷载作用下的变形。非荷载作用下的变形有化学收缩、干湿变形及温度变形等。水泥用量过多，在混凝土的内部易产生化学收缩而引起微细裂缝。

混凝土耐久性是指混凝土在实际使用条件下抵抗各种破坏因素作用，长期保持强度和外观完整性的能力，包括混凝土的抗冻性、抗渗性、抗蚀性及抗碳化能力等。

2. 钢筋混凝土与预应力混凝土

钢筋混凝土，是指通过在混凝土中加入钢筋与之共同工作来改善混凝土力学性质的一种组合材料。钢筋混凝土之所以可以共同工作是由它自身的材料性质决定的。首先钢筋与混凝土有着近似相同的线膨胀系数，不会由环境不同产生过大的应力。其次钢筋与混凝土之间有良好的黏结力，有时钢筋的表面也被加工成有间隔的肋条（称为变形钢筋）来提高混凝土与钢筋之间的机械咬合，当此仍不足以传递钢筋与混凝土之间的拉力时，通常将钢筋的端部弯起 180°弯钩。此外混凝土中的氢氧化钙提供的碱性环境，在钢筋表面形成了一层钝化保护膜，使钢筋相对于中性与酸性环境下更不易腐蚀。钢筋混凝土不但可以用作受压构件（如墙、柱），还可以用作受弯构件（如梁、板）。钢筋混凝土按施工方法不同，可分为现浇整体式、预制装配式和装配整体式。

预应力混凝土能充分发挥高强度钢材的作用，即在外荷载作用于构件之前，利用钢筋张拉后的弹性回缩，对构件受拉区的混凝土预先施加压力，产生预压应力。当构件在荷载作用下产生拉应力时，首先抵消预应力，然后随着荷载不断增加，受拉区混凝土才受拉开裂，从而延迟了构件裂缝的出现和限制了裂缝的开展，提高了构件的抗裂度和刚度。这种利用钢筋对受拉区混凝土施加预压应力的钢筋混凝土，称为预应力混凝土。预加应力的方法，可以分为先张法和后张法两类。先张法是先张拉钢筋，后浇筑混凝土，预应力靠钢筋与混凝土之间的黏结力传递给混凝土。后张法是先浇筑混凝土并预留孔道，待混凝土达到一定强度后张拉钢筋，预应力靠锚具传递给混凝土。预应力混凝土能使其制品或构件的抗裂度、刚度、耐久性大大提高，减轻自重，节约材料。但是，预应力混凝土工艺较复杂，对质量要求高，需要配备一支技术较熟练的专业队伍，需要配备一定的专门设备，如张拉机具、灌浆设备等，对构件数量少的工程，成本较高，从而在一定程度上影响了预应力混凝土的推广应用。

（三）钢材

钢是含碳量为 0.06%～2.0%并含有某些其他元素的铁碳合金。钢材强度高、品质均匀，具有一定的弹性和塑性变形能力，能够承受冲击、振动等荷载作用；钢材的加工性能良好，可以进行各种机械加工，可以通过切割、铆接或焊接等方式的连接，进行现场装配。随着冶金工业生产技术的发展，建筑钢材将向具有高强、耐腐蚀、耐疲劳、易焊接等综合性能的方向发展。目前，钢材已广泛应用于铁路、桥梁、建筑工程等各种结构工程中。在建筑工程中，钢结构用钢材和钢筋混凝土结构用钢材（线材），主要使用低碳钢（含碳量＜0.25%）和低合金钢（合金元素总含量＜5.0%）。

1. 钢结构用钢材

钢结构用钢材主要有型钢（型材）、钢板（板材）和钢管（管材）。钢结构用钢材之间的连接方法有焊接、铆接和螺栓连接。

型钢有热轧型钢（厚度为 0.35～200mm）和冷弯薄壁型钢（厚度为 0.2～5mm）两种。热轧型钢常用的有角钢（有等边的和不等边的）、工字钢、槽钢等。冷弯薄壁型钢常用的有角钢、槽钢等开口薄壁型钢及方形、矩形等空心薄壁型钢，主要用于轻型钢结构。

钢板有热轧钢板和冷轧钢板两种。热轧钢板按厚度分为厚板（厚度为＞4mm）和薄板（厚度为 0.35～4mm）两种，冷轧钢板只有薄板（厚度为 0.2～4mm）一种。

钢管一般分为热轧无缝钢管和焊接钢管两大类。在建筑工程中，钢管多用于制作桁架、网架、钢管混凝土等。

2. 钢筋混凝土结构用钢材

钢筋混凝土结构用钢材（线材），主要有热轧钢筋、中强度预应力钢丝、消除应力钢丝、钢绞线和预应力螺纹钢筋。其中，中强度预应力钢丝、消除应力钢丝、钢绞线和预应力螺纹钢筋主要用于预应力混凝土结构中。用于钢筋混凝土中的钢筋和预应力混凝土结构中的非预应力钢筋主要是热轧钢筋。

热轧钢筋是经热轧成型并自然冷却的成品钢筋，由低碳钢和普通合金钢在高温状态下压制而成。热轧钢筋按外形分为分为光圆钢筋和带肋钢筋；按化学成分和强度分为 HPB300、HRB335、HRBF335、HRB400、HRBF400、RRB400、HRB500、HRBF500。其中，HRB400、HRBF400、RRB400、HRB500、HRBF500 为高强钢筋。HPB300 钢筋为光圆钢筋，属于低碳钢，表面为光面；其余级别钢筋为带肋钢筋，属于低合金钢，表面一般为月牙肋或等高肋。为便于运输，直径为 6～9mm 的钢筋常卷成圆盘，直径大于 12mm 的钢筋则轧成 6～12mm 的直条（图 2-1）。热轧钢筋应具备一定的强度，即屈服点和抗拉强度，它是结构设计的主要依据。热轧钢筋为软钢，断裂时会产生颈缩现象，伸长率较大。

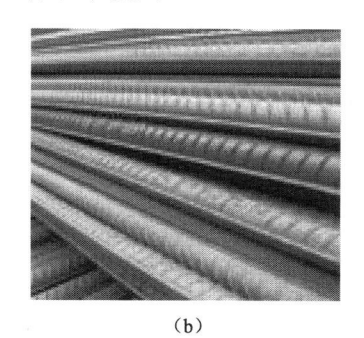

（a）　　　　　　　　　　（b）

图 2-1　钢筋的种类

（a）圆盘；（b）直条

中强度预应力钢丝是用优质高碳钢热轧盘条经清除氧化铁皮、烘干、涂层处理、热处理、拉丝、镀层处理等工序加工而成。中强度预应力钢丝按强度级别分为 800MPa、970MPa、1270MPa 三种；按外形分为光面钢丝和螺旋肋钢丝两种。

消除应力钢丝是冷拔后经高速旋转的矫直机矫直，并经回火处理的钢丝。消除应力钢丝按强度级别分为 1470MPa、1570MPa、1860MPa 三种；按外形分为光面钢丝和螺旋肋钢丝两种。中强度预应力钢丝和消除应力钢丝一般按盘卷状交付，直径一般在 4~12mm 范围。

钢绞线是用多根冷拉钢丝在绞线机上呈螺旋形绞合，并经消除应力回火处理制成。钢绞线按捻制结构不同可分为 1×2、1×3 和 1×7 钢绞线三种。1×2 与 1×3 钢绞线仅用于先张法预应力混凝土构件。1×7 钢绞线是由 6 根外层钢丝围绕着一根中心钢丝构成，先张法、后张法预应力混凝土构件均可使用。

预应力螺纹钢筋，也称精轧螺纹钢筋，是在整根钢筋上轧有外螺纹的大直径、高强度、高尺寸精度的直条钢筋。该钢筋在任意截面处都拧上带有内螺纹的连接器进行连接或拧上带螺纹的螺帽进行锚固。预应力螺纹钢筋，具有连接、锚固简便，黏着力强，张拉锚固安全可靠，施工方便等优点，而且节约钢筋，减少构件面积和重量。

此外，还可以按刚度将混凝土结构中使用的钢筋分为柔性钢筋和劲性钢筋。常用的普通钢筋统称为柔性钢筋，而劲性钢筋是由各种型钢或型钢与钢筋焊成的骨架。劲性混凝土（又称型钢混凝土或劲钢混凝土）组合结构构件由混凝土、型钢、纵向钢筋和箍筋组成，基本构件为梁和柱。含有劲性钢筋的混凝土称为劲性混凝土。由于劲性钢筋本身刚度很大，施工时可由劲性钢筋承担模板和混凝土自重及施工荷载，以便节省支架，加快施工进度。

（四）砖、石、砌块

1. 砖

砖按照生产工艺分为烧结砖和非烧结砖。烧结砖包括烧结普通砖、烧结空心砖和烧结多孔砖；非烧结砖包括蒸压灰砂砖、蒸压粉煤灰砖。砖按所用原材料分为黏土砖、页岩砖、煤矸石砖、粉煤灰砖、炉渣砖和灰砂砖等；按有无孔洞分为空心砖、多孔砖和实心砖。

（1）烧结普通砖。凡以黏土、页岩、煤矸石和粉煤灰等为主要原料，经成型、焙烧而成的实心或孔洞率不大于 15%的砖，称为烧结普通砖。烧结普通砖分烧结黏土砖（或称普通黏土砖）、烧结页岩砖、烧结煤矸石砖、烧结粉煤灰砖等。

烧结普通砖的尺寸为 240mm×115mm×53mm，抗压强度（牛顿/平方毫米，N/mm^2）分为 MU30、MU25、MU20、MU15、MU10 五个强度等级（MU 表示砌体中的块体，后面的数值表示黏土砖的强度大小，单位为 MPa）。

普通黏土砖的制砖原料容易取得，生产工艺比较简单，价格低、体积小、便于组合，黏土砖还有防火、隔热、隔声、吸潮等优点。所以至今仍然广泛地用于墙体、基础、柱等砌筑工程中。但是由于生产传统黏土砖毁田取土量大、能耗高、砖自重大，施工生产中劳动强度高、工效低，因此有逐步改革并用新型材料取代的必要。许多城市已禁止在建筑物中使用实心黏土砖，推广使用利用工业废料制砖或生产空心砖等，使砖向轻质、高强度、空心、大块的方向发展。

目前在砌体结构中，符合国家建筑节能与墙体改革政策，能较好地替代实心黏土砖的主导墙体材料有烧结多孔砖、蒸压灰砂砖、混凝土小型空心砌块等。

（2）烧结空心砖。烧结空心砖是以黏土、页岩、煤矸石等为主要原料，经焙烧而成的空心砖，孔的尺寸大而数量少，孔洞率等于或大于 40%，主要用于非承重部位。烧结空心砖，按主要原料分为黏土空心砖、页岩空心砖、煤矸石空心砖、粉煤灰空心砖、淤泥空心砖、建筑渣土空心砖、其他固体废弃物空心砖。烧结空心砖自重较轻，强度较低。烧结空心砖的密度等级，按体积密度分为 800 级、900 级、1000 级、1100 级。烧结空心砖的强度等级，按抗压强度分为 MU10.0、MU7.5、MU5.0、MU3.5。

（3）烧结多孔砖。烧结多孔砖是以黏土、页岩或煤矸石为主要原料，经焙烧而成，主要用于承重部位的多孔砖。主要原料与烧结空心砖相同，但为大面有孔洞的砖，孔的尺寸小而数量多，其孔洞率不小于 15%，用于承重部位。使用时孔洞垂直于承压面。烧结多孔砖的强度等级有 MU30、MU25、MU20、MU15、MU10。

（4）蒸压灰砂砖。以石灰和砂为主要原料，允许掺入颜料和掺加剂，经坯料制备，压机成型，蒸压养护而成的实心灰砂砖。根据其抗压强度和抗折强度分 MU25、MU20、MU15、MU10 四级。其中 MU25、MU20、MU15 的砖可用于基础及其他建筑；MU10 的砖仅可用于防潮层以上的建筑。灰砂砖不得用于长期受热 200℃ 以上、受急冷急热和又酸性介质侵蚀的建筑部位。

（5）蒸压粉煤灰砖。蒸压粉煤灰砖是以粉煤灰、石灰为主要原料，掺加适量石膏和集料，经坯料制备、压制成型、高压蒸汽养护而成的实心砖，简称粉煤灰砖。灰砂砖和粉煤灰砖的规格尺寸与普通烧结砖相同。蒸压粉煤灰砖的强度等级有 MU25、MU20、MU15 和 MU10。

2. 砌块

砌块按其尺寸规格分为小型砌块（高度为 115～380mm）、中型砌块（高度为 380～980mm）和大型砌块（高度大于 980mm）；按用途分为承重砌块和非承重砌块；按孔洞设置状况分为空心砌块（空心率≥25%）和实心砌块（空心率＜25%）。

根据材料不同，常用的砌块有普通混凝土与装饰混凝土小型空心砌块、轻集料混凝土小型空心砌块、粉煤灰小型空心砌块、蒸汽加气混凝土砌块和石膏砌块。

普通混凝土与装饰混凝土小型空心砌块是以水泥为胶结料，砂、碎石（卵石）为骨料加适量的掺和料、外加剂，混合、搅拌，经机械成型机挤压、振动成型。普通混凝土小型空心砌块可用于多层建筑的内外墙。

蒸压加气混凝土砌块是以钙质材料或硅质材料为基本的原料，以铝粉等为发气剂，经过切割、蒸压养护等工艺制成的多孔、块状墙体材料。蒸压加气混凝土砌块的特性为多孔轻质、保温隔热性能好、加工性能好，但其干缩较大。使用不当，墙体会产生裂纹。

砌块的强度等级有 MU20、MU15、MU10、MU7.5 和 MU5。

3. 石材

石材包括由天然石材中开采所得的毛石及经加工制成板状、块状或特定形状的料石或饰面石材。

毛石也称片石，是采石场由爆破直接获得的形状不规划的石块。根据平整程度又将其分为乱毛石和平毛石两类。毛石可用于砌筑基础、堤坝、挡土墙等，乱毛石也可用作毛石混凝土的骨料。

料石是由人工或机械开采出的较规则的六面体石块，再略经凿琢而成。根据表面加工的平整程度分为毛料石、粗料石、半细料石和细料石四种。料石一般由致密均匀的砂岩、石灰岩、花岗岩加工而成。

用丁建筑物内外墙面、柱面、地面、栏杆、台阶等处装修用的石材称为饰面石材。饰面石材从岩石种类分主要有大理石和花岗岩两大类。所谓大理石是指变质或沉积的碳酸盐类岩石，所谓花岗石是指可开采为石材的各类岩浆岩。饰面石材的外形有加工成平面的板材，或者加工成曲面的各种定型件。表面经不同的工艺可加工成凹凸不平的毛面，或者经过精磨抛光成光彩照人的镜面。

建筑工程常用天然石材有以下几种：

（1）石灰岩。石灰岩主要成分为碳酸钙或白云石，耐用年限为 20～40 年。质地较硬，易于琢磨，多用于建筑物的基础、墙身、台阶等处，石灰岩还是制造水泥的主要材料。

（2）砂岩。砂岩主要成分为二氧化硅和石英颗粒等，耐用年限为 20～180 年，其品质好坏随黏结物质的种类而异，多用于基础、墙身、台阶、纪念碑及其他装饰处。

(3) 大理石。大理石由石灰岩或白云岩变质而成，耐用年限为40~100年。颜色多样，纹理美丽、自然，易于雕琢磨光，建筑上主要用于建筑装饰工程。

(4) 花岗岩。花岗岩是岩浆岩中分布最广的一种岩石。其主要造岩矿物有石英、长石、云母和少量暗色矿物。花岗岩坚硬致密，抗压强度高，耐磨性好，耐久性高，使用年限可达数十年至数百年。

二、装饰材料

在建筑上，把铺设、粘贴或涂刷在建筑内外表面，主要起装饰作用的材料，称为装饰材料。常用的建筑装饰材料有由木材、塑料、石膏、铝合金、铝塑等制作的装饰材料，此外还有涂料、玻璃制品、陶瓷、饰面石材等。

（一）建筑玻璃

玻璃是以石英砂、纯碱、长石、石灰石等为主要原料，经熔融、成型、冷却、固化后得到的透明非晶态无机物。

玻璃是典型的脆性材料，在冲击荷载作用下极易破碎。热稳定性差，遇沸水易破裂。但玻璃具有透明、坚硬、耐蚀、耐热及电学和光学方面的优良性质，能够用多种成型和加工方法制成各种形状和大小的制品，可以通过调整化学组成改变其性质，以适应不同的使用要求。

建筑玻璃泛指平板玻璃及由平板玻璃制成的深加工玻璃，也包括玻璃空心砖和玻璃马赛克等玻璃类建筑材料。建筑玻璃按其功能一般分为以下五类：平板玻璃、饰面玻璃、安全玻璃、功能玻璃、玻璃砖。

（二）建筑陶瓷

凡以黏土、长石、石英为基本原料，经配料、制坯、干燥、焙烧而制得的成品，统称为陶瓷制品。用于建筑工程的陶瓷制品，则称为建筑陶瓷，主要包括釉面砖、外墙面砖、地面砖、陶瓷锦砖、卫生陶瓷等。

普通陶瓷制品质地按其致密程度（吸水率大小）可分为三类：陶质制品、炻质制品和瓷质制品。

建筑陶瓷是以无机非金属材料（主要是硅酸盐）为主要原料，经准确配料、混合加工后，按一定的工艺方法成型并烧制而成，其生产工艺与烧结砖相似。建筑陶瓷品种繁多，主要包括有以下几种：

(1) 墙地砖。一般是指外墙砖和地砖。外墙砖是用于建筑物外墙的饰面砖，通常为炻质制品。

(2) 陶瓷锦砖。陶瓷锦砖也称陶瓷马赛克，是片状小瓷砖，主要用于厨房、餐厅、浴室等的地面铺贴。

(3) 釉面砖。属精陶质制品，主要用作厨房、卫生间等作饰面材料。

(4) 卫生陶瓷。卫生陶瓷制品有洗面器、大小便器、洗涤器、水槽等。

(5) 琉璃制品。应用于园林建筑屋面、屋脊的防水性装饰等处。

（三）建筑涂料

建筑涂料是指能涂于建筑物表面，并能形成连接性涂膜，从而对建筑物起到保护、装饰或使其具有某些特殊功能的材料。

建筑涂料基本组成包括基料、颜料、填料、溶剂（或水）及各种配套助剂。基料是涂料中最重要部分，对涂料和涂膜性能起决定性作用。常见的建筑涂料有合成树脂乳液砂壁状建筑涂料、复层涂料、合成树脂乳液内外墙涂料、溶剂型外墙涂料、无机建筑涂料和聚乙烯醇水玻璃内墙涂料等。

建筑涂料的涂层不仅对建筑物起到装饰的作用，还具有保护建筑物和提高其耐久性的功能，除此之外，另有一些涂料具有各自的特殊功能，进一步适应各种特殊使用的需要，如防火、防水、吸声隔声、隔热保温、防辐射等。常用的建筑涂料为墙面涂料、地面涂料、防水涂料等。

（四）装饰水泥

装饰水泥常用于装饰建筑物的表层，施工简单，造型方便，容易维修，价格便宜。品种有如下几种：

（1）白色硅酸盐水泥。以硅酸钙为主要成分，加少量铁质熟料及适量石膏磨细而成。

（2）彩色硅酸盐水泥。以白色硅酸盐水泥熟料和优质白色石膏，掺入颜料、外加剂共同磨细而成。常用的彩色掺加颜料有氧化铁（红、黄、褐、黑），二氧化锰（褐、黑），氧化铬（绿），钴蓝（蓝），群青蓝（靛蓝），孔雀蓝（海蓝）、炭黑（黑）等。

装饰水泥与硅酸盐水泥相似，施工及养护相同，但比较容易污染，器械工具必须干净。

三、专用材料

（一）建筑防水材料

防水材料是指具有防止建筑工程结构免受雨水、地下水、生活用水侵蚀的材料。建筑防水材料按材料性质可分为沥青基防水材料、高聚物改性防水材料和合成高分子防水材料。近几年，沥青基防水材料逐渐被淘汰，我国防水材料逐渐向高聚物改性防水材料和合成高分子防水材料方向发展。建筑防水材料根据其特性还可分为柔性防水材料和刚性防水材料两类。柔性防水材料是指具有一定柔韧性和较大延伸率的防水材料，如防水卷材、有机涂料，它们构成柔性防水层。刚性防水材料是指采用较高强度和无延伸能力的防水材料，如防水砂浆、防水混凝土等，它们构成刚性防水层。此外，建筑防水材料依据其外观形态可分为防水卷材、防水涂料、密封材料和刚性防水材料四大系列。

1. 防水卷材

防水卷材是建筑工程防水材料的主要品种之一，目前我国防水卷材是使用量最大的防水材料。其主要指标有六项：耐水性、温度稳定性、机械强度、延伸性、柔韧性、大气稳定性。目前的防水卷材主要包括沥青防水卷材、高聚物改性沥青防水卷材和合成高分子防水卷材等三大类。

沥青具有良好的憎水性、防腐蚀性和牢固的黏结性能，是重要的防水材料。而以沥青为防水基材，以原纸、织物、纤维等为胎基，用不同矿物粉料、粒料合成高分子薄膜、金属膜作为隔离材料所制成的可卷曲的片状防水材料，即为沥青防水卷材。

改性沥青防水卷材相对传统的石油沥青纸胎油毡而言，即在沥青中添加适当的高聚物改性剂，改善沥青防水卷材温度稳定性差、延伸率低的缺陷。高聚物改性沥青防水卷材具有高温不流淌、低温不脆裂、拉伸强度较高和延伸率较大的特点。典型的改性沥青防水卷材品种有 SBS 改性沥青卷材和 APP 改性沥青卷材。

合成高分子防水卷材是以橡胶、合成树脂或两者的共混体为基础，加入适量的助剂和填充料，经过特定工序所制成的可卷曲的片状防水材料。合成高分子防水卷材具有拉伸强度高、延伸率大、弹性强、高低温特性好、防水性能优异等特点。合成高分子防水卷材一般可分为橡胶型和塑料型防水材料两大类。常用的合成高分子防水卷材产品有三元乙丙橡胶防水卷材和聚氯乙烯防水卷材。

不同品种、型号和规格的卷材应分别堆放；卷材应储存在阴凉通风的室内，避免雨淋、日晒和受潮，严禁接近火源。沥青防水卷材储存环境温度，不得高于45℃；沥青防水卷材宜直立堆放，其高度不宜超过两层，并不得倾斜或横压，短途运输平放不宜超过四层；卷材应避免与化学介质及有机溶剂等有害物质接触。

2. 防水涂料

防水涂料是在常温下呈黏稠状态的物质，涂抹在基体表面后，形成的具有一定弹性的连续薄膜，使基层表面与水隔绝，起到防水、防潮的作用。防水涂料不仅能在水平面上，而且能在立面、阴阳面及各种复杂表面进行防水施工，并形成无接缝的完整的防水、防潮的防水膜。防水涂料广泛适用于工业与民用建筑的屋面防水工程、地下室防水工程和地面防潮、防渗等。

防水涂料根据成膜物质不同可分为沥青基防水涂料、高聚物防水涂料和合成高分子材料防水涂料。按液态组分和成分性质分类，可分为溶剂型、水乳型和反应型三大类。

防水涂料包装容器必须密封，容器表面应标明涂料名称、生产厂名、执行标准号、生产日期和产品有效期，并分类存放。反应型和水乳型涂料储运和保管环境温度不宜低于5℃。溶剂型涂料储运和保管环境温度不宜低于0℃，并不得日晒、碰撞和渗漏；保管环境应干燥、通风，并远离火源。仓库内应有消防设施。胎体增强材料储运、保管环境应干燥、通风，并远离火源。

3. 建筑密封材料

建筑密封材料是指填充于建筑物的接缝、变形缝、裂缝、门窗框、玻璃幕墙材料周边或其他结构连接处，起到水密、气密作用的材料。它既起到防水作用，又起到防尘、隔汽与隔声作用。

建筑密封材料应具有弹性及耐久性，能长期经受拉伸与压缩或振动的疲劳性能；黏结性优良，能与基层保持长期牢固的黏附性；具有良好的耐温、耐候性能和防水密封性能优良等特点。建筑密封材料的品种很多，常用有丙烯酸酯密封膏、聚氨酯密封膏、聚硫密封膏和硅酮密封膏等。

密封材料的储运、保管应避开火源、热源，避免日晒、雨淋，防止碰撞，保持包装完好无损；密封材料应分类储放在通风、阴凉的室内，环境温度不应高于50℃。

4. 刚性防水材料

刚性防水材料是一种既能防水又兼作承重、围护结构的多功能材料。其耐久性好、不燃、无毒、无味。

（二）绝热材料

建筑上将主要起保温、绝热作用，且导热系数不大于0.23W/(m·K)的材料统称为绝热材料。在建筑中，习惯上把用于控制室内热量外流的材料称为保温材料；把防止室外热量进入室内的材料称为隔热材料。

绝热材料按照它们的化学组成可以分为无机绝热材料和有机绝热材料。常用无机绝热材料有多孔轻质类无机绝热材料、纤维状无机绝热材料和泡沫状无机绝热材料；常用有机绝热材料有泡沫塑料和硬质泡沫橡胶。

绝热材料主要用于屋面、墙体、地面、管道等的隔热与保温,以减少建筑物的采暖和空调能耗,并保证室内的温度适宜于人们工作、学习和生活。绝热材料的基本结构特征是轻质(体积密度不大于 600kg/m³)、多孔(孔隙率一般为 50%~95%)。

优良的绝热材料应是具有很高的孔隙率(且以封闭、细小孔隙为主)、吸湿性和吸水性较小的有机或无机非金属材料。屋面、墙体、管道等常用的绝热材料有矿渣棉、岩棉、岩棉板、膨胀珍珠岩制品、膨胀蛭石等。

保温材料的储运、保管应采取防雨、防潮的措施,并应分类堆放,防止混杂;板状保温材料在搬运时应轻放,防止损伤断裂、缺棱掉角,保证板的外形完整。

第二节 建筑物的组成、类型及建筑模数协调

一、建筑物的组成

一幢建筑物是由若干个室内空间(如房间、走廊、楼梯间等)组合而成的,而空间的形成又需要各种各样的实体来组合,这些实体称为构配件。建筑物一般由基础、墙体、楼地层、楼梯、屋顶和门窗等六大部分和散水、台阶、雨篷等组成,如图 2-2 所示。

1. 基础

基础是建筑物最下部埋在地面以下土层的承重构件,其作用是承受建筑物的全部荷载,并将这些荷载传给地基。地基是基础底面以下承受建筑物荷载的土层,它不是建筑物的组成部分。基础一般由基础墙、大放脚(或底板)和垫层组成。基础按构造形式分,有独立基础、条形基础、筏形基础、箱形基础和桩基础。基础所用的材料一般有砖、毛石、灰土、三合土、钢筋混凝土等,其中由砖、毛石、混凝土等制成的墙下条形基础或柱下独立基础称为无筋扩展基础,由钢筋混凝土制成的墙下条形基础或柱下独立基础称为扩展基础。

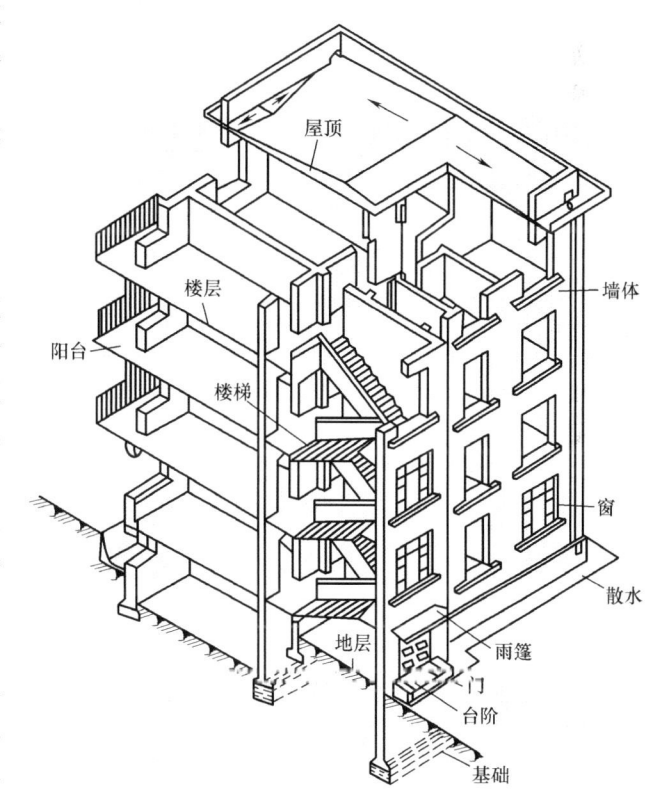

图 2-2 建筑物的组成

2. 墙体

墙体分为有柱墙体和无柱墙体两种类型,是建筑物地面以上部分的竖向构件,起承重、围护和分隔的作用。墙体一般由墙身和墙面两部分组成。墙身是墙体的结构层,一般采用砖、砌块或钢筋混凝土等材料;墙面是墙体的面层,一般有抹灰、贴面、涂刷和裱糊等做法。墙体按其受力情况分为承重墙和非承重墙。凡直接承受上部水平构件传来荷载的墙,称为承重

墙；否则，称为非承重墙。非承重墙一般分为自承重墙、填充墙、隔墙和幕墙四种。自承重墙的下部设有基础，其他三种非承重墙下部不设基础。填充墙、隔墙和幕墙一般固定在梁、板或柱上。

3. 楼地层

楼地层分为楼层和地层两部分，是建筑物地面以上室内部分的水平构件，主要起承重和分隔的作用。楼层主要由楼面、楼盖和顶棚组成。楼盖是楼层的结构层，一般由钢筋混凝土制成；楼面是楼层的上部面层，一般有水泥楼面、水磨石楼面、大理石楼面和木楼面等类型；顶棚是楼层的下部面层，一般有直接式顶棚和悬吊式顶棚（吊顶）两种类型。

地层也称为地面是底层房间与地基土层相接触的构件，起承受底层房间荷载的作用。地层主要由面层和垫层组成。地层的面层做法同楼面，垫层做法有刚性垫层（如混凝土垫层）和柔性垫层（如灰土垫层、砂垫层）。

4. 屋顶

屋顶是建筑物顶部与室外相接触的水平构件，起承重、围护和分隔的作用。屋顶应具有足够的强度、刚度及防水、保温等性能。屋顶楼层主要由屋面、屋盖和顶棚组成。屋面是屋顶的上部面层，一般由防水层和保温层组成。屋面防水层一般由 SBS 防水卷材或合成高分子防水卷材等制成，屋面保温层一般由膨胀珍珠岩保温块等制成。屋盖和顶棚的做法一般类似于楼层的楼盖和顶棚的做法。

5. 楼梯

楼梯是建筑物的垂直交通设施，供人们上下楼层和紧急疏散之用。楼梯应具有足够的通行能力，并且能防火、防滑，保证安全使用。楼梯主要由楼梯段、平台和护栏组成。楼梯段和平台主要由现浇钢筋混凝土制成。护栏一般包括栏杆（或栏板）和扶手两部分，栏杆（或栏板）一般由金属材料等制成，扶手一般由塑料、木材等制成。含有楼梯的空间称为楼梯间，楼梯间分为开敞式、封闭式和防烟式三种。

6. 门与窗

门与窗均属非承重构件，也称为配件。门主要起通行、疏散和分隔房间的作用，窗主要起采光、通风、分隔、眺望等作用。门窗主要由门窗框和门窗扇组成。门窗框和门窗扇的骨架一般由铝合金、塑料等制成，门窗扇的面板一般由玻璃等制成。门按其开启方式分为平开门、弹簧门、推拉门、转门和卷帘门等。窗按其开启方式分为平开窗、推拉窗、固定窗、悬窗和立转窗等。

二、建筑物的类型

（一）按使用功能分类

1. 民用建筑

民用建筑是指供人们居住和进行工作、学习等公共活动的建筑物。民用建筑按使用功能可分为居住建筑和公共建筑两大类。

（1）居住建筑。居住建筑主要是指供家庭或集体日常生活起居使用的建筑物，居住建筑包括住宅、宿舍和公寓等。

（2）公共建筑。公共建筑是供人们进行各种公共活动的建筑物。公共建筑按性质不同又可分为：文教建筑（如教学楼）、托幼建筑、医疗卫生建筑（如医院）、观演性建筑（如影剧院）、体育建筑（如体育馆）、展览建筑、旅馆建筑、商业建筑、电信、广播电视建筑、交通建筑、行政办公建筑（如写字楼、办公楼）、金融建筑、饮食建筑、园林建筑、纪念建筑。

有些建筑物内部功能比较复杂，可能同时具备上述两个或两个以上的功能，一般称这类建筑为综合性建筑（如综合楼）。

2. 工业建筑

工业建筑是指供人们进行工业生产活动的建筑物。工业建筑包括工业生产车间及为工业生产服务的辅助车间、动力用房、仓储等。

3. 农业建筑

农业建筑是指供农（牧）业生产和加工用的建筑，如种子库、温室、畜禽饲养场、农副产品加工厂、农机修理厂（站）等。

（二）按建筑规模和数量分类

1. 大量性建筑

大量性建筑指建筑规模不大，但修建数量多，与人们生活密切相关的分布面广的建筑，如住宅、中小学教学楼、医院、中小型影剧院、中小型工厂等。

2. 大型性建筑

大型性建筑指规模大、耗资多的建筑，如大型体育馆、大型剧院、航空港、博览馆、大型工厂等。与大量性建筑相比，其修建数量是很有限的，这类建筑在一个国家或一个地区具有代表性，对城市面貌的影响也较大。

（三）按承重结构的承重方式分类

建筑物按承重结构的水平承重方式，分为平面结构（如梁板结构、桁架结构）和空间结构（如网架结构、薄壳结构）。平面结构一般用于大量性建筑，空间结构一般用于大型性建筑（大跨度建筑）。建筑物按承重结构的竖向承重方式，还可分为墙承重结构建筑、框架结构建筑和混合结构建筑。

1. 墙承重结构建筑

墙承重结构是指竖向承重构件全部为墙的建筑物。这种建筑物内部空间较小，承重构件的尺寸也较小。这一类建筑一般分为砌体结构建筑、剪力墙结构建筑和筒体结构建筑等。

2. 框架结构建筑

框架结构建筑是指竖向承重构件全部为柱的建筑物。这种建筑物内部空间较大，承重构件的尺寸也较大。这类的建筑一般为钢筋混凝土框架结构和钢框架结构的建筑。框架结构一般由框架梁、框架柱和楼板（或屋面板）组成。框架结构一般分为梁板柱框架和板柱框架。

3. 混合结构建筑

混合结构建筑是指竖向承重构件一部分为墙、另一部分为柱的建筑物。混合结构建筑可分为内框架结构建筑、底层框架结构建筑、框架剪力墙结构建筑等。

（四）按建筑层数分类

1. 住宅建筑按层数划分

低层建筑（1~3层）、多层建筑（4~6层）、中高层建筑（7~9层）和高层建筑（10层以上）。

2. 宿舍、公共建筑及综合性建筑按层数及建筑总高度划分

单层建筑、多层建筑（建筑总高度不超过24m的二层以上的建筑物）、高层建筑（建筑总高度超过24m的二层以上的建筑物）。

单层建筑大部分属于大跨度结构。大跨度结构是指跨度大于 60m 的建筑。它常用于展览馆、体育馆、飞机机库等，其结构体系有很多种，如网架结构、网壳结构、悬索结构、悬吊结构、索膜结构、充气结构、薄壳结构、应力蒙皮结构等。多层建筑主要应用于商场、办公楼、医院、旅馆、教学楼、旅馆等建筑，其常用的结构形式为混合结构、框架结构。高层建筑的故乡是美国，1884 年美国芝加哥建成的 10 层家庭保险公司被公认为世界第一幢高层建筑。

3. 超高层建筑

建筑物高度超过 100m 时，不论住宅或公共建筑均为超高层建筑（摩天大楼）。目前世界第一高楼是我国台北的 101 大厦（前名台北国际金融中心，楼高 508m），上海环球金融中心建筑主体高度达 492m，但在楼顶高度和人可到达高度两项指标上都是世界最高。高层与超高层建筑的主要结构形式有：框架结构，框架—剪力墙结构，剪力墙结构，框支剪力墙结构，筒体结构等。

（五）按承重结构的材料分类

承重结构主要由作为水平构件的墙或柱和作为竖向构件的楼盖、屋盖组成。按承重结构的材料划分，常见的建筑物类型主要有砌体结构建筑、钢筋混凝土结构建筑和钢结构建筑。

1. 砌体结构建筑

砌体结构建筑是指以由块体（如砖、石或砌块）和砂浆组成的砌体作为承重墙柱的建筑。这种结构便于就地取材，能节约钢材、水泥和降低造价，但抗震性能差，自重大。古埃及的胡夫金字塔、我国明代建成的南京灵谷寺无梁殿、美国芝加哥的莫纳德·洛克大楼等著名建筑都是砌体结构建筑。砌体结构建筑，经历了由砖砌体到配筋砖砌体、大型振动砖壁板材、配筋混凝土砌块砌体的发展过程。目前我国最高的砌体结构建筑是 2013 年在哈尔滨建成的科盛科技大厦。该建筑采用 290mm 厚的混凝土小型空心砌块和配筋砌块砌体结构，地下 1 层，地上 28 层，建筑高度 98.8m，创国内乃至世界上配筋混凝土砌块在高层建筑上应用之最。

2. 钢筋混凝土结构建筑

钢筋混凝土结构建筑是指以钢筋混凝土作为承重结构材料的建筑，如框架结构、剪力墙结构、框剪结构、筒体结构和空间折板结构等，具有坚固耐久、防火和可塑性强等优点，故应用较为广泛。

1824 年英国人阿斯普丁取得了波特兰水泥（在我国称为硅酸盐水泥）的专利权后，于 1850 年开始生产水泥。水泥的出现使混凝土结构的建筑成为可能。加之混凝土的可模性、整体性、刚性均较好，而且还可以与钢筋、型钢有良好黏结等特点，因此，混凝土结构已经成为现代建筑工程的主要结构形式之一。目前世界上最高的混凝土结构建筑是阿拉伯联合酋长国的哈利法塔（混凝土结构高度 601.0m）。

3. 钢结构建筑

钢结构建筑是指以型钢等钢材作为房屋承重骨架的建筑，其结构体系主要有框架结构、剪力墙结构、筒体结构、拱结构等。钢结构力学性能好，便于制作和安装，工期短，结构自重轻，适宜于超高层建筑和大跨度建筑中采用。如我国北京的国家大剧院、"鸟巢"（国家体育场）、"水立方"（国家游泳中心）、香港的汇丰银行大楼、美国纽约的世界贸易中心大厦（2001

年在911事件中倒塌）等著名建筑都是采用钢结构。目前世界上最高的全钢结构建筑是美国芝加哥的西尔斯大厦，高442m，110层，建筑面积41 380m²。

三、建筑模数协调

建筑工业化是通过现代化的生产、运输、安装的大工业的生产方式和科学管理，来代替传统的、分散的手工业生产方式。建筑工业化的基本特征包括设计标准化、构件生产工厂化、施工机械化、组织管理科学化。其中设计标准化是前提，构件生产工厂化是手段，施工机械化是核心，组织管理科学化是保证。

为了保证设计标准化和构件生产工厂化，建筑物及其各组成部分的尺寸必须统一协调，为此我国制定了《建筑模数协调标准》（GB/T 50002—2013）作为建筑设计的依据。

（一）建筑模数和模数数列

1. 建筑模数

建筑模数是选定的尺寸单位，作为尺寸协调中的增值单位，也是建筑设计、建筑施工、建筑材料与制品、建筑设备、建筑组合件等各部分进行尺寸协调的基础，包括基本模数、扩大模数和分模数。

基本模数，类似于国际单位制中的长度单位"米"，是选定的基本尺寸单位，用M表示。基本模数的基数为1M，其相应的尺寸为100mm。扩大模数，类似于国际单位制中的长度单位"千米"，是指基本模数的整数倍，水平扩大模数的基数为3M、6M、12M、15M、30M、60M共六个，其相应的尺寸分别为300mm、600mm、1200mm、1500mm、3000mm、6000mm；竖向扩大模数的基数为3M和6M，其相应的尺寸为300mm、600mm。分模数，类似于国际单位制中的长度单位"厘米"等，分模数是基本模数的分数值，其基数有1/10M、1/5M、1/2M等3个，相应的尺寸分别为10mm、20mm、50mm。

2. 模数数列

模数数列是以选定的模数基数为基础而展开的数值系统。如3M数列（俗称为300的倍数），其数值系统为300mm、600mm、1200mm、1500mm、3000mm、…、7200mm、7500mm。砌体结构建筑的开间、进深一般应符合3M数列（即采用3M数列中的数值），层高一般应符合1M数列。门窗洞口尺寸一般应符合3M数列或1M数列。

（二）几种尺寸

为保证建筑制品、构配件在组合、设计、使用过程中的尺寸协调，《建筑模数协调标准》（GB/T 50002—2013）规定了标志尺寸、构造尺寸和实际尺寸及其相互间的关系。标志尺寸是指用以标注建筑物定位轴线之间的距离（如开间、进深、层高等），以及建筑制品、构配件、有关设备位置界限之间的尺寸。标志尺寸应符合模数数列的规定。构造尺寸是指是建筑制品、构配件等的设计尺寸。一般情况下，标志尺寸减去缝隙尺寸为构造尺寸。实际尺寸是建筑制品、建筑构配件等生产制作后的实有尺寸。如标志尺寸为3300mm的楼板，其构造尺寸为3280mm，实际尺寸则有可能略大于或小于3280mm。

（三）定位轴线

定位轴线是确定建筑物主要结构或构件的位置及其标志尺寸的基准线，是施工中定位放线的重要依据。

1. 砖混结构的定位轴线

（1）砖墙的平面定位。承重内墙的顶层墙身中线应与平面定位轴线相重合；承重外墙的顶层墙身内缘与平面定位轴线的距离应为120mm；非承重墙除可按承重内墙或外墙的规定定位外，还可使墙身内缘与平面定位轴线相重合。

（2）砖墙的竖向定位。楼（地）面竖向定位应与楼（地）面面层上表面重合；屋面竖向定位应为屋面结构层上表面与距墙内缘120mm处（或与墙内缘重合处）的外墙定位轴线的相交处。

2. 框架结构的定位轴线

框架结构中间柱的顶层柱横截面中心线一般与定位轴线重合，边柱的定位轴线除可同中柱外，也可使边柱外表面与定位轴线重合。

第三节 基本建设程序

一、基本建设的内容和类型

基本建设是形成固定资产的生产活动，是固定资产的建设，即建筑、安装和购置固定资产的活动及其与之相关的工作。固定资产是指在其有效使用期内重复使用而不改变其实物形态的主要劳动资料，它是人们生产和活动的必要物质条件。基本建设是一个物质资料生产的动态过程，这个过程概括起来，就是将一定的物资、材料、机器设备通过购置、建造和安装等活动把它转化为固定资产，形成新的生产能力或使用效益的建设工作。

1. 基本建设的主要内容

（1）建筑安装工程。建筑安装工程包括各种土木建筑、矿井开凿、水利工程建筑、生产、动力、运输、实验等各种需要安装的机械设备的装配，以及与设备相连的工作台等装设工程。

（2）设备购置。设备购置即购置设备、工具和器具等。

（3）勘察、设计、科学研究实验、征地、拆迁、试运转、生产职工培训和建设单位管理工作等。

2. 基本建设的主要类型

（1）按建设的性质分类。按建设的性质分为新建项目、扩建项目、改建项目、迁建项目和恢复项目。新建项目是从无到有、平地起家的建设项目；扩建和改建项目是在原有企业、事业、行政单位的基础上，扩大产品的生产能力或增加新的产品生产能力，以及对原有设备和工程进行全面技术改造的项目；迁建项目是原有企业、事业单位，由于各种原因，经有关部门批准搬迁到另地建设的项目；恢复项目是指对由于自然、战争或其他人为灾害等原因而遭到毁坏的固定资产进行重建的项目。

（2）按建设的经济用途分类。按建设的经济用途分为生产性基本建设和非生产性基本建设。生产性基本建设是用于物质生产和直接为物质生产服务的项目的建设，包括工业建设、建筑业和地质资源勘探事业建设和农林水利建设；非生产性基本建设是用于人民物质和文化生活项目的建设，包括住宅、学校、医院、托儿所、影剧院以及国家行政机关和金融保险业的建设等。

二、基本建设程序的内容

基本建设工作涉及面广，协调配合环节多，完成一项建设工程需要由许多单位和部门共同进行。这些工作有的是前后衔接，有的是左右配合。因此，基本建设项目必须按照一定的程序进行才能达到预期的效果，而这个"一定的程序"就是基本建设程序。基本建设程序是建设项目从决策、设计、施工和竣工验收到投产交付使用的全过程中，各个阶段、各个步骤、各个环节的先后顺序，是拟建建设项目在整个建设过程中必须遵循的客观规律，是人们进行建设活动中必须遵守的工作制度，是建设项目科学决策和顺利建设的重要保证。

我国的基本建设程序可划分为项目建议书、可行性研究、勘察设计、施工准备（包括招投标）、建设实施、生产准备、竣工验收、后评价等八个阶段。这八个阶段基本上反映了建设工作的全过程。这八个阶段还可以进一步概括为项目决策、建设准备、工程实施三大阶段。

（一）项目决策阶段

项目决策阶段以可行性研究为工作中心，还包括调查研究、提出设想、确定建设地点、编制可行性研究报告等内容。

1. 项目建议书

项目建议书（又称立项申请）是项目建设筹建单位或项目法人，根据国民经济的发展、国家和地方中长期规划、产业政策、生产力布局、国内外市场、所在地的内外部条件，提出的某一具体项目的建议文件，是对拟建项目提出的框架性的总体设想。项目建议书是基本建设程序中最初阶段的工作，是可行性研究的依据和基础，它的主要作用是论述建设的必要性、条件的可行性和获利的可能性，供基本建设管理部门确定是否进行下一步工作。

项目建议书的内容一般包括以下五个方面：

（1）建设项目提出的必要性和依据。
（2）拟建工程规模和建设地点的初步设想。
（3）资源情况、建设条件、协作关系等的初步分析。
（4）投资估算和资金筹措的初步设想。
（5）经济效益和社会效益的估计。

项目建议书编制一般由政府委托有相应资格的设计单位承担，并按国家现行规定权限向主管部门申报审批。项目建议书被批准后，应及时组建项目法人筹建机构，开展下一步建设程序工作。

2. 可行性研究

项目建议书经批准后，应紧接着进行可行性研究工作。可行性研究是项目决策的核心，是对建设项目在技术上、工程上和经济上是否可行进行全面的科学分析论证工作，是技术经济的深入论证阶段，为项目决策提供可靠的技术经济依据。其研究的主要内容是：

（1）建设项目提出的背景、必要性、经济意义和依据。
（2）拟建项目规模、产品方案、市场预测。
（3）技术工艺、主要设备建设标准。
（4）资源、材料、燃料供应和运输及水、电条件。
（5）建设地点、场地布置及项目设计方案。
（6）环境保护、防洪、防震等要求与相应措施。
（7）劳动定员及培训。

(8) 建设工期和进度建议。
(9) 投资估算和资金筹措方式。
(10) 经济效益和社会效益分析。

可行性研究的主要任务是对多种方案进行分析、比较，提出科学的评价意见，推荐最佳方案。可行性研究，是按照批准的项目建议书，由上级主管部门组织，也可委托咨询或设计单位进行。在可行性研究的基础之上，编制可行性研究报告。

我国对可行性研究报告的审批权限做出明确规定，必须按规定将编制好的可行性研究报告送交有关部门审批。项目可行性研究报告批准后，应正式成立项目法人，并按项目法人责任制实行项目管理。

经批准的可行性研究报告是确定建设项目、编制设计文件的依据，不得随意修改和变更。如果在建设规模、产品方案等主要内容上需要修改或突破投资控制数时，应经原批准单位复审同意。

（二）建设准备阶段

这个阶段主要是根据批准的可行性研究报告，成立项目法人，进行工程地质勘察，初步设计和施工图设计，编制设计概算，安排年度建设计划及投资计划，进行工程发包，准备设备、材料，做好施工准备等工作，这个阶段的工作中心是勘察设计。

1. 勘察设计

设计是对拟建工程的实施在技术和经济上所进行的全面而详尽的安排，是基本建设计划的具体化，是整个工程的决定性环节，是安排建设项目和进行建筑施工的主要依据，它直接关系着工程质量和将来的使用效果。已批准可行性研究报告的建设项目，应通过招标投标择优选择具有相关设计等级资格的设计单位，按照所批准的可行性研究报告内容和要求进行勘察设计，提出勘察报告，编制设计文件。

编制设计文件是一项复杂的工作，设计之前和设计之中都要进行大量的调查和勘测工作，在此基础之上，根据批准的可行性研究报告，将建设项目的要求逐步具体化成为指导施工的工程图纸及其说明书。设计是分阶段进行的，一般项目进行两阶段设计，即初步设计和施工图设计。技术上比较复杂和缺少设计经验的项目采用三阶段设计，即在初步设计阶段后增加技术设计阶段。

（1）初步设计。初步设计是设计的第一阶段，它的主要任务是提出设计方案，即设计单位根据批准的可行性研究报告和必要而准确的设计基础资料，对设计对象进行通盘研究，阐明在指定的地点、时间和投资控制数内拟建工程在技术上的可行性和经济上的合理性，对建筑总体布置、空间组合进行可能与合理的安排，提出两个或多个方案供建设单位选择。初步设计必须由计委会同行业归口主管部门审批。初步设计文件批准后，设计内容不得随意修改、变更。

（2）技术设计。技术设计的主要任务是在初步设计的基础上，根据更详细的调查研究资料，进一步协调解决各专业之间的技术问题，确定建筑、结构、工艺、设备等的技术要求，以使建设项目的设计更具体，更完善，技术经济指标达到最优。

（3）施工图设计。施工图设计的主要任务是满足施工要求，即在前一阶段的设计基础上进一步形象化、具体化、明确化，完成建筑、结构、水、电、气、工业管道以及场内道路等全部施工图纸、工程说明书、结构计算书以及施工图预算等，把满足工程施工的各项具体要求反映在图纸中，做到整套图纸齐全统一，明确无误。施工图设计必须经有权审批的部门进行审批，未经审批的施工图设计不得使用。

2. 施工准备

施工准备工作开始前，项目法人或其代理机构，须依照有关规定，向主管部门办理报建手续，项目报建须交验工程建设项目的有关批准文件。工程项目进行项目报建登记后，方可组织施工准备工作。

开工之前，必须完成各项施工准备工作，其主要内容包括：

（1）施工现场的征地、拆迁。

（2）完成施工用水、电、通信、路和场地平整等工程。

（3）必需的生产、生活临时建筑工程。

（4）组织招标设计、咨询、设备和物资采购等服务。

（5）组织建设监理和工程招标投标，并择优选定建设监理单位和施工承建队伍，签订合同。

施工准备工作基本完成，具备了工程开工条件之后，由建设单位向有关部门提出开工报告。有关部门对工程建设资金的来源、资金是否到位以及施工图出图情况等进行审查，符合要求后批准开工。

（三）工程实施阶段

工程实施阶段是项目决策的实施、建成投产发挥投资效益的关键环节。该阶段是在建设程序中时间最长、工作量最大、资源消耗最多的阶段。这个阶段的工作中心是根据设计图纸，进行建筑安装施工，还包括做好生产或使用准备、试车运行、进行竣工验收、交付生产或使用等内容。

1. 建设实施

建设实施即建筑施工，是将计划和施工图变为实物的过程，是建设程序中的一个重要环节。要做到计划、设计、施工三个环节互相衔接，投资、工程内容、施工图纸、设备材料、施工力量五个方面的落实，以保证建设计划的全面完成。

施工之前要认真做好图纸会审工作，编制施工图预算和施工组织设计，明确投资、进度、质量的控制要求。施工中要严格按照施工图和图纸会审记录施工，如需变动应取得建设单位和设计单位的同意；要严格执行有关施工标准和规范，确保工程质量；按合同规定的内容全面完成施工任务。

2. 生产准备

生产准备是项目投产前由建设单位进行的一项重要工作。它是衔接建设和生产的桥梁，是建设阶段转入生产经营的必要条件。建设单位应及时组成专门班子或机构做好生产准备工作。

生产准备工作的内容根据工程类型的不同而有所区别，一般应包括下列内容：

（1）组建生产经营管理机构，制定管理制度和有关规定。

（2）招收并培训生产和管理人员，组织人员参加设备的安装、调试和验收。

（3）生产技术的准备和运营方案的确定。

（4）原材料、燃料、协作产品、工具、器具、备品和备件等生产物资的准备。

（5）其他必需的生产准备。

3. 竣工验收

竣工验收是工程建设过程的最后一环，是全面考核基本建设成果、检验设计和工程质量的重要步骤，也是基本建设转入生产或使用的标志。

按批准的设计文件和合同规定的内容建成的工程项目，其中生产性项目经负荷试运转和试生产合格，并能够生产合格产品的；非生产性项目符合设计要求，能够正常使用的，都要及时组织验收，办理移交固定资产手续。竣工验收是全面考核建设成果、检验设计和工程质量的重要步骤，是投资成果转入生产或使用的标志。建筑工程施工质量验收应符合以下要求：

（1）参加工程施工质量验收的各方人员应具备规定的资格。

（2）单位工程完工后，施工单位应自行组织有关人员进行检查评定，并向建设单位提交工程验收报告。

（3）建设单位收到工程验收报告后，应由建设单位（项目）负责人组织施工（含分包单位）、设计、监理等单位（项目）负责人进行单位（子单位）工程验收。

（4）单位工程质量验收合格后，建设单位应在规定时间内将工程竣工验收报告和有关文件，报建设行政管理部门备案并移交建设项目档案。

4. 后评价

建设项目一般经过1~2年生产运营（或使用）后，要进行一次系统的项目后评价。建设项目后评价是我国建设程序新增加的一项内容，目的是肯定成绩、总结经验、研究问题、吸取教训、提出建议、改进工作，不断提高项目决策水平和投资效果。项目后评价一般分为项目法人的自我评价、项目行业的评价和计划部门（或主要投资方）的评价三个层次组织实施。建设项目的后评价包括以下主要内容：

（1）影响评价：对项目投产后各方面的影响进行评价。

（2）经济效益评价：对投资效益、财务效益、技术进步、规模效益、可行性研究深度等进行评价。

（3）过程评价：对项目的立项、设计、施工、建设管理、竣工投产、生产运营等全过程进行评价。

第四节 建筑制图与识图

在工程技术中，把根据投影原理、国家标准、有关规定等表示的工程对象，并标有必要的技术说明的图纸称为工程图样，简称图样。图样和文字、数字一样，也是人类借以表达、构思、分析和交流思想的基本工具之一。建筑物的形状、大小、结构、装修等，仅仅依靠文字、数字是难以描述清楚的，而图样则能准确、详尽地表达出来。工程图样不仅是设计者表达描述工程设计成果的手段，也是制造（施工）、检验（验收）者了解设计要求并制造、检验产品的依据，是工程技术人员进行技术交流的重要工具，所以工程图样素有"工程界的语言"之称。凡是从事建筑工程的设计、施工和管理的技术人员都离不开建筑工程图样。因此，作为工程技术人员，必须能够绘制和阅读建筑工程图样，必须具备一定的投影知识和构造知识，熟悉国家的制图标准，掌握绘制和阅读建筑工程图样的方法和步骤。

一、投影原理

（一）投影的概念

物体在光线照射下，就会在地面或墙面上产生只反映物体外轮廓线的影子。在制图中，把光线抽象为投射线，把物体抽象为形体（只研究其形状、大小、位置，而不考虑它的物理性质和化学性质的物体），把地面等平面抽象为投影面，假设物体除棱线（轮廓线）外，均为透明，光线能穿透物体，从而在投影面上落下能够反映物体各表面轮廓线的由线条组成的平面图形，即投影。这种把空间形体转化为平面图形，用投影表示物体的形状和大小的方法称为投影法。用投影法画出的物体图形称为投影图，简称投影。

投射线相互平行且垂直于投影面的投影法称为正投影法，用正投影法绘制出的图形称为正投影图，简称正投影，如图 2-3 所示。一般建筑工程图样都是根据正投影原理绘制的。

（二）正投影的基本特性

1. 显实性（真形性）

当直线或平面平行于投影面时，它们的投影反映实长或实形。

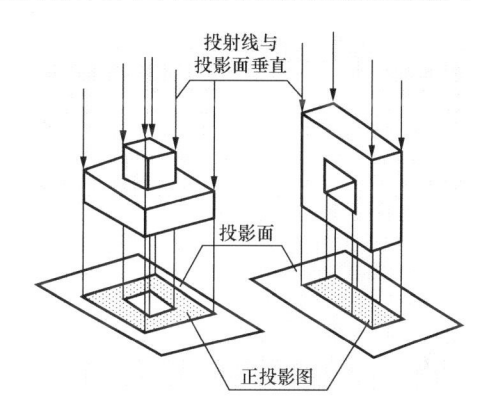

图 2-3　正投影图

2. 积聚性

当直线或平面平行于投射线（同时也垂直于投影面）时，其投影积聚为一点或一直线。这样的投影称为积聚投影。

3. 类似性（仿形性）

当直线或平面倾斜于投影面时，直线在该投影面上的投影短于实长；而平面在该投影面上的投影要发生变形，比原实形要小，但与原形对应线段间的比值保持不变。

4. 平行性

当空间两直线互相平行时，它们在同一投影面上的投影仍互相平行。这一性质称为平行性。

5. 从属性与定比性

点在直线上，则点的投影必定在直线的投影上。这一性质称为从属性。点分线段的比例等于点的投影分线段的投影所成的比例，这一性质称为定比性。

（三）三面正投影图

对一个较为复杂的形体，即便是向两个投影面做投影，其投影也就只能反映它的两个面的形状和大小，亦不能确定物体的唯一形状。因此，若要使正投影图唯一确定物体的形状结构，仅有一面或两面投影是不够的，必须采用多面投影的方法，为此，设立了三投影面体系。

1. 三投影面体系的建立

如图 2-4 所示，将三个两两互相垂直的平面作为投影面，组成一个三投影面体系。其中水平投影面用 H 标记，简称水平面或 H 面；正立投影面用 V 标记，简称正立面或 V 面；侧立投影面用 W 标记，简称侧面或 W 面。两投影面的交线称为投影轴，H 面与 V 面的交线为 OX 轴，H 面与 W 面的交线为 OY 轴，V 面与 W 面的交线为 OZ 轴，三条投影轴两两互相垂直并汇交于原点 O。

2. 三面正投影图的形成与展开

如图 2-5 所示,将物体放置于三面投影体系中,并注意安放位置适宜,即把形体的主要表面与三个投影面对应平行,用正投影法进行投影,即可得到三个方向的正投影图。从前向后投影,在 V 面得到正面投影图,称为正立面图;从上向下投影,在 H 面上得到水平投影,称为平面图;从左向右投影,在 W 面上得到侧面投影图,称为侧立面图。这样就得到了物体的三面正投影图。

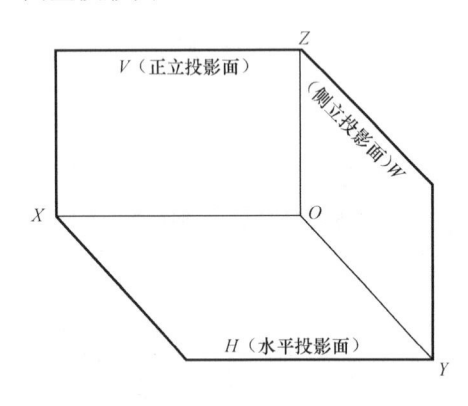

图 2-4 三投影面的建立

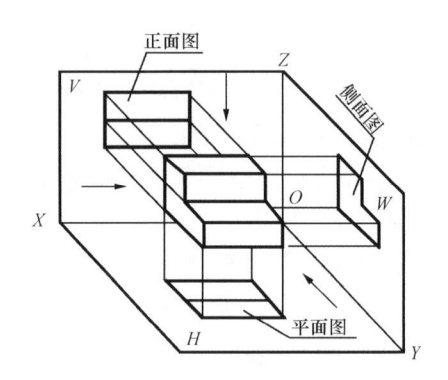

图 2-5 投影图的形成

为了把三个投影面上的投影画在一张二维的图纸上,假设沿 OY 投影轴将三投影面体系剪开,保持 V 面不动,H 面沿 OX 轴向下旋转 90°,W 面沿 OZ 轴向后旋转 90°,展开三投影面体系,使三个投影面处于同一个平面内。展开后的三面正投影图,以正立面图为准,平面图在正立面图的正下方,侧立面图在正立面图的正右方(图 2-6)。

(a)

(b)

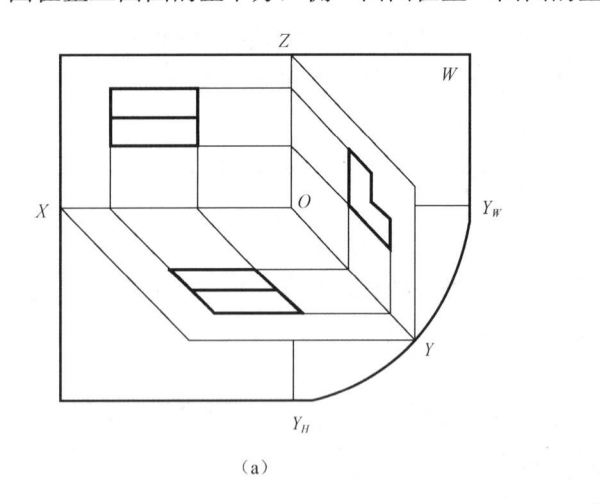

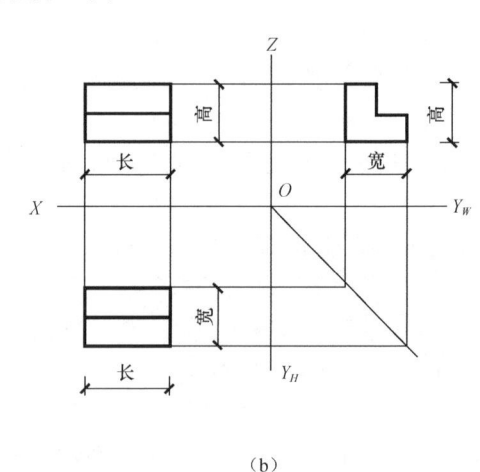

图 2-6 投影面展开
(a)展开;(b)投影图

3. 三面正投影图的投影规律

(1) 形体与三面正投影图的关系。空间形体都有上、下、左、右、前、后六个方位以及长度、宽度、高度三个方向尺度。每面投影图都可反映出其中四个方位、两个方向尺度。

正立面图能反映物体的正立面形状以及物体的高度和长度,及其上下、左右的位置关系;

侧立面图能反映物体的侧立面形状以及物体的高度和宽度，及其上下、前后的位置关系；平面图能反映物体的水平面形状以及物体的长度和宽度，及其前后、左右的位置关系。

（2）三面正投影图之间的关系。正立面图的长度与平面图的长度相等，即"长对正"；正立面图的高度与侧立面图的高度相等，即"高平齐"；平面图的宽度与侧立面图的宽度相等，即"宽相等"。

4. 组合体投影图的识读

我们日常见到的建筑物或其他工程形体，都是由基本形体所组成的组合体。根据表面的组成情况，基本形体可分为平面体和曲面体两种。表面由若干平面围成的基本形体，称为平面体，如棱柱、棱锥、棱台等。表面由曲面或由平面和曲面围成的基本形体，称为曲面体，如圆柱、圆锥、圆台和球体等。组合体的组合方式可分为叠加式、切割式、混合式。组合体的表面连接关系可分为平齐、相切、相交和不平齐。在投影图中，组合体表面连接的平齐处或相切处不画线，相交处或不平齐处要画线；沿着投射方向观察为可见的棱线画为粗实线，不可见的棱线画为粗虚线；如果一个线框中有虚线，则该线框对应的形体表面一定是不可见面。

阅读建筑形体的投影图，就是根据图纸上的投影图和所注尺寸，想象出形体的空间形状、大小、组成方式和构造特点。

（1）识读的方法。识读组合体投影图的方法有形体分析法、线面分析法和画轴测图等方法。

形体分析法就是在组合体投影图上分析其组合方式、组合体中各基本体的投影特性、表面连接以及相互位置关系，然后综合起来想象组合体空间形状的分析方法。

线面分析法是根据直线、平面的投影特性，分析投影图中某条线或某个线框的空间意义，分析相邻线框的关系，从而想象其空间形状，最后联想出组合体整体形状的分析方法。

画轴测图法就是利用画出正投影图的轴测图，来想象和确定组合体的空间形状的方法。

在解决问题时，往往综合运用这些基本方法。

（2）识图步骤。读图步骤总的说来一般是先概略后细致，先形体分析后线面分析，先外部后内部，先整体后局部，然后由局部再回到整体，最后加以综合。

1）认识投影抓特征。概略认识各个投影，找出将物体的形状特征、相互位置特征反映得最充分的那个投影作为特征投影。

2）形体分析对投影。从特征投影入手进行形体分析，用"三等"关系对投影，从而确定形体的组合方式以及每一部分基本形体的形状。

3）线面分析攻难点。形体的投影图比较复杂、比较难以理解时，就需进行线面分析。投影图中的一条直线可以表示形体上一条棱线的投影，也可以表示一个面的积聚投影；投影图中的一个线框可以表示一个面的投影，也可以表示形体上孔、洞、槽或基本形体的投影。这就需要事先假定，然后再把几个投影联系起来进行分析验证。

4）综合起来想整体。在搞清每一部分形体形状的基础上，分析各形体之间的位置关系及连接关系，综合起来想象物体的整体形状。

（3）组合体尺寸。

1）定形尺寸。用于确定组合体中各基本体自身大小的尺寸，一般位于最内侧。

2）定位尺寸。用于确定组合体中各基本形体之间相互位置的尺寸，一般位于定形尺寸的外侧。

3）总体尺寸。确定组合体总长、总宽、总高的外包尺寸，一般位于最外侧。

（四）剖面与断面

正投影图（如建筑图中的屋顶平面图和立面图）都是直接反映物体外观的。当物体内部有空腔或孔、洞、槽等不可见部分时，投影图中往往存在较多的虚线，这样就很难将物体内部构造表达清楚，不易识读，同时也不利于尺寸的标注。

为了能在图中直接表示出物体内部构造，减少图中的虚线，并使虚线变成实线，使不可见线变成可见线，工程中通常采用剖切的方法，让物体内部构造显露出来，用剖面图（如建筑图中的平面图、剖面图）或断面图来表达。

1. 剖面图

剖面图除应画出剖切面剖切到部分的图形外，还应画出沿投射方向看到的部分，被剖切面切到部分的轮廓线用粗实线绘制，剖切面没有切到，但沿投射方向可以看到的部分用中实线绘制，看不到的部分一般不画。

为区分形体的空腔和实体，剖切平面与物体接触部分（即断面）应画出材料图例，同时表明建筑物是用什么材料建成的。在房屋建筑工程图中，应采用表2-2规定的建筑材料图例。如未注明该形体的材料，应在相应位置画出同向、同间距并与水平线成45°角的细实线，也称剖面线。

表 2-2   常 用 建 筑 材 料 图 例

名　称	图　例	说　明
夯实土壤		
粉刷		
普通砖		1. 包括砌体、砌块 2. 断面较窄，不易画出图例时，可涂红
混凝土		1. 本图例仅适用于能承重的混凝土及钢筋混凝土 2. 包括各种标号、骨料、添加剂的混凝土
钢筋混凝土		3. 在剖面图上画出钢筋时，不画图例线 4. 断面较窄，不易画出图例时，可涂黑
毛石		

为了使图形更加清晰，剖视图中应省略不必要的虚线。剖切位置及投射方向用剖切符号表示，剖切符号由剖切位置线及剖视方向线组成。

由于形体的形状不同，对形体作剖面图时所剖切的位置和作图方法也不同，通常所采用的剖面图有全剖面图（图2-7）、半剖面图、阶梯剖面图（图2-8）、局部剖面图（分层剖面图）和展开剖面图五种。

2. 断面图

对于某些单一的杆件或需要表示某一部位的截面形状时，可以只画出形体与剖切平面相交的那部分图形，即假想用剖切平面将物体剖切后，仅画出断面的投影图称为断面图，简称断面。通常所采用的断面图有移出断面[图2-9（b）]、重合断面（图2-26）、中断断面。

图 2-7 全剖面图

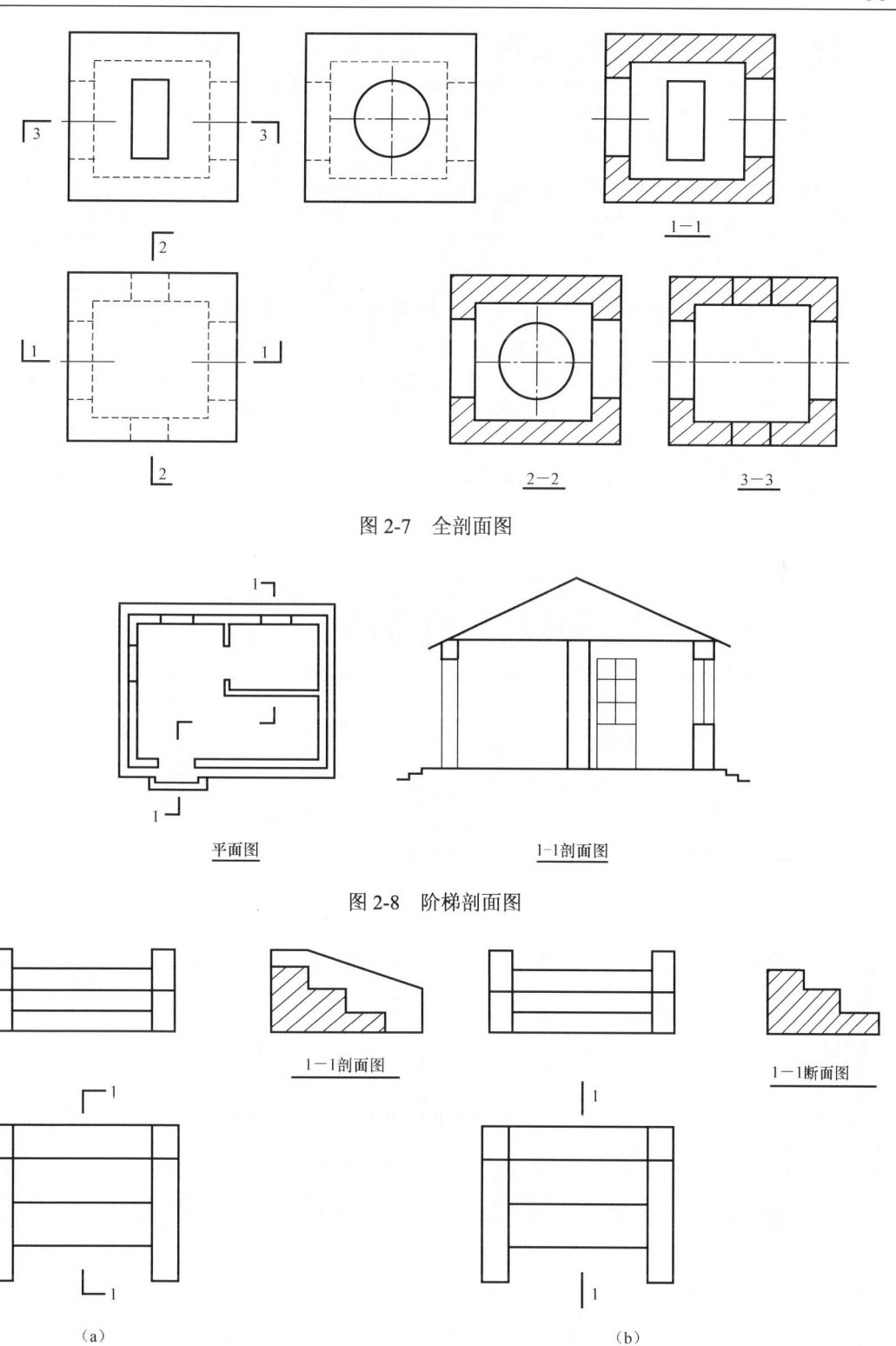

图 2-8 阶梯剖面图

图 2-9 断面图与剖面图的区别
（a）剖面图的画法；（b）断面图的画法

断面图和剖面图的区别有两点：

（1）断面图只画出物体被剖切后剖切平面与形体接触的那部分，即只画出截断面的图形，而剖面图则画出被剖切后剩余部分的投影，如图 2-9 所示。

（2）断面图和剖面图的符号也有不同，断面图的剖切符号只画长度 6～10mm 的粗实线作为剖切位置线，不画剖视方向线，编号写在投射方向的一侧。

二、基本制图标准

（一）房屋建筑工程图的组成、编排

1. 房屋建筑工程图的组成

一套房屋建筑工程图，通常由以下图纸组成：

（1）建筑施工图（简称建施图）。它主要表明建筑物的外部形状、内部布置、结构类型、构造做法等。它包括首页图、建筑总平面图、建筑平面图、立面图、剖面图和建筑详图（楼梯详图、外墙详图等）。

（2）结构施工图（简称结施图）。它主要表明建筑物的结构构件布置、构件类型、尺寸及做法等。它主要包括基础图、楼（屋）盖结构图、构件详图等。

（3）设备施工图（简称设施图）。设备施工图主要包括给排水施工图、采暖通风施工图、电气施工图等。一般由平面图、系统图和详图组成。

（4）装饰施工图。装饰施工图是反映建筑室内外装修做法的施工图，包括装饰设计说明、装饰平面图、装饰立面图和装饰详图。

2. 房屋建筑工程图的编排

工程图纸应按专业顺序编排，一般应为图纸目录、总图及说明、建筑图、结构图、给水排水图、采暖通风图、电气图、动力图等。以某专业为主体的工程，应突出该专业的图纸。各专业的图纸，应按图纸内容的主次关系，有系统地排列。编排的原则是：总体图在前、局部图在后，布置图在前、构件图在后，先施工的在前、后施工的在后。

（二）房屋建筑工程图的有关规定

1. 图纸幅面、标题栏与会签栏

图纸的幅面及图框尺寸，应符合表 2-3 的规定及图 2-10 的格式。

表 2-3　　　　　　　　图框及图框尺寸　　　　　　　　　　　　mm

尺寸＼幅面	A0	A1	A2	A3	A4
$b×l$	841×1189	594×841	420×594	297×420	210×297
c	10			5	
a	25				

图纸以短边作垂直边称为横式，以短边作水平边称为立式。一般 A0～A3 图纸宜横式使用；必要时，也可立式使用。图纸标题栏（简称图标）、会签栏及装订边的位置，如图 2-10 所示。

2. 图线、文字

工程建设制图，应选用表 2-4 的线型。图线的宽度 b，应从下列线宽系列中选取：0.18mm、

0.25mm、0.35mm、0.5mm、0.7mm、1.0mm、1.4mm、2.0mm。每个图样，应根据复杂程度与比例大小，选用适当的线宽组。图及说明的汉字，应采用长仿宋体。表示数量的数字，应用阿拉伯数字书写。

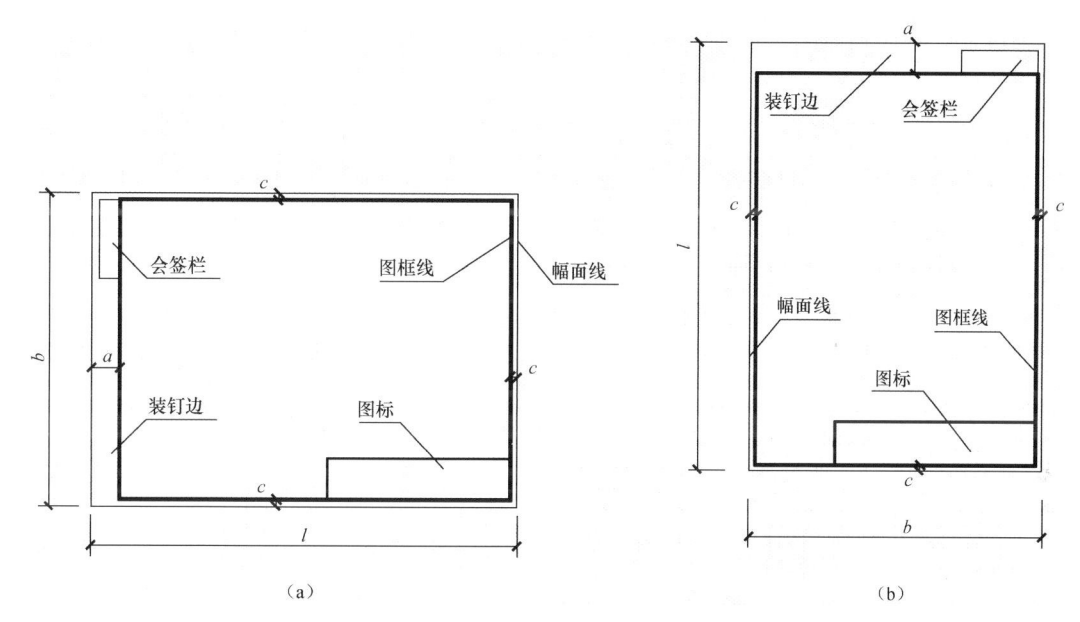

图 2-10 幅面格式

(a) A0~A3 横式；(b) A0~A3 立式

表 2-4 线 型

名 称		线 型	线 宽	用 途
实线	粗	———	b	1. 主要可见轮廓线 2. 平、剖面图中被剖切的主要建筑构造（包括构配件）的轮廓线、结构中的钢筋线 3. 建筑立面图或室内立面图的外轮廓线 4. 建筑构造详图中被剖切的主要轮廓线 5. 平、立、剖面图的剖切符号、详图符号的圆圈等
	中	———	$0.5b$	1. 平、剖面图中被剖切的次要建筑构造（包括构配件）的轮廓线 2. 建筑立面图中外轮廓线内的局部轮廓线 3. 尺寸的起止符号
	细	———	$0.25b$	1. 平、剖面图中未被剖到的构件轮廓线 2. 图例线、尺寸线、尺寸界线、索引符号、标高符号等 3. 钢筋混凝土构件详图的构件轮廓线等
虚线	粗	- - - - - -	b	总平面图中地下建筑物等
	中	- - - - - -	$0.5b$	建筑构造详图中不可见的轮廓线等
	细	- - - - - -	$0.25b$	不可见轮廓线、图例线等

续表

名称	线型	线宽	用途
单点长画线	细	—·—·—	0.25b	中心线、对称线、定位轴线等
折断线	细	—〜—	0.25b	不需画全的断开界线
地平线	加粗	——	1.4b	建筑立面图中的地平线

3. 定位轴线

定位轴线是确定建筑物主要结构或构件的位置及其标志尺寸的基准线。它是施工中定位放线的重要依据。定位轴线应用细点画线绘制。

定位轴线，一般应编号，编号应注写在轴线端部的圆内。平面图上定位轴线的编号，宜标注在图样的下方与左侧。横向编号应用阿拉伯数字，从左至右顺序编写，竖向编号应用大写拉丁字母，从下至上顺序编写（图2-11）。

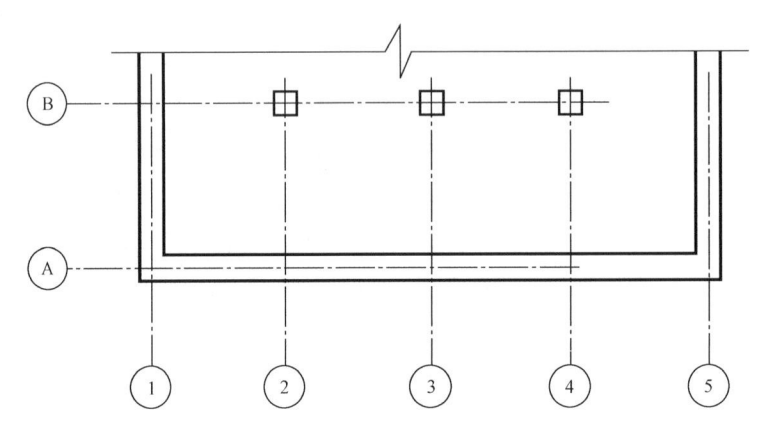

图2-11 定位轴线的编号与顺序

一个详图适用几根定位轴线时，应同时注明各有关轴线的编号（图2-12）。通用详图的定位轴线，应只画圆，不注写轴线编号。

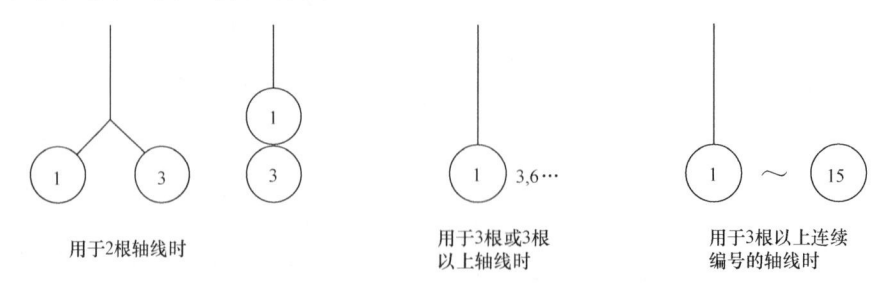

图2-12 详图的轴线编号

4. 尺寸和标高

（1）尺寸。

1）尺寸的组成。图样上的尺寸，由尺寸界线、尺寸线、尺寸起止符号和尺寸数字（图2-13）组成。

图样上的尺寸,应以尺寸数字为准,不得从图上直接量取。图样上的尺寸单位,除标高及总平面图以米为单位外,均必须以毫米为单位。在尺寸数字后面,不必标注尺寸单位。

2)尺寸的类型。图样上的尺寸可分为总尺寸、定位尺寸和细部尺寸。

总尺寸——建筑物外轮廓尺寸;若干定位尺寸之和。

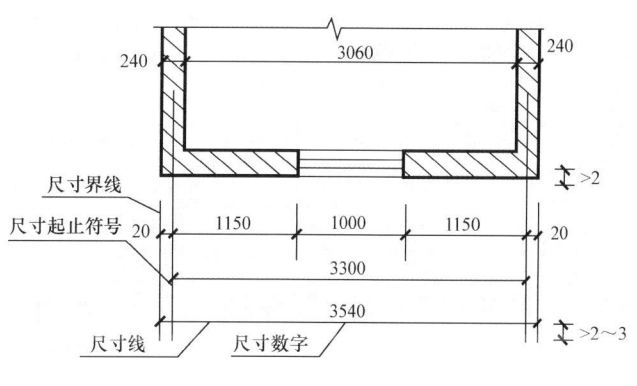

图 2-13 尺寸的组成

定位尺寸——轴线尺寸;建筑物构配件,如墙体、门、窗、洞口洁具等,相应于轴线或其他构配件确定位置的尺寸。

细部尺寸——建筑物构配件的详细尺寸。

(2)标高。标高表示建筑物某一部位相对于基准面(标高的零点)的竖向高度,是标注建筑物各部位或地势高度的符号,是建筑物竖向定位的依据。

1)标高的分类。标高按基准面选取的不同分为绝对标高和相对标高。

绝对标高是以我国青岛附近黄海的平均海平面为基准面的标高。相对标高是以建筑物首层主要室内地面为基准面的标高。

房屋各部位的标高还有建筑标高和结构标高的区别。

建筑标高(完成面标高)是指包括粉刷层在内的、装修完成后的标高;结构标高(毛面标高)则是不包括构件表面粉刷层厚度的构件表面的标高。

建筑施工图中,楼地面、地下层地面、阳台、平台、檐口、屋脊、女儿墙、台阶等处应注写完成面标高,其余部分应注写毛面尺寸及标高。

2)标高的表示法。标高符号是高度为 3mm 的等腰直角三角形,如图 2-14 所示。

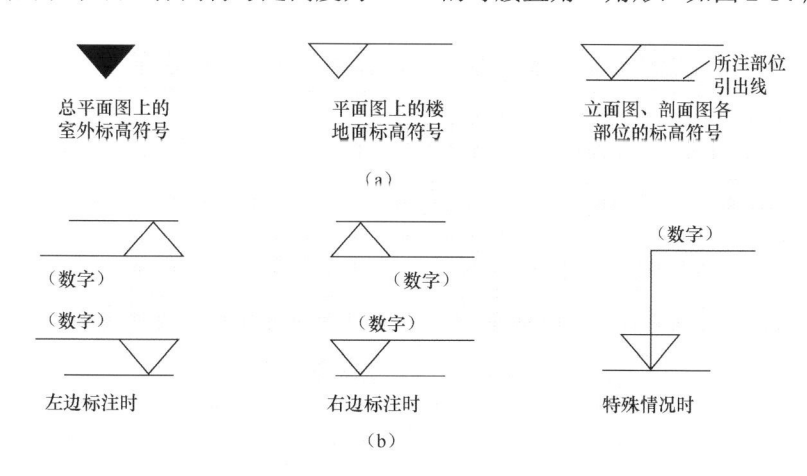

图 2-14 标高符号
(a)标高符号形式;(b)立面与剖面图上标高符号注法

5. 符号

（1）剖切符号。

1）剖面剖切符号。

①剖面的剖切符号，应由剖切位置线及剖视方向线组成，均应以粗实线绘制。剖切位置线的长度，宜为 6~10mm；剖视方向线应垂直于剖切位置线，长度应短于剖切位置线，宜为 4~6mm。绘图时，剖面剖切符号不宜与图面上的图线相接触。

②剖面剖切符号的编号，宜采用阿拉伯数字，按顺序由左至右，由下至上连续编排，并应注写在剖视方向线的端部。

③需要转折的剖切位置线，在转折处如与其他图线发生混淆，应在转角的外侧加注与该符号相同的编号。

2）断（截）面剖切符号。

①断（截）面的剖切符号，应只用剖切位置线表示，并应以粗实线绘制，长度宜为 6~10mm。

②断（截）面剖切符号的编号，宜采用阿拉伯数字，按顺序连续编排，并应注写在剖切位置线的一侧；编号所在的一侧应为该断（截）面的剖视方向。

剖面图或断面图，如与被剖切图样不在同一张图纸内，可在剖切位置线的另一侧注明其所在图纸的图纸号，也可在图上集中说明。

（2）索引符号与详图符号。

1）图样中的某一局部或构件，如需另见详图，应以索引符号索引，索引符号的圆及直径均应以细实线绘制，圆的直径应为 10mm。索引符号应按下列规定编写：

①索引出的详图，如与被索引的图样同在一张图纸内，应在索引符号的上半圆中用阿拉伯数字注明该详图的编号，并在下半圆中间画一段水平细实线。

②索引出的详图，如与被索引的图样不在同一张图纸内，应在索引符号的下半圆中用阿拉伯数字注明该详图所在图纸的图纸号。

③索引出的详图，如采用标准图，应在索引符号水平直径的延长线上加注该标准图册的编号。

2）索引符号如用于索引剖面详图，应在被剖切的部位绘制剖切位置线，并应以引出线引出索引符号，引出线所在的一侧应为剖视方向。

3）详图的位置和编号，应以详图符号表示，详图符号应以粗实线绘制，直径应为 14mm。详图应按下列规定编号：

①详图与被索引的图样同在一张图纸内时，应在详图符号内用阿拉伯数字注明详图的编号。

②详图与被索引的图样，如不在同一张图纸内，可用细实线在详图符号内画一水平直径，在上半圆中注明详图编号，在下半圆中注明被索引图纸的图纸号。

（3）引出线。

1）引出线应以细实线绘制，宜采用水平方向的直线、与水平方向成 30°、45°、60°、90°的直线，或经上述角度再折为水平的折线。文字说明宜注写在横线的上方 [图 2-15（a）]，也可注写在横线的端部 [图 2-15（b）]。索引详图的引出线，应对准索引符号的圆心 [图 2-15（c）]。

2）同时引出几个相同部分的引出线，宜互相平行［2-16（a）］，也可画成集中于一点的放射线［图2-16（b）］。

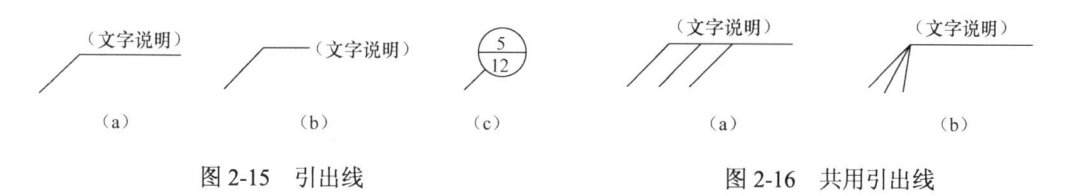

图2-15　引出线

图2-16　共用引出线

3）多层构造或多层管道共用引出线（图2-17），应通过被引出的各层。文字说明宜注写在横线的上方，也可注写在横线的端部，说明的顺序应由上至下，并应与被说明的层次相互一致；如层次为横向排列，则由上至下的说明顺序应与由左至右的层次相互一致。

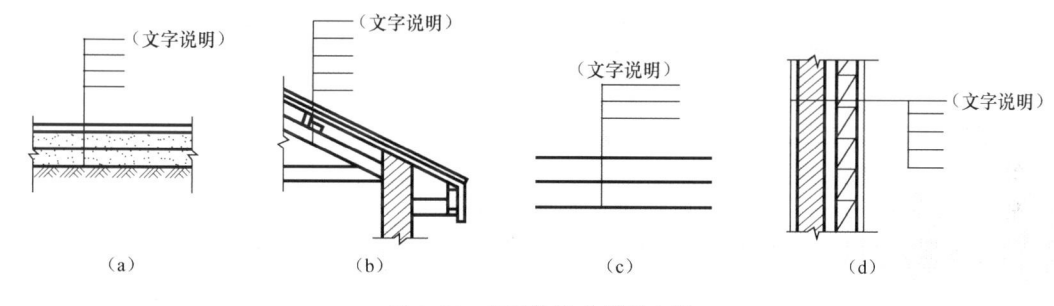

图2-17　多层构造共用引出线

（4）其他符号。

1）对称符号应按用细线绘制，平行线的长度宜为6～10mm，平行线的间距宜为2～3mm，平行线在对称线两侧的长度应相等。

2）连接符号应以折断线表示需连接的部位，应以折断线两端靠图样一侧的大写拉丁字母表示连接编号。两个被连接的图样，必须用相同的字母编号。

3）指北针宜用细实线绘制，其形状如图2-18所示，圆的直径宜为24mm，指针尾部的宽度宜为3mm。需用较大直径绘制指北针时，指针尾部宽度宜为直径的1/8。总平面图、建筑底层平面图应画指北针。

图2-18　指北针

三、建筑施工图

（一）建筑施工图的识图步骤

1. 阅读目录、建筑设计说明及总平面图

核对图纸内容及标准图集，了解工程性质、规模，熟悉工程做法及门窗的类型、编号、数量等内容，了解新建建筑物的朝向、定形定位尺寸及室内外地面标高。

2. 阅读平立剖面图

首先，综合粗读平立剖面图，大致了解建筑物全貌。其次，按照一层、标准层、顶层、屋顶的顺序细读平面图，了解建筑物、房间、墙体、门窗的形状和尺寸，了解屋面排水情况及檐口形式。然后，根据一层平面图对照阅读剖面图，进一步了解建筑物、房间、墙体、门窗的形状和尺寸，了解檐口形式。最后，阅读立面图，了解建筑物的外观造型、外装修做法及檐口形式。在阅读平立剖面图过程中，要注意核对平立剖面图三者的投影对应关系和尺寸对应关系，注意核对檐口的构造形式是否一致。

3. 阅读建筑详图

根据平立剖面图,阅读建筑详图,了解细部构造的尺寸和做法。

(二)《建筑制图标准》中关于省略画法的若干规定

不同比例的平面图、剖面图,其抹灰层、楼地面、材料图例的省略画法,应符合下列规定:

(1) 比例大于 1:50 的平面图、剖面图,应画出抹灰层与楼地面、屋面的面层线,并宜画出材料图例。

(2) 比例等于 1:50 的平面图、剖面图,宜画出楼地面、屋面的面层线,抹灰层的面层线应根据需要而定。

(3) 比例小于 1:50 的平面图、剖面图,可不画出抹灰层,但宜画出楼地面、屋面的面层线。

(4) 比例为 1:100~1:200 的平面图、剖面图,可画简化的材料图例(如砌体墙涂红、钢筋混凝土涂黑等),但宜画出楼地面、屋面的面层线。

(5) 比例小于 1:200 的平面图、剖面图,可不画材料图例,剖面图的楼地面、屋面的面层线可不画出。

(三)建筑平面图

1. 建筑平面图的形成、作用与表示方法

建筑平面图,简称平面图,它是假想用一水平剖切平面将房屋沿窗台以上适当部位剖切开来,对剖切平面以下部分所作的剖面图。建筑平面图主要反映出房屋的平面形状、大小和房间的布置、墙(或柱)、门窗的构造等情况,可作为施工时放线、砌墙、安装门窗、室内外装修及编制预算等的依据。

建筑平面图包括底层平面图、楼层平面图(中间各层平面相同时只画一个标准层平面图)、顶层平面图和屋顶平面图,通常用 1:50、1:100、1:200 的比例绘制。屋顶平面图比较简单,可用较小的比例绘制。建筑平面图在绘制时,应按剖面图的方法绘制,被剖切到的墙、柱轮廓用粗实线(b),门的开启方向线可用中粗实线($0.5b$)或细实线($0.25b$),窗的轮廓线以及其他可见轮廓和尺寸线等用细实线($0.25b$),定位轴线用细单点长画线表示。凡是承重的墙、柱,都必须标注定位轴线,并按顺序予以编号。

2. 建筑平面图的识读

(1) 了解图名、比例及文字说明。
(2) 了解纵横定位轴线及编号。
(3) 了解房屋的平面形状和总尺寸。
(4) 了解房间的布置、用途及交通联系。
(5) 了解门窗的布置、数量及型号。
(6) 了解房屋的开间、进深、细部尺寸和室内外标高。
(7) 了解房屋细部构造和设备配置等情况。
(8) 了解剖切位置及索引符号。

(四)建筑剖面图

1. 建筑剖面图的形成、作用与表示方法

建筑剖面图,简称剖面图,是假想用一铅垂剖切平面将房屋剖切开来,移去靠近观察者的部分,对剩下部分所作出的剖面图,如图 2-19 所示。剖面图的图名应与底层平面图上标注的剖切符号编号一致，如Ⅰ—Ⅰ剖面图。剖面图主要反映出房屋的内部构造，如屋面（楼、地面）形式、层数、层高、门窗的高度和室内装修等。它与平、立面图互相配合用于计算工程量，指导屋面施工、墙体砌筑、门窗安装和内部装修等。

(a)

(b)

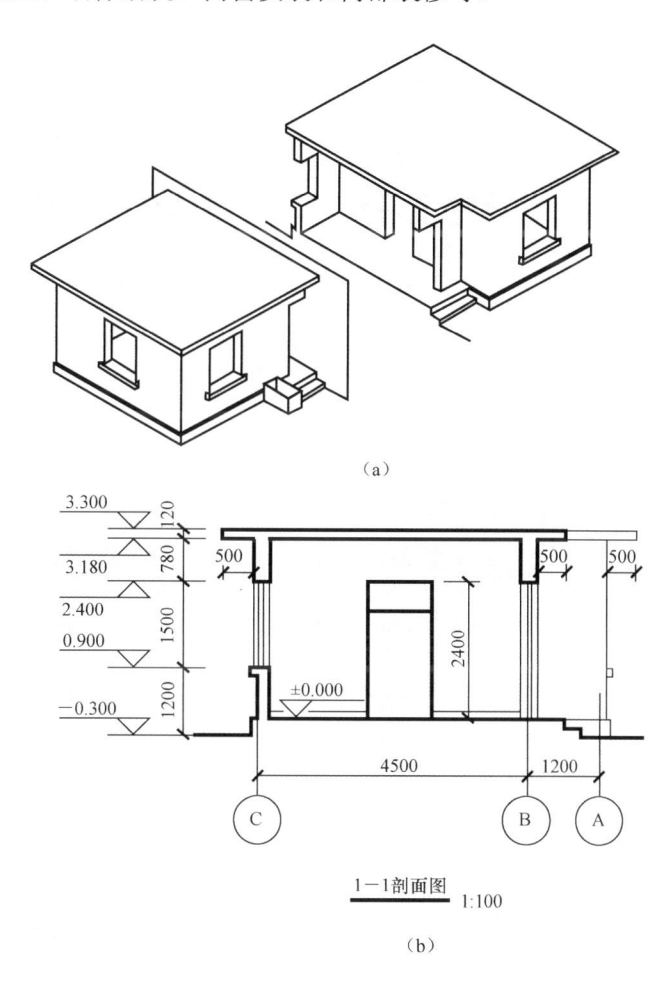

图 2-19 建筑剖面图的形成

2. 建筑剖面图的识读
(1) 了解图名及比例。
(2) 了解剖面图与平面图的对应关系。
(3) 了解房屋的结构形式。
(4) 了解主要标高和尺寸。
(5) 了解屋面、楼面、地面的构造层次及做法。
(6) 了解屋面的排水方式。
(7) 了解索引详图所在的位置及编号。

(五) 建筑立面图

1. 建筑立面图的形成、作用与表示方法

建筑立面图，简称立面图，它是在与房屋立面平行的投影面上所作的房屋正投影图，如

图 2-20 所示。建筑立面图主要反映房屋的体型、外貌以及室外装修构造，可作为指导房屋外部装修施工和编制预算的依据。

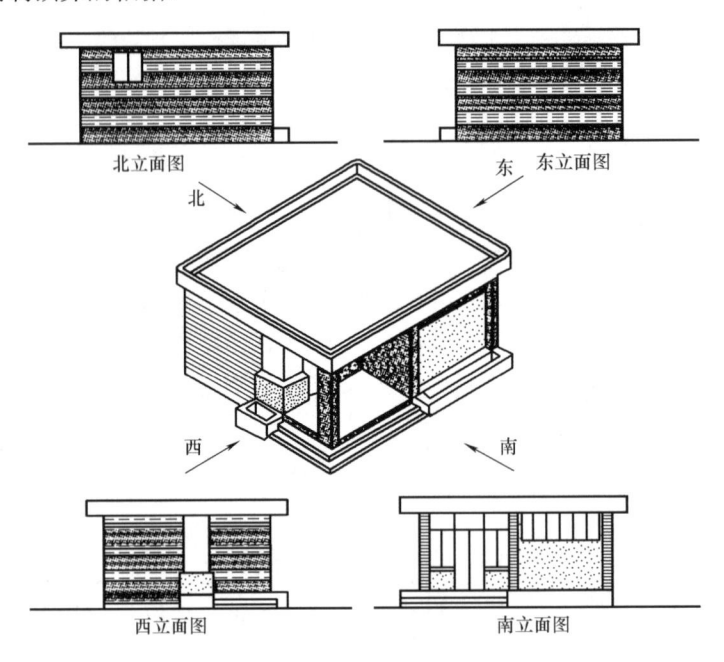

图 2-20 立面图的形成

建筑立面图通常用 1:100、1:200 的比例绘制。绘制建筑立面图时，最外轮廓线画粗实线（b），室外地坪线用加粗实线（$1.4b$），所有突出部位如阳台、雨篷、线脚、门窗洞等中实线（$0.5b$），其余部分用细实线（$0.35b$）表示。

2. 建筑立面图的识读

（1）了解图名及比例。
（2）了解立面图与平面图的对应关系。
（3）了解房屋的外貌特征。
（4）了解房屋的竖向标高。
（5）了解房屋外墙面的装修做法。

（六）建筑详图

由于画平面、立面、剖面图时所用的比例较小，房屋上许多细部的构造无法表示清楚，为了满足施工的需要，必须分别将这些部位的形状、尺寸、材料、做法等用较大的比例详细画出图样，这种图样称为建筑详图，简称详图。

建筑详图的特点：一是比例大，二是图示内容详尽清楚，三是尺寸标注齐全、文字说明详尽。建筑详图是建筑细部的施工图，是对建筑平面、立面、剖面图等基本图样的深化和补充，是建筑工程的细部施工、建筑构配件的制作及编制预算的依据。

建筑详图可分为节点构造详图和构配件详图两类。凡表达房屋某一局部构造做法和材料组成的详图称为节点构造详图（如檐口、窗台、勒脚、明沟等）。凡表明构配件本身构造的详图，称为构件详图或配件详图（如门、窗、楼梯、花格、雨水管等）。

一幢房屋施工图通常需绘制以下几种详图：外墙详图、楼梯详图、门窗详图及室内外一些构配件的详图。

1. 外墙详图

外墙详图也称墙身大样图,实际上是建筑剖面图的有关部位的局部放大图。它主要表达墙身与地面、楼面、屋面的构造情况以及檐口、门窗顶、窗台、勒脚、防潮层、散水、明沟的尺寸、材料、做法等构造情况,是砌墙、室内外装修、门窗安装、编制施工预算以及材料估算等的重要依据。有时在外墙详图上引出分层构造,注明楼地面、屋顶等的构造情况,而在建筑剖面图中省略不标。

外墙剖面详图往往在窗洞口断开,因此在门窗洞口处出现双折断线(该部位图形高度变小,但标注的窗洞竖向尺寸不变),成为几个节点详图的组合。在多层房屋中,若各层的构造情况一样时,可只画墙脚、檐口和中间层(含门窗洞口)三个节点,按上下位置整体排列。有时外墙详图不以整体形式布置,而把各个节点详图分别单独绘制,也称为墙身节点详图。

如图2-21所示,外墙身详图的图示内容如下:

(1)墙身的定位轴线及编号,墙体的厚度、材料及其本身与轴线的关系。

(2)勒脚、散水节点构造,主要反映墙身防潮做法、首层地面构造、室内外高差、散水做法,一层窗台标高等。

(3)标准层楼层节点构造,主要反映标准层梁、板等构件的位置及其与墙体的联系,构件表面抹灰、装饰等内容。

(4)檐口部位节点构造,主要反映檐口部位包括封檐构造(如女儿墙或挑檐)、圈梁、过梁、屋顶泛水构造、屋面保温、防水做法和屋面板等结构构件。

(5)图中的详图索引符号等。

2. 楼梯详图

楼梯详图主要表示楼梯的类型、结构形式、各部位的尺寸及装修做法等,是楼梯施工放样的主要依据。

楼梯详图一般分建筑详图与结构详图,应分别绘制并编入建筑施工图和结构施工图中。对于一些构造和装修较简单的现浇钢筋混凝土楼梯,其建筑详图与结构详图可合并绘制,编入建筑施工图或结构施工图。楼梯的建筑详图一般有楼梯平面图、楼梯剖面图以及踏步和栏杆等节点详图。

(1)楼梯平面图。楼梯平面图实际上是在建筑平面图中楼梯间部分的局部放大图,

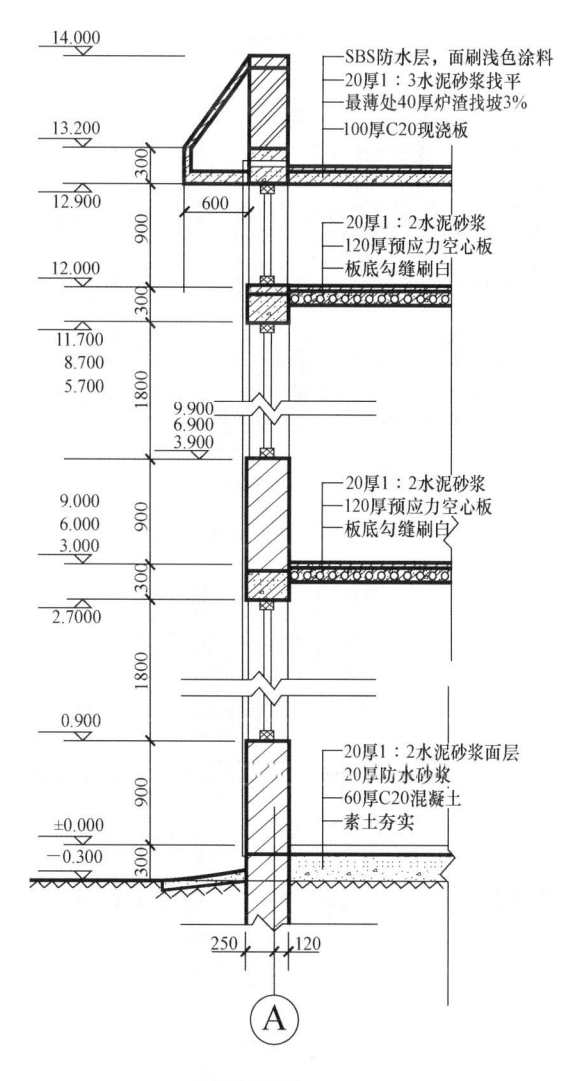

图2-21 外墙剖面详图

如图 2-22 所示。

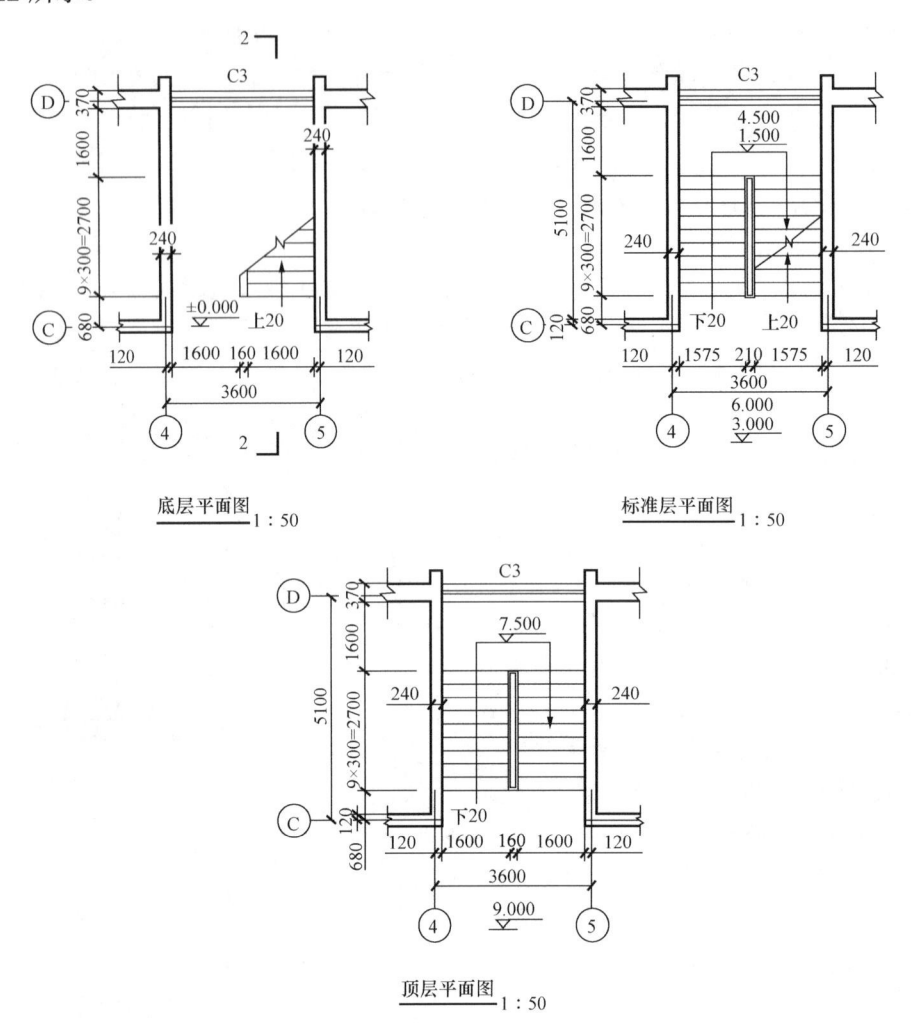

图 2-22 楼梯平面图

楼梯平面图通常要分别画出底层楼梯平面图、顶层楼梯平面图及中间各层的楼梯平面图。如果中间各层的楼梯位置、楼梯数量、踏步数、梯段长度都完全相同时,可以只画一个中间层楼梯平面图,这种相同的中间层的楼梯平面图称为标准层楼梯平面图。在标准层楼梯平面图中的楼层地面和休息平台上应标注出各层楼面及平台面相应的标高,其次序应由下而上逐一注写。

楼梯平面图主要表明梯段的长度和宽度、上行或下行的方向、踏步数和踏面宽度、楼梯休息平台的宽度、栏杆扶手的位置以及其他一些平面形状。梯段的长度尺寸可用踏面数与踏步宽度的乘积来表示,应注意的是级数与踏面数相差为 1,即踏面数=级数-1。

楼梯平面图中,楼梯段被水平剖切后,其剖切线是水平线,而各级踏步也是水平线,为了避免混淆,剖切处规定画 45°折断符号,首层楼梯平面图中的 45°折断符号应以楼梯平台板与梯段的分界处为起始点画出,使第一梯段的长度保持完整。

楼梯平面图中,梯段的上行或下行方向是以各层楼地面为基准标注的。向上者称为上行,向下者称为下行，并用长线箭头和文字在梯段上注明上行、下行的方向及踏步总数。

在楼梯平面图中，除注明楼梯间的开间和进深尺寸、楼地面和平台面的尺寸及标高外，还需注出各细部的详细尺寸。通常用踏步数与踏步宽度的乘积来表示梯段的长度。通常三个平面图画在同一张图纸内，并互相对齐，这样既便于阅读，又可省略标注一些重复的尺寸。

（2）楼梯剖面图。楼梯剖面图实际上是在建筑剖面图中楼梯间部分的局部放大图。楼梯剖面图能清楚地注明各层楼（地）面的标高，楼梯段的高度、踏步的宽度和高度、级数及楼地面、楼梯平台、墙身、栏杆、栏板等的构造做法及其相对位置。

表示楼梯剖面图的剖切位置的剖切符号应在底层楼梯平面图中画出。剖切平面一般应通过第一跑，并位于能剖到门窗洞口的位置上，剖切后向未剖到的梯段进行投影。

在多层建筑中，若中间层楼梯完全相同时，楼梯剖面图可只画出底层、中间层、顶层的楼梯剖面，在中间层处用折断线符号分开，并在中间层的楼面和楼梯平台面上注写适用于其他中间层楼面的标高。若楼梯间的屋面构造做法没有特殊之处，一般不再画出。

在楼梯剖面图中，应标注楼梯间的进深尺寸及轴线编号，各梯段和栏杆、栏板的高度尺寸，楼地面的标高以及楼梯间外墙上门窗洞口的高度尺寸和标高。梯段的高度尺寸可用级数与踏步高度的乘积来表示。

（3）楼梯节点详图。楼梯节点详图一般包括踏步、扶手、栏杆详图和梯段与平台处的节点构造详图。依据所画内容的不同，详图可采用不同的比例，以反映它们的断面型式、细部尺寸、所用材料、构件连接及面层装修做法等。

四、结构施工图

（一）结构施工图的内容和识读步骤

结构施工图，简称"结施"，是表达房屋承重构件（如基础、梁、板、柱及其他构件）的布置、形状、大小、材料、构造及其相互关系的图样，主要用来作为施工放线、开挖基槽、支模板、绑扎钢筋、设置预埋件、浇捣混凝土和安装梁、板、柱等构件及编制预算和施工组织计划等的依据。

结构施工图的内容，通常包括结构设计说明、结构平面布置图和构件详图。结构设计说明是带全局性的文字说明，它包括：选用材料的类型、规格、强度等级，地基情况，施工注意事项，选用标准图集等。结构平面布置图是表示房屋中各承重构件总体平面布置的图样，包括基础平面图、楼层结构布置平面图、屋盖结构平面图。构件详图表达结构构件的形状、大小、材料和具体做法，主要包括梁板柱构件详图、基础详图及楼梯结构详图。

结构施工图的识读步骤一般为：

（1）阅读图纸目录和结构设计说明书。

（2）对照建筑平面图阅读结构平面布置图。

（3）对照结构平面布置图阅读构件详图。

（二）《建筑结构制图标准》（GB/T 50105—2010）中的若干规定

1. 构件代号

构件的名称应用代号（构件汉语拼音的第一个大写字母）来表示。代号后应用阿拉伯数字标注该构件的型号或编号，也可为构件的顺序号。构件的顺序号采用不带角标的阿拉伯数字连续编排。当采用标准、通用图集中的构件时，应用该图集中的规定代号或型号注写。

2. 钢筋的表示方法

钢筋在结构图中其长度方向用单根粗实线表示,断面钢筋用圆黑点表示,构件的外形轮廓线用中实线绘制。在施工图中,钢筋的数量、级别、直径等通常用符号来标注,如:3ϕ16 表示 3 根直径为 16mm 的 HPB300 级钢筋;ϕ8@200 表示直径为 8mm 的 HPB300 级钢筋平行等距离排列,间距 200mm。

(1) 钢筋、钢丝束及钢筋网片的标注。

1) 钢筋、钢丝束的说明应给出钢筋的代号、直径、数量、间距、编号及所在位置,其说明应沿钢筋的长度标注或标注在相关钢筋的引出线上,如图 2-23 所示。梁、柱的箍筋和板的钢筋,一般应注出间距,不注数量;梁、柱的受力筋、架立筋、弯起筋应注出数量,不注间距。

图 2-23 钢筋的标注方法

2) 钢筋网片的编号应标注在对角线上,网片的数量应与网片的编号标注在一起。简单的构件、钢筋种类较少可不编号。

(2) 钢筋在平面、立面、剖(断)面中的表示方法。

1) 钢筋在平面图中的配置应按图 2-26 所示的方法表示。在结构平面图中配置双层钢筋时,底层钢筋的弯钩应向上或向左,顶层钢筋的弯钩应向下或向右。

2) 当构件布置较简单时,结构平面布置图可与板配筋平面图合并绘制。

3) 钢筋在立面、断面图中的配置,应按图 2-27 所示的方法表示。

4) 构件配筋图中箍筋的长度尺寸,应指箍筋的里皮尺寸。弯起钢筋的高度尺寸应指钢筋的外皮尺寸。

(三) 基础图

基础图主要是表示建筑物在相对标高±0.000 以下基础结构的图纸,一般包括基础平面图和基础详图。它是施工时在基地上放灰线、开挖基槽、砌筑基础的依据。

1. 基础平面图

(1) 基础平面图的形成、作用与表示方法。基础平面图是假想用一个水平剖切平面沿建筑底层地面下一点剖切建筑,将剖切平面上面的部分去掉,并移去基础周围的泥土向下投影所得到的水平剖面图。基础平面图主要表达基础的平面位置、形式及其种类,是施工放线、开挖基槽或基坑和砌筑基础的依据。

基础平面图常用 1:100、1:200 等比例绘制。在基础平面图中,只画出基础墙、柱及基础底面的轮廓线,基础的细部轮廓(如大放脚或底板)可省略不画。凡被剖切到的基础墙、柱轮廓线,应画成中实线,基础底面的轮廓线应画成细实线。当基础墙上留有管洞时,应用虚线表示其位置,具体做法及尺寸另用详图表示。当基础中设基础梁和地圈梁时,用粗单点长画线表示其中心线的位置。

基础平面图的尺寸标注分内部尺寸和外部尺寸两部分。外部尺寸只标注定位轴线的间距和总尺寸。内部尺寸应标注各道墙的厚度、柱的断面尺寸和基础底面的宽度等。基础平面图中的轴线编号、轴线尺寸均应与建筑平面图相吻合。

凡基础宽度、墙厚、大放脚、基底标高、管沟做法不同时,均以不同的断面图表示,所以在基础平面图中还应注出各断面图的剖切符号及编号,以便对照查阅。

（2）基础平面图的识读。

1）与建筑平面图对照，了解基础平面图的纵横向定位轴线及编号、轴线尺寸。

2）了解基础墙、柱的平面布置，基础底面形状、大小及其与轴线的关系。

3）看基础平面图中剖切线及其编号（或注写的基础代号），了解基础的种类、数量及位置，以便与基础详图对照阅读。

4）看基础梁的位置和代号，了解基础哪些部位有梁，根据代号可以统计梁的种类数量和查梁的详图。

5）联合阅读基础平面图与设备施工图，了解设备管线穿越基础的准确位置，洞口的形状、大小以及洞口上方的过梁要求。

6）看基础设计说明，从中了解所用材料的强度等级、防潮层做法、设计依据以及施工注意事项等。

2. 基础详图

(1) 基础详图的形成、作用与表示方法。基础详图是在基础平面图上的某一处用铅垂剖切平面切开基础所得到的断面图称为基础详图。基础详图表示了基础的断面形状、大小、材料、构造、埋深及主要部位的标高等，是基础施工的重要依据。

基础详图常用 1:10、1:20、1:50 的比例绘制。不同构造的基础应分别画出其详图。当基础构造相同，而仅部分尺寸不同时，也可用一个详图表示，但需标出不同部分的尺寸。基础详图的轮廓线用中实线表示，断面内应画出材料图例；若是钢筋混凝土基础，则只画出配筋情况，不画出材料图例。

(2) 基础详图的识读。

1）了解图名、轴线及其编号。因基础的种类往往比较多，读图时，将基础详图的图名与基础平面图的剖切符号、定位轴线对照，了解该基础在建筑中的位置。

2）了解基础的材料、断面形状、详细尺寸。

3）了解基础各部位的标高，计算基础的埋置深度。

4）了解基础的配筋情况。

5）了解垫层的厚度尺寸与材料。

6）了解防潮层、基础圈梁的做法和位置。

7）了解管线穿越洞口的详细做法。

（四）结构平面图

1. 结构平面图的形成、作用与表示方法

结构平面图是假想沿着楼板面将建筑物水平剖开所作的水平剖面图，主要表示各楼层结构构件（如墙、梁、板、墙、过梁和圈梁等）的平面布置情况，以及现浇楼板、梁的构造与配筋情况及构件之间的结构关系。结构平面图是施工中安装各种预制构件的重要依据，同时也为现浇构件支模板、绑扎钢筋、浇筑混凝土提供依据。

在楼层结构平面图中，外轮廓线用中粗实线表示，被楼板遮挡的墙、柱、梁等用细虚线表示，其他用细实线表示，图中的结构构件用构件代号表示。楼层结构平面图的比例应与建筑平面图的比例相同。结构平面图的定位轴线必须与建筑平面图一致。对于承重构件布置相同的楼层，只画一个结构平面布置图，称为标准层结构平面布置图。结构平面布置图中钢筋混凝土楼板的表达方式，有预制楼板的表达方式和现浇楼板的表达方式两种。

（1）预制楼板的表达方式。对于预制楼板，用粗实线表示楼层平面轮廓，用细实线表示预制板的铺设，习惯上把楼板下不可见墙体的实线改画为虚线。

预制板的布置有以下两种表达形式：

1）在结构单元范围内，按实际投影分块画出楼板，并注写数量及型号。对于预制板的铺设方式相同的单元，用相同的编号如甲、乙等表示，而不一一画出每个单元楼板的布置（图2-24）。

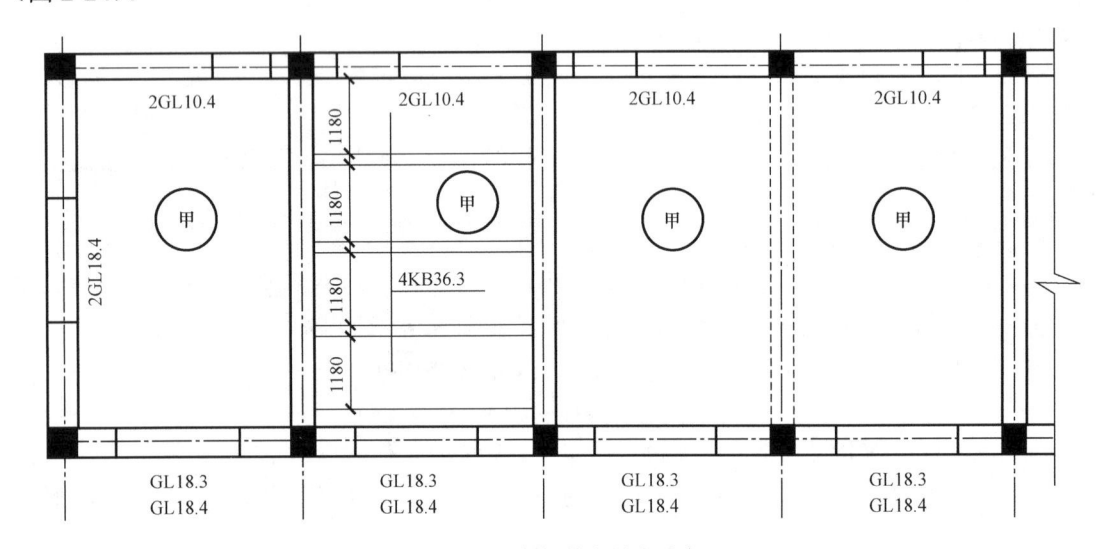

图 2-24 预制板的表达方式之一

2）在结构单元范围内，画一条对角线，并沿着对角线方向注明预制板数量及型号（图2-25）。

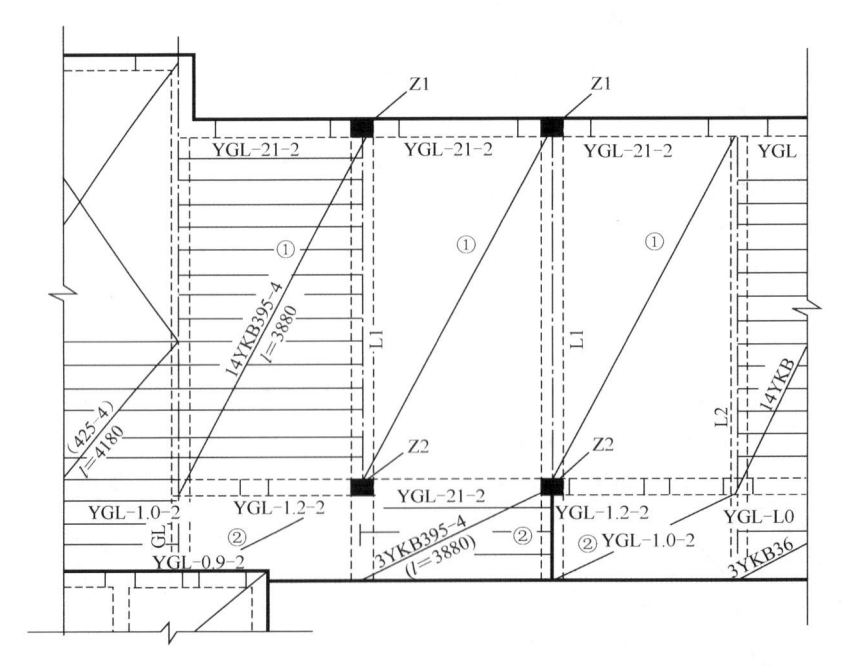

图 2-25 预制板的表达方式之二

（2）现浇楼板的表达方式。对于现浇楼板，用粗实线画出板中的钢筋，每一种钢筋只画一根，同时画出一个重合断面，表示板的形状、厚度和标高（图2-26）。

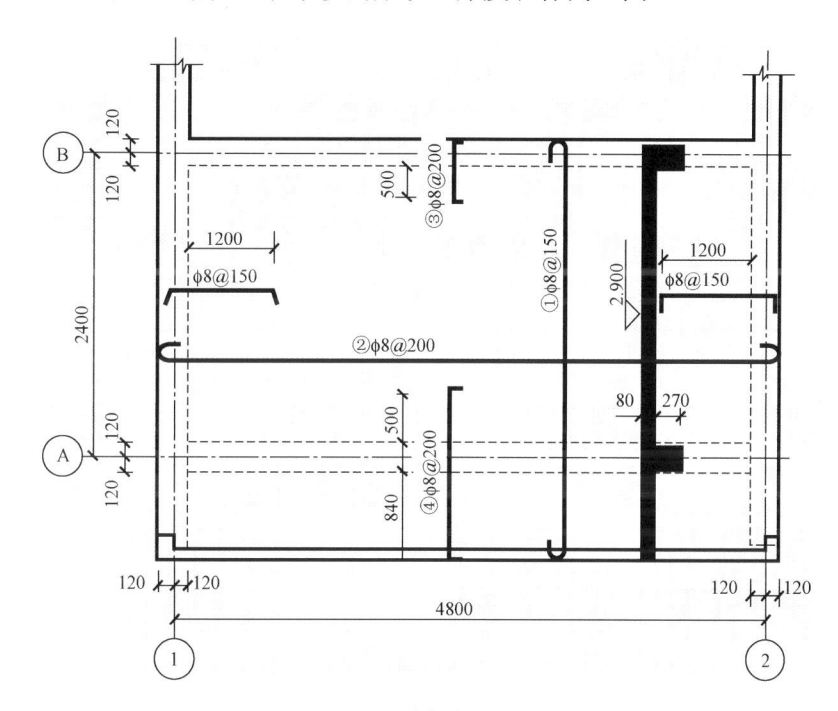

图 2-26 现浇板的图示方式

楼梯间的结构布置一般不在楼层结构平面图中表示，只用双对角线表示楼梯间。梁一般用单点粗点画线表示其中心位置，并注明梁的代号。圈梁、门窗过梁等应编号注出，若结构平面图中不能表达清楚时，则需另绘其平面布置图。

楼层结构平面图的尺寸，一般只注开间、进深、总尺寸及个别地方容易弄错的尺寸。定位轴线的画法、尺寸及编号应与建筑平面图一致。

2. 楼层结构平面图的识读

（1）了解图名、比例。
（2）与建筑平面图对照，了解楼层结构平面图的定位轴线及编号。
（3）通过结构构件代号，了解该楼层中结构构件的位置与类型。
（4）了解现浇梁、板的形状、尺寸及配筋情况。
（5）了解各部位的标高情况，并与建筑标高对照，了解装修层的厚度。
（6）如有预制板，了解预制板的规格、数量等级和布置情况。
（7）了解详图索引符号及剖切符号，以便对照查阅构件详图。

（五）构件详图

用钢筋混凝土制成的梁、板、柱、基础、楼梯等构件称为钢筋混凝土构件，它分定型构件和非定型构件两种。定型构件可直接引用标准图或通用图，只要在图纸上写明选用构件所在标准图集或通用图集的名称、代号即可。自行设计的非定型构件，则必须绘制其构件详图。

1. 钢筋混凝土构件详图组成

钢筋混凝土构件详图一般包括：

(1) 模板图。模板图也称外形图，它主要表明钢筋混凝土构件的外形、大小及预埋件的位置、各部位尺寸和标高、构件与定位轴线的位置关系等，是支模板的依据。一般在构件较复杂或有预埋件时才画模板图，模板图用细实线绘制。

(2) 配筋图。配筋图主要表示构件内部各种钢筋的位置、直径、形状和数量等，是钢筋下料、绑扎的主要依据。

配筋图包括立面图、断面图和钢筋详图。在立面图和断面图中，把构件中的混凝土看成透明体，构件的外轮廓线用细实线表示，而钢筋用粗实线表示。断面图的数量应根据钢筋的配置而定，凡是钢筋排列有变化的地方，都应画出其断面图。为防止混淆，方便看图，构件中的钢筋都要统一编号，在立面图和断面图中要注出一致的钢筋编号、直径、数量、间距等。单根钢筋详图（配筋简单的构件可不画）由上而下，用同一比例排列在梁立面图的下方，如图 2-27 所示。

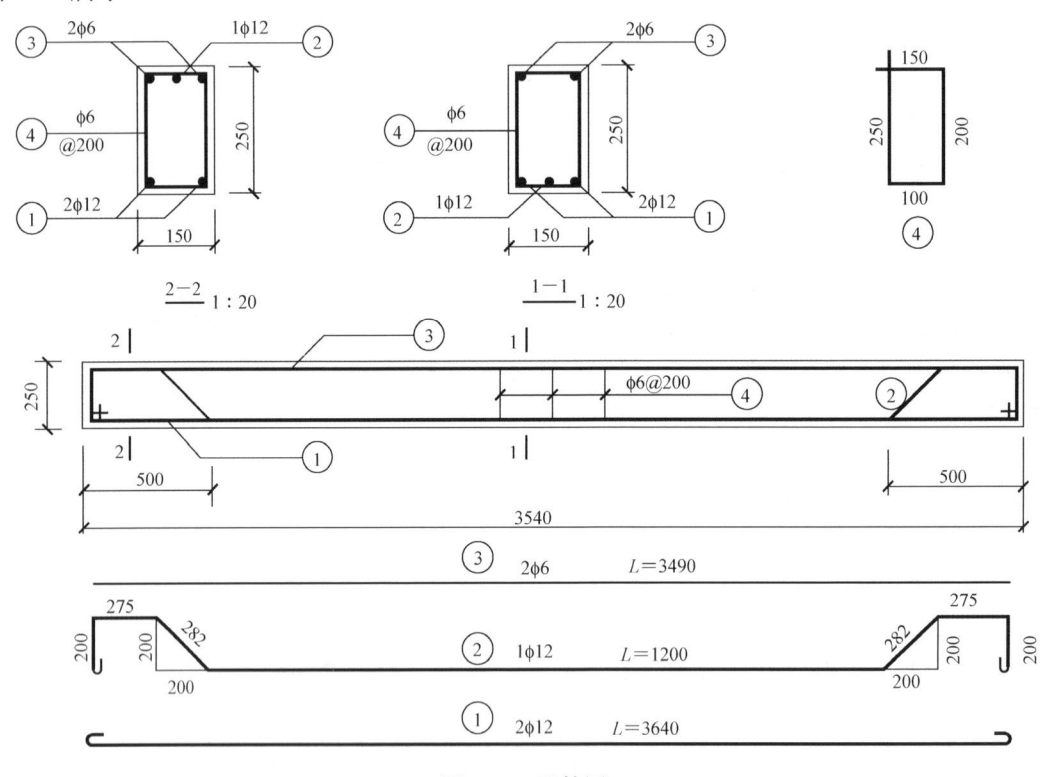

图 2-27 配筋图

(3) 钢筋表。为了便于编制预算、统计钢筋用料，方便钢筋下料、制作，对配筋较复杂的钢筋混凝土构件应列出钢筋表。钢筋表的内容包括钢筋名称，钢筋简图，钢筋规格、长度、数量和质量等。钢筋表对于识读钢筋混凝土配筋图很有帮助，应注意两者的联合识读。

2. 钢筋混凝土构件配筋图的表示方法

钢筋混凝土结构构件图的表示方法有三种：

(1) 详图法。它通过平、立、剖面图将各构件（梁、柱、墙等）的结构尺寸、配筋规格等"逼真"地表示出来。用详图法绘图的工作量非常大。

(2) 梁柱表法。它采用表格填写方法将结构构件的结构尺寸和配筋规格用数字符号表达。此法比"详图法"要简单方便得多，手工绘图时，深受设计人员的欢迎。其不足之处是：同类构件的许多数据需多次填写，容易出现错漏，图纸数量多。

(3) 结构施工图平面整体设计方法（以下简称"平法"）。它把结构构件的截面型式、尺寸及所配钢筋规格在构件的平面位置用数字和符号直接表示，再与相应的"结构设计总说明"和梁、柱、墙等构件的"构造通用图及说明"配合使用。它改变了传统的将构件从结构平面图中索引出来，再逐个绘制配筋详图的繁琐表示方法。平法的优点是图面简洁、清楚、直观性强，图纸数量少，设计和施工人员都很欢迎。

"详图法"能加强初学者的绘图基本功训练，在实际工程中现在只是作为一种补充出现在结构施工图中，一般不大规模使用；"梁柱表法"除小范围使用外，现在也基本淘汰；而"平法"则代表了一种发展方向，目前已广泛应用，学习时应重点掌握。

3. 钢筋混凝土构件详图的识读

(1) 读构件名称或代号、比例。

(2) 看模板图，了解构件的定位轴线及其编号，了解构件的形状、尺寸和预埋件代号及布置，了解构件底面标高。

(3) 阅读配筋图中的立面图，了解在该梁中上下排配筋的情况，箍筋的配置，箍筋有没有加密区。

(4) 阅读断面图。

(5) 阅读钢筋表。

(六) 现浇钢筋混凝土构件平面整体表示法简介

为了保证按平法设计的结构施工图实现全国统一，建设部于2003年1月20日下发通知，批准《混凝土结构施工图平面整体表示方法制图规则和构造详图》(GJBT-518 03G101)（简称《平法图集》）作为国家建筑标准设计图集，于2003年2月15日开始实施。目前采用的是2011年以来对03G101进行修改后的新图集，新图集号为11G101-1、11G101-2、11G101-3、12G101-4、13G101-11。《平法图集》由平面整体表示方法制图规则和标准构造详图两大部分内容组成。以下仅对平面整体表示方法制图规则中的部分内容加以简要介绍。

1. 柱平法施工图的制图规则

柱平法施工图系在柱平面布置图上采用列表方式或截面注写方式表达。

(1) 列表注写方式。列表注写方式是在柱平面布置图上分别在同一编号的柱中选择一个截面标注几何参数代号；在柱表中注写柱号、柱段起止标高、几何尺寸与配筋的具体数值，并配以各种柱截面形状及其箍筋类型图的方式表达柱平法施工图。

柱表注写的内容有：

1) 注写柱编号。柱编号由类型编号和序号组成。

2) 注写各段柱的起止标高。自柱根部往上以变截面位置或截面未变但配筋改变处为界分段注写。

3) 注写截面尺寸 $b \times h$ 及轴线关系的几何参数代号 b_1、b_2 和 h_1、h_2 的具体数值，须对应于各段柱分别注写。

4）注写柱纵筋。包括钢筋级别、直径和间距，分角筋、截面 b 边中部筋和 h 边中部筋三项。

（2）截面注写方式。截面注写方式是在分标准层绘制的柱平面布置图的柱截面上分别在同一编号的柱中选择一个截面，以直接注写截面尺寸和配筋具体数值的方式表达柱平法施工图。

2. 梁平法施工图的制图规则

梁平法施工图系在梁平面布置图上采用平面注写方式或截面注写方式表达。

（1）平面注写方式。平面注写方式是在梁平面布置图上分别在不同编号的梁中各选一根梁，在其上注写截面尺寸和配筋具体数值的方式表达梁平法施工图。

平面注写包括集中标注和原位标注。集中标注表达梁的通用数值，原位标注表达梁的特殊数值，如图 2-28 所示。

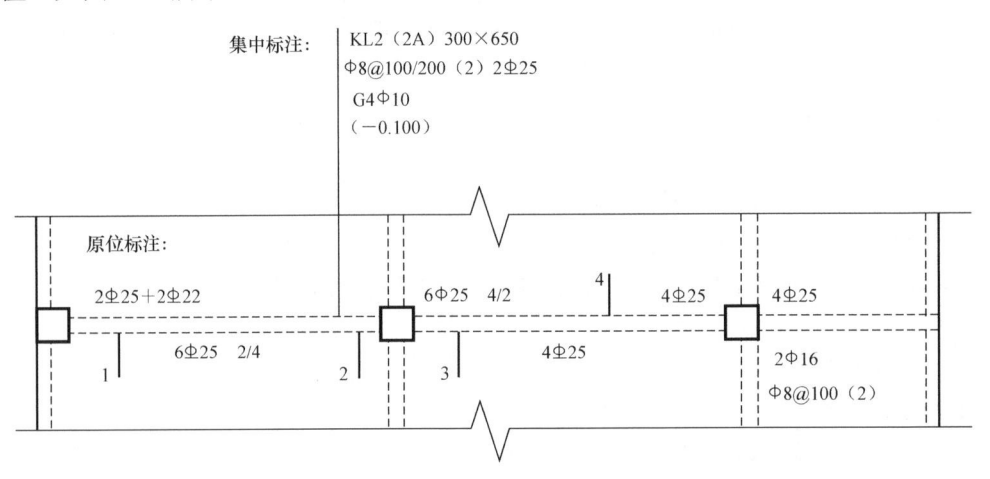

集中标注：KL2（2A）300×650
Φ8@100/200（2）2Φ25
G4Φ10
（-0.100）

原位标注：

2Φ25+2Φ22   6Φ25 4/2   4   4Φ25   4Φ25

1   6Φ25 2/4   2   3   4Φ25   2Φ16
                                    Φ8@100（2）

图 2-28 梁平面注写方式

1）集中标注。梁集中标注的内容为五项必注值和一项选注值，它们分别是：

第一项：梁编号。梁编号为必注值。

第二项：梁截面尺寸。梁截面尺寸为必注值，用 $b×h$ 表示。当有悬挑梁，且根部和端部的高度不相同时，用 $b×h_1/h_2$ 表示。

第三项：梁箍筋。梁箍筋为必注值，包括箍筋级别、直径、加密区与非加密区间距及支数。

第四项：梁上部贯通筋和架立筋根数。

第五项：梁侧面纵向构造钢筋或受扭钢筋。

第六项：梁顶面标高高差。此项为选注值。梁顶面标高高差是指相对于结构层楼面标高的高差值。

2）原位标注。对于梁支座上部纵筋，当上部纵筋多于一排时，用斜线"/"将各排纵筋自上而下分开；当同排纵筋有两种直径时，用加号"+"将两种直径相连，注写时将角部纵筋写在前面；当梁中间支座两边的上部纵筋不同时，须在支座两边分别标注。

对于梁下部纵筋，当下部纵筋多于一排时，用斜线"/"将各排纵筋自上而下分开；当同排纵筋有两种直径时，用加号"+"将两种直径的纵筋相连，注写时角筋写在前面；当梁下部纵筋不全部伸入支座时，将梁支座下部纵筋减少的数量写在括号内；当已按规定注写了梁上部和下部均为通长的纵筋值时,则不需在梁下部重复做原位标注。

(2)截面注写方式。截面注写方式是在分标准层绘制的梁平面布置图上分别在不同编号的梁中各选择一根梁用剖面号引出配筋图,并在其上注写截面尺寸和配筋具体数值的方式表达梁平法施工图。

在截面配筋图上注写截面尺寸 $b\times h$、上部筋、下部筋、侧面筋和箍筋的具体数值时,其表达方式与平面注写方式相同。

第五节 建 筑 设 备

一、建筑给水排水

(一)建筑给水系统

建筑给水工程的任务,是根据各类用户对水质、水量和水压的要求,将水由室外给水管网(或自备水源)输送到室内的各种配水龙头、生产机组和消防设备等各用水点。

1. 建筑给水系统的分类

(1)生活给水系统。供民用、公共建筑和工业企业建筑的饮用、烹调、盥洗、洗涤、淋浴等用水的给水系统,称为生活给水系统。要求其水质必须严格符合国家规定的生活饮用水水质标准。

(2)生产给水系统。提供人们在生产中需要的设备冷却水、原料和产品的洗涤水、锅炉用水及某些工业原料(如酿酒)用水的给水系统,称为生产给水系统。生产给水系统必须满足生产工艺对水质、水量、水压及安全方面的要求。

(3)消防给水系统。提供层数较多的民用建筑、大型公共建筑及某些生产车间的消防设备用水的给水系统,称为消防给水系统。建筑消防给水有建筑内、外消火栓给水系统、自动喷水灭火系统两种。消防用水对水质要求不高,但必须按建筑防火规范保证有足够的水量和水压。

(4)中水给水系统。缺水城市将建筑用后的水经处理,满足中水水质要求,用于建筑内冲厕、清扫、洗车、浇洒等的给水系统,称为中水给水系统。

2. 建筑给水系统的组成

建筑内部的给水系统由下列各部分组成:

(1)引入管。从室外给水管将水引入室内的管段,也称进户管。

(2)水表节点。水表节点是安装在引入管上的水表及其前后设置的阀门和泄水装置的总称。

(3)给水管道。给水管道包括干管、立管和支管。

(4)配水装置和用水设备。如各类卫生器具和用水设备的配水龙头和生产、消防等用水设备。

(5)给水附件。管道系统中调节水量、水压,控制水流方向,以及关断水流,便于管道、仪表和设备检修的各类阀门。

(6)增压和储水设备。当室外给水管网的水压、水量不能满足建筑用水要求,或要求供水压力稳定、确保供水安全可靠时,应根据需要,在给水系统中设置水泵、气压给水设备和水池、水箱等增压、储水设备。

3. 建筑给水方式

建筑给水方式是指建筑给水系统的供水方案。

（1）非高层建筑给水方式。非高层建筑给水方式的基本类型有直接给水方式、单设水箱给水方式、单设水泵给水方式、设水箱和水泵联合给水方式、气压给水方式、分区给水方式、分质给水方式等七种。

（2）高层建筑给水方式。高层建筑给水系统采取竖向分区供水，将建筑物垂直按层分段，各段为一区，分别组成各组给水系统。高层建筑给水系统竖向分区的基本形式有串联式、减压式、并联式、室外高低压给水管网分别直接供水等四种。

4. 建筑给水管材、管件及附件

（1）给水常用管材及附件。建筑给水管材可分为金属管和非金属管两大类。目前常用的金属管主要有钢管、铸铁管铜管、不锈钢管等；非金属管主要有塑料管和复合管两种。

（2）给水管道的连接。管路系统是由给水管道、管件及附件组合而成的。管件是管道之间、管道与附件及设备之间的连接件。其中管件的作用是：连接管路、改变管径、改变管路方向、接出支线管路及封闭管路等。管件根据制作材料的不同，可分为铸铁管件、钢制管件、铜制管件和塑料管件。根据接口形式的不同，可分为螺纹连接管件、法兰连接管件、承插口连接管件。管件按用途分类有接头、弯头、三通、四通、堵头等。

不同种类的管材都应有适合它自身特点的连接方式。常用的管道连接方式有螺纹连接、焊接、法兰连接、承插连接、承插粘接、热熔连接、挤压夹紧式连接（卡套或卡箍式连接）。

（3）给水附件。

1）配水附件（水龙头、水嘴）。配水附件即在各种用水器具上安装的用于调节和分配水流的给水附件。常见的有：普通配水龙头，装在洗涤盆、污水盆、盥洗槽上；盥洗、沐浴用龙头，装在洗脸盆、浴盆等上；有冷热水分别设置的龙头、混合龙头和淋浴器等；此外还有小便斗龙头、皮带龙头、洗衣机龙头等。近来建设部大力推动节水工作的开展，推荐使用感应式水嘴、延时自闭式水嘴等节水型水嘴。

2）控制附件。控制附件即指阀门，是截断、接通流体通路或改变流向、流量及压力值的装置。阀门的规格通常用公称通径和公称压力表示，前者指阀门与管道连接处管道的公称直径；后者指阀门在基准温度下允许的最大工作压力。按用途分有截断阀、调节阀、止回阀、分流阀、安全阀、多用阀六类。

（4）仪表。水表是一种计量用户累计用水量的仪表。目前我国广泛采用的是流速式水表，它是根据流速与流量成比例这一原理制作的。流速式水表按翼轮转轴构造不同，分为旋翼式和螺翼式。为了便于抄表及收费，现在又出现了远传式水表、IC卡水表。

另外，建筑给水系统中使用的仪表还有压力表、真空表、温度计及水位计等。

5. 建筑给水管道的布置与敷设

（1）建筑给水管道的布置。给水管道布置应力求长度最短，尽可能呈直线走向，与墙、梁、柱平行敷设，兼顾美观，并考虑施工检修方便。给水管道的布置按供水可靠程度要求可分为枝状和环状两种形式，前者单向供水，供水安全可靠性差，但节省管材，造价低；后者管道相互连通，双向供水，安全可靠，但管线长、造价高。一般建筑内给水管网宜采用枝状布置。

给水管道的布置形式按水平干管的敷设位置又可分为上行下给、下行上给和中分式三种形式。干管设在顶层天花板下、吊顶内或技术夹层中，由上向下供水的为上行下给式，设高位水箱的给水系统与公共建筑和地下管线较多的工业厂房一般采用此布置形式；干管埋地、设在底层或地下室中，由下向上供水的为下行上给式，直接给水系统、气压给水系统和变频水泵给水系统一般采用此布置形式；水平干管设在中间技术层内或中间某层吊顶内，由中间向上、下两个方向供水的为中分式，适用于屋顶用作露天茶座、舞厅或设有中间技术层的高层建筑。

（2）给水管道的敷设。

1）敷设形式。给水管道的敷设有明装、暗装两种形式。明装即管道外露，一般用于对卫生、美观没有特殊要求的一般民用建筑和生产车间。暗装即管道隐蔽，管道通常隐蔽在管道井、技术层、地下室、管沟、墙槽、顶棚或夹壁墙等里面，或直接埋地或埋在楼板的面层里。暗装一般用于对卫生、美观要求较高的建筑和要求无尘、洁净的车间、实验室、无菌室等。

2）敷设要求。给水管道可单独敷设，也可与其他管道一同敷设。给水管道与其他管道同沟或共架敷设时，宜敷设在排水管、冷冻管的上面或热水管、蒸汽管的下面。给水引入管与室内排出管管外壁的水平距离不宜小于1.0m。建筑物内给水管与排水管之间的最小净距，平行埋设时应为0.5m；交叉埋设时应为0.15m，且给水管宜在排水管的上面。固定管道常用支、托架。

引入管进入建筑内有两种情况，一种是从建筑物的浅基础下通过，另一种是穿越承重墙或基础。给水管道穿过地下室外墙、基础或地下构筑物的墙壁处，应采取防水措施。

给水横干管穿承重墙或基础、立管穿楼板时均应预留孔洞，暗装管道在墙中敷设时，也应预留墙槽，以免临时打洞、刨槽影响建筑结构的强度。

管道穿过墙壁和楼板应设置金属或塑料套管。安装在楼板内的套管其顶部应高出装饰地面20mm，安装在卫生间及厨房内的套管其顶部应高出装饰地面50mm，底部应与楼板底面相平。穿过楼板的套管与管道之间缝隙，应用阻燃密实材料和防水油膏填实，端面光滑。安装在墙壁内的套管其两端与饰面相平。穿墙套管与管道之间缝隙，宜用阻燃密实材料填实，且端面应光滑。管道的接口不得设在套管内。

（二）建筑排水系统

建筑排水系统的任务是将自卫生器具和生产设备排除的污水及降落在屋面上的雨、雪水，用最经济合理的管径管道迅速地排到室外排水管道中去；同时应考虑防止室外排水管道中的有害气体、臭气及有害虫类进入室内，并为室外污水的处理和综合利用提供便利条件。

1. 排水系统的分类

按所排除污（废）水的性质，建筑排水系统可分为三类：

（1）生活污水排水系统。排除人们日常生活中的盥洗、洗涤的生活废水和粪便污水。

（2）工业废水排水系统。排除工矿企业生产过程中所排出的生产污水和生产废水。由于工业生产门类繁多，所排除的污（废）水性质也极为复杂，生产废水仅受轻度污染，生产污水则污染严重，通常需要厂内处理后才能排放。

（3）雨水排水系统。排除屋面的雨水和融化的雪水。

上述三大类污（废）水，如分别设置管道排出建筑物外，称分流制排水系统；若将其中两类或三类污（废）水合流排出，则称合流制排水系统。

2. 排水系统的组成

完整的排水系统可由以下部分组成：

(1) 卫生器具和生产设备受水器。卫生器具是建筑内部排水系统的起点，用以满足人们日常生活或生产过程中各种卫生要求，并收集和排出污废水的设备。

(2) 排水管道。排水管道包括器具排水管（指连接卫生器具和横支管的一段短管，除坐式大便器外，其间含有一个存水弯管）、横支管、立管、埋地干管和排出管。

(3) 通气管道。建筑内部排水系统是水气两相流动的，当卫生器具排水时，需向排水管道内补给空气，以减小气压变化，防止卫生器具水封破坏，同时也需将排水管道内的有毒有害气体排放到一定空间的大气中去，以补充新鲜空气，减缓金属管道的腐蚀。

(4) 清通设备。为疏通建筑内部排水管道，保障排水通畅，常需设检查口、清扫口、带清扫门的90°弯头或三通、室内埋地横干管上的检查井等。

(5) 提升设备。工业与民用建筑的地下室、人防建筑物、高层建筑地下技术层、地下铁道、立交桥等地下建筑物的污废水不能自流排至室外时，常须设提升设备。

(6) 污水局部处理构筑物。当建筑内部污水未经处理不能排入其他管道或市政排水管网和水体时，须设污水局部处理构筑物。

3. 排水管材和卫生设备

(1) 排水管材。建筑排水用管材有钢管、铸铁管、塑料管和混凝土及钢筋混凝土管、陶土管。铸铁管的连接方式有承插刚性连接和柔性接口连接两种。塑料管的连接方式有承插黏结和橡胶圈密封连接两种。

(2) 卫生器具。卫生器具是用来收集和排出生活及生产中产生的污水、废水的设备。目前卫生器具所选用的材料，主要有陶瓷、搪瓷、不锈钢、人造玛瑙、塑料、玻璃钢等。卫生器具按其用途可分为便溺用卫生器具，盥洗、沐浴用卫生器具，洗涤用卫生器具和专用卫生器具。便溺用卫生器具，大便器种类有坐式、蹲式和大便槽，小便器有立式、挂式和小便槽。盥洗、沐浴用卫生器具有洗脸盆、盥洗槽、浴盆、淋浴器、妇女卫生盆。洗涤用卫生器具有洗涤盆、化验盆、污水盆。专用卫生器具有饮水器、地漏。

4. 排水管道的布置和敷设

(1) 现在常见的卫生间排水管线方案主要有穿板下排式方案、后排式方案、卫生间下沉式方案、卫生间垫高式方案四种。

(2) 室内排水立管可靠在厨卫间的墙边或墙角处明装，也可沿外墙室外明装，或布置在管道井内暗装。

(3) 室内排水横支管可敷设在下层的顶板下（或底层地坪下）、本层的垫层中、在卫生间内侧的地面上或在建筑外墙上等地方。

(4) 室内排水横干管可敷设在设备层中、吊顶层中、底层地坪下或地下室的顶棚下等地方。排出管一般敷设在底层地坪下或地下室的顶棚下。

(5) 生活污水管道和散发有毒有害气体的生产污水管道应设伸顶通气管。通气管应高出屋面300mm，且必须大于最大积雪厚度，屋顶有人停留时，应大于2m。在通气管出口4m以内有门窗时，通气管应高出门窗顶600mm或引向无门、窗一侧。通气管顶端应装设风帽或网罩。

二、建筑供暖

供暖是用人工方法向室内供给热量以创造适宜生活条件或工作条件的技术。供暖系统是由热源、热媒输送、散热设备三个主要部分组成。室内集中供暖系统主要由输配系统和散热设备组成。

（一）供暖系统的分类

按其相互位置关系，可将供暖系统分为局部供暖系统和集中式供暖系统。热源、热媒输送、散热设备在构造上在一起的供暖系统为局部供暖系统。热源、散热设备分别设置，用热媒输送管道相连，由热源向各个部分供给热量的供暖系统为集中式供暖系统。

按采用热媒方式不同可将供暖系统分为热水供暖系统、蒸汽供暖系统、热风供暖系统。

1. 热水供暖系统

以热水为热媒的供暖系统为热水供暖系统。它有以下几种分类：

（1）按系统循环动力不同分类。按系统循环动力不同，分为重力循环供暖系统和机械循环供暖系统。前者是利用水的密度差进行循环的系统，通常适用于作用半径不超过 50m 的单幢建筑中。后者是利用机械力进行循环的系统，不仅可用于单幢建筑物，也可用于多幢建筑物。

（2）按供回水方式不同分类。按供回水方式不同，分为单管系统和双管系统。热水经供水管顺序流向多组散热器并在其中冷却的系统为单管系统。热水经供水管平行分配给各组散热器，冷却后回水自各个散热器直接沿回水管流回热源的系统为双管系统。

（3）按管道敷设方式不同分类。按管道敷设方式不同，分为垂直式系统和水平式系统。

（4）按热媒温度不同分类。按热媒温度不同，分为低温水供暖系统和高温水供暖系统。一般将水温不超过 100℃的热水称为低温水；水温超过 100℃的热水称为高温水。

（5）按采暖系统的供回水方式不同分类。按采暖系统的供回水方式不同，可分为上供下回式、下供下回式、中供式、下供上回式和下供上回式同程式、水平式六种。通常，采暖工程中"供"指供出热媒，"回"指回流热媒。

2. 蒸汽供暖系统

以蒸汽为热媒的供暖系统为蒸汽供暖系统，它有以下几种分类：

按供汽压力大小分为高压蒸汽供暖，低压蒸汽供暖，真空蒸汽供暖。当供汽表压力高于 70kPa 为高压蒸汽供暖；当供汽表压力不超过 70kPa 时为低压蒸汽供暖；当系统中压力低于大气压时，为真空蒸汽供暖。真空蒸汽供暖系统复杂，较少采用。按蒸汽干管布置的不同，分为上供式、中供式、下供式。按立管布置特点，分为单管式和双管式。按回水动力不同，分为重力回水和机械回水。

3. 热风供暖系统

利用热空气向房间供热的系统为热风供暖系统。它可以采用集中送风，也可以采用暖风机加热室内再循环空气向房间供热。

（二）散热器种类

1. 按传热方式分类

按传热方式分为对流型散热器和辐射型散热器。当传热方式以对流方式为主时（占总传热量的 60%以上），为对流型散热器，如管型、柱型、翼型、钢串片型等；以辐射方式为主时（占总传热量的 60%以上），为辐射型散热器，如辐射板、红外辐射器等。

2. 按形状分类

按形状分为管型、翼型、柱型和平板型等。

3. 按材料分类

按材料分为金属（钢、铁、铝、铜等）和非金属（陶瓷、混凝土、塑料等）。我国目前常用的是金属材料散热器，主要散热器按材质分为铸铁散热器、钢制散热器、铝合金散热器以及塑料散热器等。

三、建筑电气

（一）电力系统概述

电力系统是将各个地区、各种类型的发电机、变压器、输配电线、配电装置和用电设备等连成一个环形的整体，对电能进行不间断地生产、传输、分配和使用的联合系统。电力系统是由发电、输电和配电系统组成。

输配电线路和变电所，是电力系统的一部分，是连接发电厂和用户的中间环节，称为电力网。电力网常分为输电网和配电网两大部分。输电是由 35kV 及以上的输电线路和主变压器所组成，它的作用是将电力输送到各个地区或大型用电户；配电是由 10kV 及以下的配电线路和配电变压器所组成，它的作用是电力分配到各类电户。

1kV 及以上的电压称为高压，有 1kV，3kV，6kV，10kV，35kV，110kV，220kV，330kV 等。1kV 及以下的电压称低压，有 220V，380V 和安全电压 6V，12V，24V，36V，42V 等。

（二）低压配电线路

低压配电系统是指由配电装置（配电柜或盘）和配电线路（干线及分支线）组成的，用户电压为 380/220V 的配电系统。低压配电系统又分为动力配电系统和照明配电系统。低压配电线路的基本连接方式有放射式、树干式、混合式三种。照明电路常用树干式。常用的短路保护装置有熔断器、断路器等。

1. 电线与电缆

电线有裸导线和绝缘导线之分。裸导线型号有裸铝（U）或裸铜（TJ）绞线、铝钢芯绞线（LCJ）等，常用于电杆架空。绝缘导线有橡胶绝缘铝（BBX 铜）芯导线，常用于工地架空、建筑物架空引入线或厂房室内明配线等。BLV（BV）型为聚氯乙烯绝缘铝（铜）芯导线，常用于室内暗配线。BLVV（BVV）型为聚氯乙烯绝缘、聚氯乙烯护套铝（铜）芯导线，常用于室内明配线。

电缆型号有 VLV、VV、ZLQ 和 ZQ 型等。VLV（VV）型为聚氯乙烯绝缘、聚氯乙烯护套铝（铜）芯电力电缆，又称全塑电缆，常用于室内配电干线。ZLQ（ZQ）型油浸纸绝缘铅包铝（铜）芯电力电缆，常用于室外配电干线。电缆型号有下脚标，表示有铠装层保护、抗拉强度高、耐腐蚀等，可直埋地下。如 VV22 型表示为聚氯乙烯绝缘、聚氯乙烯护套内钢带铠装电力电缆。KVV 型表示为聚氯乙烯绝缘、聚氯乙烯护套控制电缆。

2. 低压配电线路的敷设

低压配电线路分为室外和室内配线。

（1）室外配电线路。室外配电线路有架空线路和电缆线路两种。

1) 架空线路。架空线路分为电杆架空线路和沿墙架空线路。

2) 电缆敷设。电缆地下暗敷设分为直埋、穿排管、穿混凝土块及隧道内敷设等。电力电缆按其绝缘分为纸绝缘、塑料绝缘和橡胶绝缘；按保护方式又分带铠装（绝缘导线外装设金属铠保护，铠装外有防腐护套）和不带铠装之分。

(2) 室内配电线路。室内配电支线主要有明线敷设和暗线敷设两种敷设方式。

1) 明线敷设。明线敷设就是把导线沿建筑物的墙面、顶棚等外表面敷设，导线裸露在外的敷设方式。明线敷设的方式一般有槽板敷设、铝皮卡钉敷设、穿管明敷设三种。

2) 暗线敷设。暗线敷设就是将管子（如硬塑料管等）预先埋入墙内、楼板内或顶棚内，然后将导线穿入管中的敷设方式。

(三) 建筑电气照明系统

对于一般建筑物的电气照明供电，通常采用 380V/220V 三相四线制供电系统，即由配电变压器的低压一侧引出三根相线和一根零线。对于动力负载，可以使用 380V 的线电压；对于照明负载，可以使用 220V 的相电压。照明系统一般由进户线、配电箱、干线和支线组成。

1. 照明方式

照明方式按建筑物的功能和照度的要求，可分为一般照明、局部照明、混合照明三种；按其使用情况不同，可分为正常照明、事故照明、装饰照明三种。

2. 照明装置

(1) 电光源。电光源自从采用以来，先后制成了钨丝白炽灯、荧光灯、荧光高压汞灯、卤钨灯等，近年又制成了高压钠灯和金属卤化灯等新型光源。光源的光效、寿命、显色性等均不断地得到提高。电光源基本上分为热辐射光源和气体放电光源两大类。钨丝白炽灯、卤钨灯属于热辐射光源，其他属于气体放电光源。

(2) 照明灯具。在实际的照明过程中，电光源裸露点燃显然是不合理的，它总要和照明灯具配合使用。照明灯具包括灯泡（管）、灯座和灯罩。灯座的功能为固定灯泡（管），并提供电源通道，灯罩的功能是对光源光通量做重新分配，使工作面得到符合要求的照度和光能量的分布，避免刺目强光；灯罩还起着装饰和美化建筑环境的作用，改善了人们的视觉效果。

建筑照明灯按光通量再分配情况可分为直射型灯具、半直射型灯具、漫射型灯具、间接型灯具、半间接型灯具五种；按安装方式分悬吊式、吸顶式、壁装式三种。

(3) 照明配电箱、开关、插座。照明配电箱的安装方式有明装和嵌入式暗装两种。明装配电箱又分为挂墙式和落地式两种。

开关是控制电器设备，常用的开关有拉线开关、扳把开关两种。开关根据安装形式分为明装式和暗装式。明装式多采用拉线开关、扳把开关等；暗装式多采用扳把开关（跷板式开关）。

插座是移动式电器设备的供电点，有单相三极三孔插座、三相四极四孔插座等种类。插座的安装方式也可分为明装和暗装两种。

第六节 建 筑 力 学

建筑结构是指在建筑中，由若干构件（如梁、板、柱等）连接而成的能承受作用（或荷载）的平面或空间体系。建筑结构对建筑物的安全和耐久，起着决定性的作用。建筑结构按几何特征区分，有杆件结构、薄壁结构和实体结构三类。建筑力学是研究杆件结构及杆件的力学计算理论的科学，它的主要任务是求解杆件结构的支座（或约束）反力和内力，计算（或验算）杆件的强度、刚度及稳定性，为建筑结构设计和建筑施工打下基础。建筑力学一般分为静力学、材料力学和结构力学三部分。

一、静力学

静力学主要研究刚体（或质点）在力系作用下的平衡问题，它的主要任务是利用静力平衡条件求解杆件结构的支座（或约束）反力和静定结构的内力，它包括力的基本性质、物体的受力分析与受力图、力系的合成与简化、力系的平衡条件及应用等内容。

（一）静力学基本概念

1. 力

力是物体相互间的一种机械作用，它使物体的机械运动状态发生变化（外效应），同时还能使物体产生变形（内效应）。静力学主要研究力的外效应。材料力学主要研究力的内效应。物体相互间的机械作用形式多种多样，可归纳为两类。一类是物体相互间的直接接触作用，如弹力、摩擦力等；另一类是通过场的相互作用，如万有引力等。力不能脱离物体出现，必定至少存在两个物体，一个为施力体，一个为受力体。

力有外力、内力、应力之分，静力学主要研究外力，结构力学主要研究内力，材料力学主要研究应力。由系统（研究对象）之外的物体对这个系统施加的作用力，称为外力。外力可分为荷载（主动施加的已知力）和约束反力（被动施加的未知力）两种。

按照力作用点的分布情况，通常将力分为集中力、线分布力、面分布力和体分布力。分布力一般称为分布荷载，可分为均布荷载与非均布荷载。

2. 力偶

凡大小相等、方向相反且作用线不在同一直线上的两个力，称为力偶，它是一个自由矢量，其大小为力乘以二力作用线间的距离，即力臂，方向由右手螺旋定则确定并垂直于二力所构成的平面。

3. 力矩

力矩是度量力对物体转动效应的物理量。力矩是代数量，数值表示力矩大小（等于力与力臂的乘积），正负号表示力矩方向（规定：使物体绕矩心逆时针转动为正，反之为负）。力矩的单位名称是牛米，单位符号为 N·m。

4. 平衡

平衡是指物体相对于惯性参考系保持静止或作匀速直线平动的状态。在一般的工程技术问题中，平衡常常都是指相对于地球表面而言的。例如静止于地面上的房屋等，都是处于平衡状态的。

5. 力系

作用于物体上的多个力统称力系。若一力同另一力系等效，则这个力称为这一力系的合力，而力系中的每个力则称为这个力系的分力。一个力系等效地转化为一个力的过程，称为力系的合成。一个复杂的力系等效地转化为一个简单的力系的过程，称为力系的简化。一个力系的合力为零、合力矩也为零，则该力系为平衡力系。

按照力作用线的分布情况，通常将力系分为平面力系和空间力系。平面力系还可以进一步分为平面汇交力系、平面平行力系和平面任意力系。建筑结构上的力系大多数属于平面平行力系。

6. 刚体

刚体就是在外力的作用下，大小和形状都不变的物体。静力学的研究对象主要是刚体。

7. 支座和支座反力

支座是约束的基本形式之一，是将结构与基础或其他支承物联系，并用以固定结构位置的装置。支座反力，也可称为约束反力，是指支座对它所支承的结构或构件的反作用力。在建筑结构中，从支座对结构的约束作用来看，常用的支座可分为三类。

（1）固定铰支座。这种支座的约束作用是不允许结构发生任何移动，而只可以转动。因此，固定铰支座的反力将通过铰的中心，但其方向和大小都是未知的，可以用两个沿确定方向的未知反力来表示。这种支座在计算简图中常用交于一点的两根链杆来表示。

在实际结构中，凡属不能移动而可作微小转动的支撑情况，都可视为固定铰支座。例如插入钢筋混凝土杯形基础中的柱子，当用沥青麻丝填缝时，则柱的下端便可视为固定铰支座。

（2）可动铰支座。这种支座对结构的约束作用是只阻止结构沿垂直于支承平面方向移动，结构既可以转动，又可沿着与支承平面平行的方向移动。

因此，当不考虑支承平面上的摩擦力时，活动铰支座的反力将通过铰且的中心并与支承平面垂直，其作用点和方向是确定的，只是大小未知。根据上述特点，这种支座在计算简图中可用一根链杆来表示。显然，链杆的内力即代表该支座的反力。

在实际结构中，凡符合或近似地符合上述约束条件的支承装置，都可取成活动铰支座。两端嵌入砖墙内的钢筋混凝土梁，其一端可简化为固定铰支座，另一端则可简化为可动铰支座。

（3）固定支座。这种支座不允许结构发生任何移动和转动，它的反力的大小、方向和作用点都是未知的。因此，可以用水平和竖向的反力及反力偶来表示，也可用三根既不全平行又不全交于一点的链杆表示。

在实际结构中，凡嵌入墙身的杆件（如悬挑雨篷、悬挑阳台等），其嵌入部分有足够的长度，以致使杆端不能有任何移动和转动时，该端就可视为固定支座。又如插入杯形基础中的柱子，如果用细石混凝土填缝，则柱的下端一般也看作固定支座。

8. 结点

结点是指结构中杆件与杆件之间的联结处。结点一般分为刚结点、铰接点和组合结点三种。刚结点，对于其中一个杆件，类似于固定支座。例如钢筋混凝土框架结构中梁与柱的结点，可视为刚结点。铰接点，对于其中一个杆件，类似于固定铰支座。例如木屋架中杆件之间的结点，可视为铰接点。组合结点是指杆件之间的连接处，一些杆件之间是刚结点，而另一些杆件之间是铰接点。例如加劲梁的中部结点，可视为组合结点。

9. 荷载

荷载是指施加在工程结构上使工程结构或构件产生效应的各种直接作用。荷载的计算，应严格按照《建筑结构荷载规范》（GB 50009—2012）进行。

结构上的荷载，可分为下列三类：

（1）永久荷载。永久荷载，又称为恒荷载，是指在结构使用期间，其值不随时间变化，或其变化与平均值相比可以忽略不计，或其变化是单调的并能趋于限值的荷载。例如结构自重、土压力、预应力等。

（2）可变荷载。可变荷载，又称为活荷载，是指在结构使用期间，其值随时间变化，且其变化与平均值相比不可以忽略不计的荷载。例如楼面活荷载、屋面活荷载和积灰荷载、吊车荷载、风荷载、雪荷载等。

（3）偶然荷载。偶然荷载是指在结构使用期间不一定出现，一旦出现，其值很大且持续时间很短的荷载。例如爆炸力、撞击力等。

（二）静力学公理

静力学公理是指静力学中已被实践反复证实并被认为无须再证明的真理。它们是研究静力学的理论基础。

1. 公理一

二力平衡公理：

作用于刚体的二力，其平衡的充分必要条件是：此二力大小相等，方向相反，作用线沿同一直线。这个公理是最基本的力系平衡条件。

2. 公理二

增减平衡力系公理：

在作用于刚体的任一力系上，增加或减去一平衡力系，原力系的效应不变。这个公理是力系等效代换和简化的主要依据。

3. 公理三

力的平行四边形法则：

作用于物体同一点上的二力可以合成为一个力（称为合力）。合力作用点仍在该点，合力的大小和方向由以两分力为邻边构成的平行四边形的对角线确定。这个公理说明力的运算符合矢量运算法则，是力系合成与分解的基础。

4. 公理四

作用和反作用定律：

两物体间的作用力和反作用力，总是大小相等，方向相反，作用线沿同一直线，并分别作用在这两个物体上。这个公理概括了两物体间的相互作用力的关系，是物体系统受力分析的基础。

5. 公理五

刚化公理：

若可变形体在已知力系作用下处于平衡状态，则可将此受力体视为刚体，其平衡不受影响。这个公理提供了把变形体抽象为刚体模型的条件。

（三）结构计算简图

在结构计算中用以代替实际结构并能反映结构主要受力和变形特点的理想模型图形，称为结构计算简图。结构计算简图是实际结构简化处理的结果，是力学计算的主要对象。对实际结构进行简化处理，通常包括以下几个方面：

1. 结构体系的简化

工程实际结构几乎都是空间结构，应尽可能地简化为平面结构。

2. 杆件及结点的简化

无论直杆还是曲杆，杆件均可用其轴线（粗实线）来表示。结点，应尽可能地简化为刚结点、铰接点和组合结点三种结点形式之一。铰接点一般用小圆圈表示。三种结点形式的表示方法如图 2-29 所示。

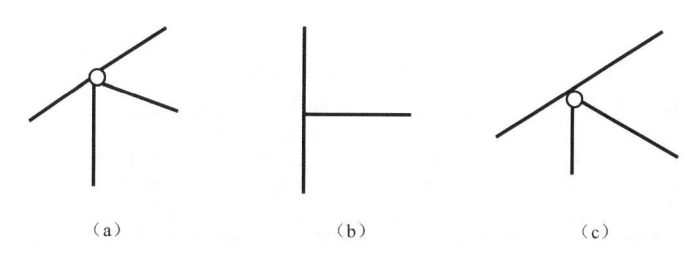

图 2-29 结点形式的表示方法
(a) 铰接点；(b) 刚节点；(c) 组合节点

3. 支座的简化

支座，应尽可能地简化为固定铰支座、可动铰支座和固定支座三种支座形式之一。三种支座形式的表示方法如图 2-30 所示。

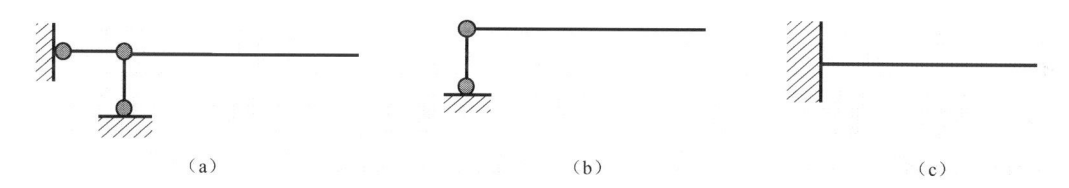

图 2-30 支座形式的表示方法
(a) 固定铰支座；(b) 可动铰支座；(c) 固定支座

4. 荷载的简化

实际结构构件受到的荷载，一般是作用在构件内各处的体荷载（如自重），以及作用在某一面积上的面荷载（如楼面活荷载）。在计算简图中，把它们简化为作用在杆件纵轴线上的线荷载、集中荷载和力偶。三种荷载形式的表示方法如图 2-31 所示。

（四）受力分析与受力图

分析所研究的物体（研究对象）受到了哪些力的作用，哪些是主动力（荷载），哪些是约束反力，哪些是已知的，哪些是未知的，这个分析过程称为物体的受力分析。从与其有联系的周围系统中脱离出来的研究对象，称为脱离体。在脱离体上画出它所受的全部主动力和约束反力，由此得到的表示物体受力情况的简明图形，即称为受力图，如图 2-32（b）所示。画受力图的方法是脱离体法。画受力图的步骤是：

（1）按题意取脱离体，并单独画出其简图。

（2）画出作用于脱离体上的全部主动力。

（3）在脱离体上每一解除约束的地方，画出相应的约束反力（包括支座反力及结点处约束反力）。

（五）平面一般力系的平衡条件

平面一般力系的平衡条件是：力系中各个力在两个坐标轴上的投影代数和均为零，各个力对任意一点的力矩代数和亦为零。平面一般力系平衡方程的基本形式为：$\sum X=0$，$\sum Y=0$，$\sum M_0=0$。此外，平面一般力系的平衡方程还有两力矩形式和三力矩形式。但是，无论采用哪

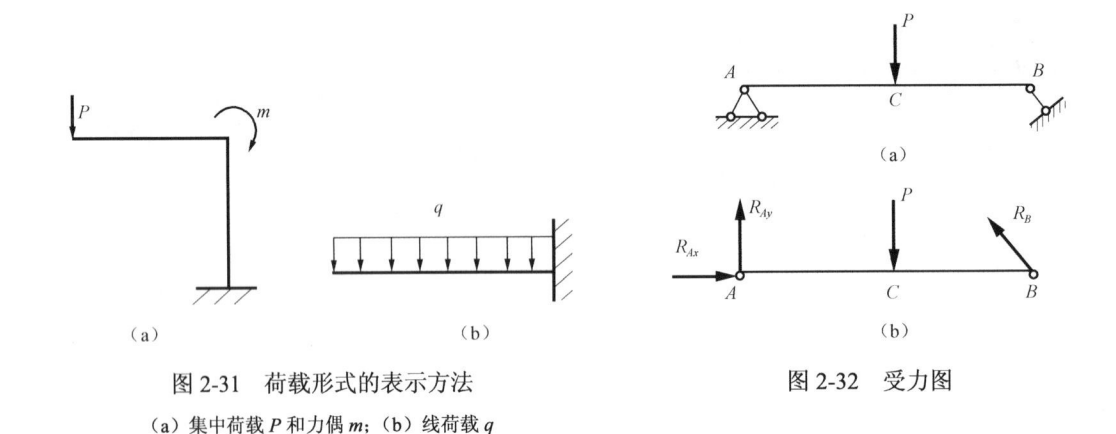

图 2-31　荷载形式的表示方法
（a）集中荷载 P 和力偶 m；（b）线荷载 q

图 2-32　受力图

一种平衡方程形式，平面一般力系都有三个独立的平衡方程。因此，利用平面一般力系的平衡方程，可以求解三个未知量。

平面一般力系的解题步骤为：

（1）据题意，选取适当的研究对象。

（2）受力分析并画受力图。

（3）选取坐标轴。坐标轴应与较多的未知反力平行或垂直。

（4）列平衡方程，求解未知量。列力矩方程时，通常选未知力较多的交点为矩心。

（5）校核结果。

二、材料力学

材料力学主要研究杆件在每种基本变形下的强度、刚度以及压杆稳定等问题，它的研究对象是视为理想弹性体的等直杆。它的主要任务是利用强度条件、刚度条件和稳定性条件，选择杆件的材料类型与截面尺寸，求解杆件所能承受的最大荷载，验算细长压杆的稳定性。它主要包括各种变形形式杆件的强度、刚度和稳定性及材料的力学性质等内容。

（一）材料力学基本概念

1. 理想弹性体

理想弹性体是指去掉外力后能完全恢复原状的物体。实际上，自然界中并不存在理想弹性体，但由实验得知，常用的工程材料如金属、木材等，当外力不超过某一限度时（称弹性阶段），很接近于理想弹性体，这时可将它们看成为理想弹性体。

2. 等直杆

杆件的几何特征是横向尺寸远小于其长度尺寸，房屋结构中的梁、柱，屋架中的弦杆、腹杆等都可视为杆件。杆件的几何形状通常由杆件的横截面和轴线来描述。横截面（正截面）是指垂直于杆件长度方向的截面，轴线是杆件各横截面形心的连线。轴线为直线且沿杆长各横截面形状尺寸相同的杆，称为等直杆。

3. 内力、内力图

构件在外力作用下，将发生变形，与此同时，构件内部各部分间将产生相互作用力，此相互作用力称为内力。内力是由外力引起的，内力将随外力的变化而变化，外力去掉后，内力也将随之消失。内力一般可分为轴力、剪力、弯矩和扭矩四种。

求内力的方法一般采用截面法。截面法是指假设用一截面将构件分为两部分，任选其一作为脱离体，然后利用平衡条件求解内力的方法。

为了形象直观地表示内力沿截面位置变化的规律，通常将内力随截面位置变化的情况绘成图形，这种图形称为内力图，包括剪力图、弯矩图、轴力图等。

4. 应力

杆件在外力的作用下，会产生变形和内力。由于杆件材料是连续的，所以内力连续分布在整个截面上。杆件内部截面上分布内力在某一点的集度，称为该截面这一点的应力。应力的大小反映了该点分布内力的强弱程度。应力有正应力和切应力两种。能引起材料分离破坏的垂直于截面的应力，称为正应力；能引起材料滑移破坏的平行于截面的应力，称为切应力。

5. 强度

强度，是指材料或构件抵抗破坏的能力。强度有高低之分。在一定荷载的作用下，说某种材料的强度高，是指这种材料比较坚固，不易破坏；说某种材料的强度低，则是指这种材料不够坚固，较易破坏。例如，钢材与木材相比，钢材的强度高于木材。

任何构件都不允许在正常工作情况下破坏，这就要求构件必须具有足够的强度。如果构件的强度不足，它在荷载作用下就要破坏。例如，房屋中的楼板梁，当其强度不足时，在楼板荷载作用下就可能断裂，显然，这是工程上绝不允许的。

6. 刚度

任何物体在外力作用下，都要或大或小地产生变形，即形状和尺寸的改变。在工程中，对一构件来说，只满足强度要求是不够的，如果变形过大，也会影响其正常使用。例如，楼板梁在荷载作用下产生的变形过大时，下面的抹灰层就会开裂、脱落；屋顶上的檩条变形过大时，就会引起屋面漏水等。因此，在工程中，根据不同的工程用途，对某些构件的变形给予一定的限制，使构件在荷载作用下产生的变形不能超过一定的范围。这就要求构件具有一定的刚度。

刚度，是指构件抵抗变形的能力。刚度有大小之分，说某个构件的刚度大，是指这个构件在荷载作用下不易变形，即抵抗变形的能力强；说某个构件的刚度小，是指这个构件在荷载作用下，较易变形，即抵抗变形的能力弱。例如，材料、长度均相同而粗细不同的两根杆，在相同荷载作用下，细杆比粗杆容易变形，即表明细杆比粗杆的刚度小。

7. 稳定性

有些构件在荷载作用下，其原有形状的平衡可能丧失稳定性。例如，受压的细长杆，当压力不太大时，杆可以保持原来直线形状的平衡；当压力增加到超过一定限度，但还没有达到材料强度破坏时，杆件不能继续保持直线形状，突然变成弯曲形状，从而发生破坏，这种现象称为丧失稳定或简称失稳。稳定性要求就是要求这类受压构件不能丧失稳定。

由于构件失稳后将丧失继续承受原设计荷载的能力，所以其后果往往是很严重的。例如，房屋中承重的柱子，如果它过细、过高，就可能由于柱子的失稳而导致整个房屋的倒塌。因此，细长的受压构件，必须保证其具有足够的稳定性。

（二）杆件变形的基本形式

在荷载作用下，实际杆件的变形有时是复杂的。但此复杂的变形，总可以分解为几种基本变形的形式。归纳起来，杆件变形的基本形式（图2-33）有如下四种：

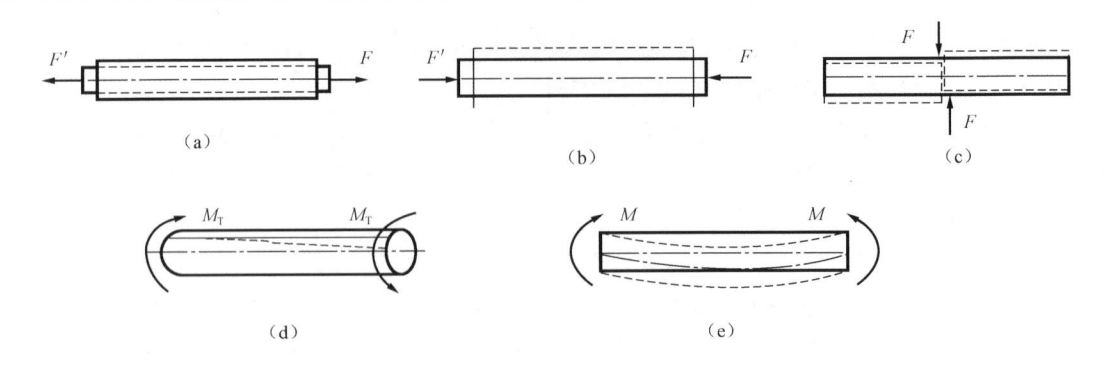

图 2-33　杆件变形的基本形式
(a) 拉伸；(b) 压缩；(c) 剪切；(d) 扭转；(e) 弯曲

1. 轴向拉伸或轴向压缩

（1）轴向拉伸和压缩的概念。沿杆件轴线作用一对大小相等、方向相反的外力，杆件将发生轴向伸长（或缩短）变形，这种变形称为轴向拉伸（或压缩）。产生轴向拉伸或压缩的杆件，称为受拉（压）构件或拉（压）杆。如房屋结构中的柱子是受压构件、屋架的上弦杆是压杆，屋架的下弦杆是拉杆。

（2）拉（压）杆的轴力与轴力图。拉杆或压杆在外力作用下，会产生作用线与杆件轴线相重合的内力，这个内力称为轴力，用符号 F_N 表示。轴力的单位为 N 或 kN。拉杆或压杆任意横截面上的轴力，其大小等于该截面任意一侧所有外力沿杆轴方向投影的代数和。力作用线箭头离开截面的轴力，称为拉力；力作用线箭头指向截面的轴力，称为压力。在计算中规定：拉力为正，压力为负。

表明沿杆长各横截面轴力变化规律的图形，称为轴力图，如图 2-34 所示。绘轴力图时，先作一条与杆轴线平行且等长的基线，作为横坐标轴，然后用垂直于基线的线段（竖坐标）表示各横截面轴力的大小，拉力绘在基线上方，压力绘在基线下方，图中标明正负号。从轴力图中即可确定最大轴力值及其所在横截面位置。

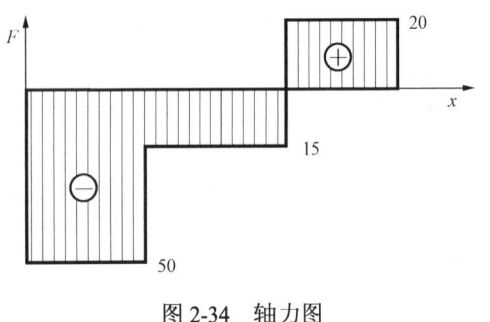

图 2-34　轴力图

（3）拉、压杆的应力及强度条件。轴向拉（压）时横截面上的应力是正应力，且正应力在横截面上是均匀分布的。正应力也随轴力有正负之分。正应力的大小为轴力与横截面面积之比。

为了保证构件能安全地工作，杆内最大的应力不得超过材料的容许应力，这就是拉、压杆的强度条件。利用强度条件，可以进行强度校核、设计截面尺寸及确定许可荷载。

（4）提高压杆稳定性的措施。

1）增加中间支承，减少压杆的长度。

2）加固杆端约束，尽可能做到使压杆两端部接近刚性固接。

3）选择合理的横截面形状。在截面面积相同的前提下，空心截面比实心截面好。

2. 剪切

杆件在一对大小相等、方向相反、距离很近的横向力（与杆轴垂直的力）作用下，相邻横截面沿外力方向发生错动,这种变形称为剪切。剪切面上与横截面平行的内力,称为剪力,通常用 F_S 表示。为了保证构件在剪切情况下的安全性,必须使构件在外力作用下所产生的剪应力不超过材料的容许剪应力。

3. 扭转

在一对大小相等、转向相反、作用平面与杆件轴线垂直的外力偶矩作用下,直杆的相邻横截面将绕着轴线发生相对转动,而杆件轴线仍保持直线,这种变形形式称为扭转。杆件扭转时横截面上内力称为扭矩。发生扭转变形的构件为受扭构件。如房屋建筑中的雨篷梁、框架结构的边梁,受力后除了发生弯曲变形外,也会发生扭转变形。

4. 弯曲

(1) 弯曲概念。当杆件受到垂直于其纵轴线的横向荷载作用时,杆件的轴线由直线变形成一条曲线,这种变形称为弯曲。以弯曲变形为主的杆件,称为受弯构件。梁是最常见的一种受弯构件。

工程中梁的形式有很多,大体可分成静定梁和超静定梁两大类。其支座反力能由静力平衡方程完全确定的梁为静定梁,反之,则为超静定梁。最常见超静定梁是连续梁。

最常见的单跨静定梁,按支座情况有如下三种基本形式:

1) 简支梁 [图 2-35 (a)]。梁的一端为固定铰支座,另一端为可动铰支座。

2) 外伸梁 [图 2-35 (b)]。梁的支座形式与简支梁相同,但梁的一端或两端伸出支座之外。

3) 悬臂梁 [图 2-35 (c)]。梁的一端为固定端支座,另一端为自由。

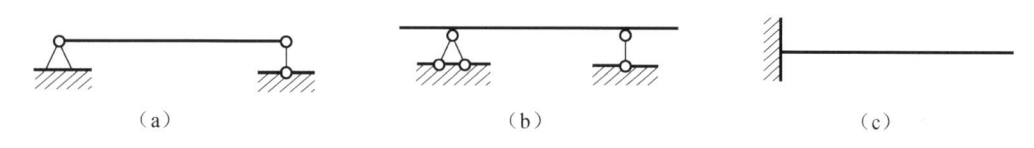

图 2-35 单跨静定梁
(a) 简支梁;(b) 外伸梁;(c) 悬臂梁

(2) 梁的内力和内力图。梁的内力和内力图见图 2-36。

梁在外力作用下,会产生相切于横截面的内力 F_S 及作用面与横截面相垂直的内力偶矩 M,我们分别称之为剪力和弯矩。

梁内任一横截面上的剪力 F_S,其大小等于该截面一侧与截面平行的所有外力的代数和。当截面上的剪力使所研究的脱离体有顺时针方向转动趋势时,剪力为正,反之为负。

梁内任一截面上的弯矩,其大小等于该截面一侧所有外力对该截面形心的力矩的代数和。当截面上的弯矩使所研究的脱离体产生下凸变形(即梁下部受拉)时,弯矩为正,反之为负。

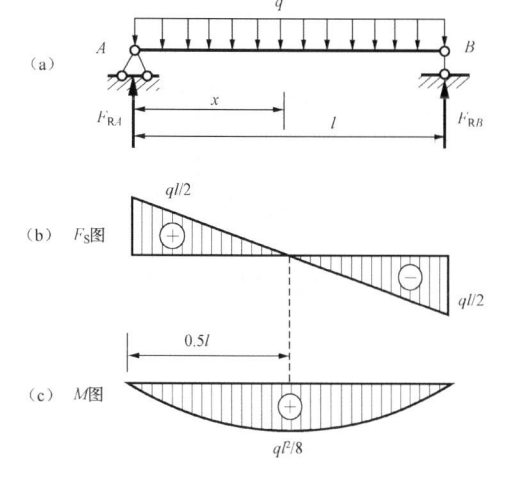

图 2-36 梁的内力图

表示剪力沿梁轴线的变化规律的图形，称为剪力图；表示弯矩沿梁轴线的变化规律的图形，称为弯矩图。梁的内力图的画法与拉（压）杆轴力图的画法相似。画剪力图时，正剪力画在基线的上方，负剪力画在基线的下方，并标明正负号；画弯矩图时，将弯矩画在受拉的一侧，即正弯矩画在基线的下方，负弯矩画在基线的上方。作梁的内力图的步骤为求支座反力、分段、定点和连线。

（3）梁弯曲时的应力及强度条件。梁的横截面上有剪力 F_S 和弯矩 M 两种内力存在，它们在梁横截面上分别产生切应力和正应力。切应力沿截面高度呈抛物线形变化，中性轴处剪应力最大；正应力的大小沿截面高度呈线性变化，中性轴上各点为零，上下边缘处最大。

一般情况下，梁的弯曲强度是由正应力控制的，为了保证梁的强度，必须使截面上的最大正应力不超过材料的许用应力，这就是梁的正应力强度条件。根据梁的正应力强度条件，可以解决强度计算的三类问题：强度校核、设计截面及确定许可荷载。

（4）提高梁强度的措施。

1）合理安排梁的受力状态。将梁的受力（包括支座反力）尽量分散、均匀化，以减少截面最大弯矩。

2）选择合理的截面形状。在截面面积不变的条件下，合理的截面形状依次为工字形、矩形、正方形、圆形。

3）采用变截面梁。工程实际结构中，如阳台的挑梁（悬臂梁）则通常采用变截面梁形式。

三、结构力学

结构力学主要研究杆件结构的几何组成规律、结构内力和位移的计算等问题。它的主要任务是确定结构的合理形式，求解结构的内力和位移。

（一）几何组成分析与杆件结构类型

1. 几何组成分析

平面杆件体系可以分为几何不变体系和几何可变体系两类。几何不变体系是指体系受到荷载作用后，在不考虑体系材料应变的前提下，其位置或几何形状不产生变化的体系。几何可变体系是指在外力作用下，其位置或几何形状会产生改变的体系。几何可变体系又可分为几何常变体系和几何瞬变体系两种。建筑工程中的结构必须是几何不变体系。分析判别某体系是否为几何不变体系的过程，称为体系的几何组成分析。通过对体系进行几何组成分析，可以决定体系是否可以作为工程结构使用，可以进行合理的构件布置，可以确定结构是静定的还是超静定的，以便选择相应的计算方法。

凡是能减少体系自由度的装置都称为约束。一根链杆相当于一个约束；一个单铰相当于两个约束；连接几个刚片的复铰相当于 $(n-1)$ 个单铰，也相当于 $2(n-1)$ 个约束；一个刚性连接相当于三个约束。如果在一个体系中增加一个约束，体系得自由度并不因此而减少，则此约束称为多余约束。对于几何不变且无多余约束的结构，它的全部反力和内力都可由静力平衡条件求得，这类结构称为静定结构。对于几何不变但有多余约束的结构，不能只依靠静力平衡条件求得其全部反力和内力，这类结构称为超静定结构。构成超静定结构而增加的多余约束数，称为结构的超静定次数。

2. 杆件结构的类型

根据其组成特征和受力特点，平面杆件结构主要有如下几种类型：

（1）梁。梁是一种受弯构件，轴线常为一直线，可以是单跨梁，也可以是多跨梁（图 2-37），其支座可以是铰支座、可动铰支座，也可以是固定端支座。在垂直于梁轴线的外力作用下，梁的内力主要有弯矩和剪力两种。梁是建筑工程中应用最广泛的一种结构形式。

图 2-37 多跨梁

（2）拱。拱（图 2-38）是轴线为曲线，在竖向力作用下，拱的支座不仅有竖向支座反力，而且还存在水平支座反力，拱内不仅存在剪力、弯矩，而且还存在轴力。由于支座水平反力的影响，拱内的弯矩往往小于同样条件下的梁的弯矩。

（3）刚架。刚架（图 2-39），也可称为框架，由梁和柱组成，梁和柱之间的结点多为刚结点，柱下支座常为固定端支座，在荷载作用下，各杆件的轴力、剪力、弯矩往往同时存在，但以弯矩为主。荷载较大、空间较大、层数较多的建筑结构多采用框架结构。

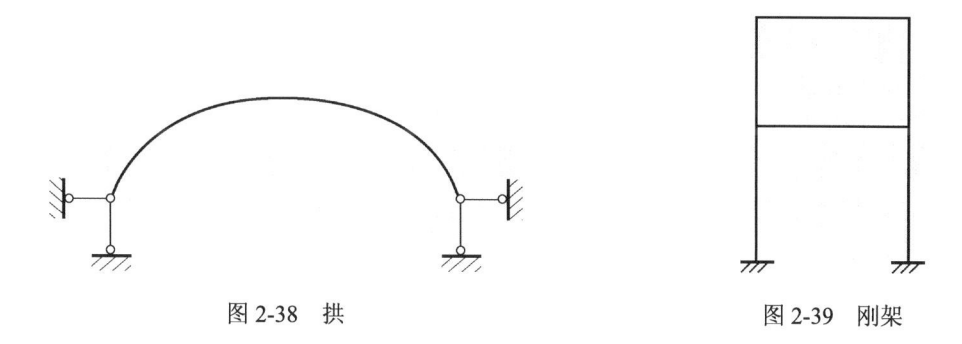

图 2-38 拱　　　　　　图 2-39 刚架

（4）排架。排架（图 2-40），由梁和柱组成，梁和柱之间的结点多为铰结点，柱下支座常为固定端支座，在荷载作用下，柱的内力主要是轴力，梁的内力主要有弯矩和剪力。单层厂房结构通常采用排架结构。

（5）桁架。桁架（图 2-41）是由若干杆件通过铰结点连接起来的结构，各杆轴线为直线，支座常为固定铰支座或可动铰支座，当荷载只作用于桁架节点上时，各杆只产生轴力。桁架一般用作建筑物的屋盖结构。

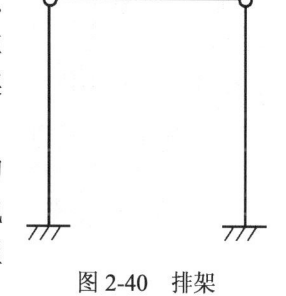

图 2-40 排架

（6）组合结构。组合结构（图 2-42），即结构中部分是链杆，部分是梁或刚架，在荷载作用下，链杆中往往只产生轴力，而梁或刚架部分则同时还存在弯矩和剪力。

（二）静定结构

在工程中，静定结构的典型形式为梁、拱、刚架、排架、桁架和组合结构。

1. 静定结构的特性

（1）静定结构是无多余联系的几何不变体系，只要撤除任何一个约束，它就成为几何可变的机构，从而失去承载能力。

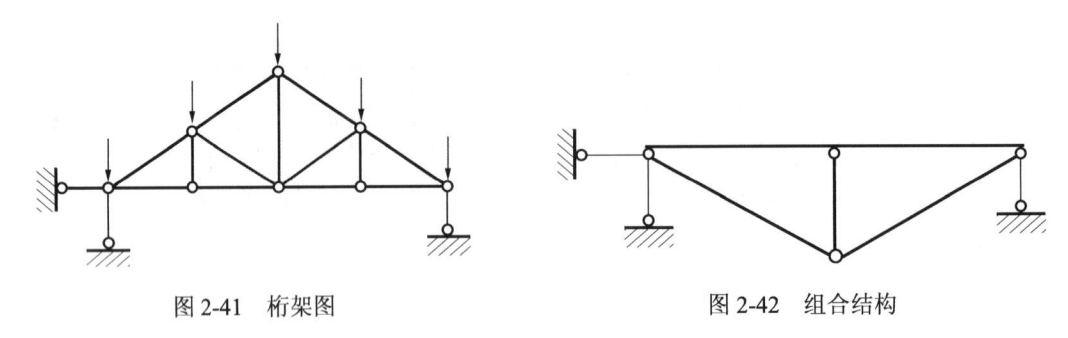

图 2-41 桁架图　　　　　　　　图 2-42 组合结构

(2) 静定结构的支座反力和内力只要利用平衡条件就可以确定，其值与结构的材料性质和截面尺寸无关，因此，设计过程比较简单。

(3) 在静定结构中，除荷载以外的其他因素，如支座移动、温度改变和制造误差等，都不会引起支座反力和内力。

(4) 局部平衡特性。静定结构局部作用平衡荷载时，只有该部分内的构件产生内力，其余部分内力仍为零，且不会引起支座反力。

(5) 荷载等效特性。当静定结构的一个几何不变部分上的荷载作静力等效变换时，仅使变换部分范围内的内力发生变化，而在范围之外，内力则不发生变化。

(6) 构造变换特性。当静定结构的一个内部几何不变部分做构造变换时，其他部分内力不变。

(7) 主次结构传力特性。主次结构当仅基本部分承受荷载时，附属部分不受力；当荷载作用于附属部分上时，不仅附属部分受力，基本部分也受力。

2. 静定结构的计算方法

对静定结构来说，所能建立的独立的平衡方程的数目＝方程中所含的未知力的数目。因此，静定结构的内力完全由平衡条件确定。

静定梁、静定刚架的内力计算方法一般采用截面法；静定平面桁架的内力计算方法一般采用截面法和结点法。静定梁、静定刚架的内力图的绘制可采用内力方程法、微分关系法和叠加法。

静定结构计算的简化方法有：

(1) 选择恰当的平衡方程，尽量使一个方程中只含一个未知量。

(2) 根据结构的内力分布规律来简化计算。

1) 在桁架计算中先找出零杆，常可使简化计算。

2) 对称结构在对称荷载作用下，内力和反力也是对称的；对称结构在反对称荷载作用下，内力和反力也是反对称的。

(3) 分析几何组成，合理地选择截取单元的次序。

1) 主从结构，先算附属部分，后算基本部分。

2) 简单桁架，按去除二元体的次序截取结点。

3) 联合桁架，先用截面法求出连接杆的轴力，再计算其他杆。

(三) 超静定结构

常见的超静定结构类型有：超静定梁（主要包括连续梁等）、超静定刚架、超静定桁架、超静定拱、超静定组合结构和铰接排架等。

1. 超静定结构的特性

与静定结构相比，超静定结构具有如下特性：

（1）超静定结构具有多余约束。多余约束的存在，使超静定结构的反力和内力仅凭静力平衡条件不能确定，还需考虑变形谐调条件后，才能得到解答。

（2）超静定结构在撤除多余约束后，仍能维持其几何不变性。这个特点，使超静定结构与静定结构相比，具有更强的抵抗破坏能力。

（3）超静定结构的内力和变形分布比较均匀。最大内力一般小于静定结构相应数值，变形也较小，因而结构的强度、刚度都有所提高。

（4）超静定结构在荷载作用下的反力和内力，仅与各杆刚度的相对值有关。超静定结构的内力与结构的材料性质及截面尺寸有关。在荷载作用下，超静定结构的内力取决于各杆刚度的相对比值，而与其绝对值无关。故设计超静定结构时，需根据经验或参考同类结构的已有资料预先假设各杆件截面尺寸，进行反复试算，直至得出满意的结果为止，计算设计过程比静定结构复杂。另一方面我们也可以利用这一特性，通过改变各杆刚度的大小来调整超静定结构的内力分布。

（5）超静定结构在温度变化和支座位移时，产生的内力与各杆刚度的绝对值有关。超静定结构由于存在多余约束，当结构受到非荷载因素（例如支座沉陷、温度变化）的影响发生变形时，会受到多余约束的限制而相应产生内力，且内力的大小与各杆刚度的绝对值有关。

超静定结构的这一特性，在一定条件下会对超静定结构带来不利影响。但另一方面，也可利用这一特性，通过改变支座的高度来调整结构的内力，使其得到合理的内力分布。

2. 超静定结构的计算方法

计算超静定结构的基本方法是力法和位移法。力法和位移法都需要建立联立方程，其基本未知量的多少是影响计算工作量的主要因素。因此，一般来说，凡是多余约束多而结点位移少的结构，采用位移法要比力法简便；反之，则力法优于位移法。此外，由于单跨超静定梁的计算成果易于查找，因此在计算典型方程的系数和自由项时，位移法比力法要简单些。

力矩分配法是位移法的发展，它避免了建立联立方程来求解，能直接计算杆端弯矩，具有直观性。因此，在计算机被广泛应用的今天，力矩分配法仍有一定的实用价值。

复习思考题

1. 常见的建筑材料有哪些？各有什么用途？
2. 建筑物主要由哪几大部分组成？
3. 我国的基本建设程序可划分为哪几个阶段？
4. 建筑物中哪些平面可以看成投影面平行面？哪些直线可以看成投影面垂直线？
5. 简述剖面图与断面图的异同点。
6. 楼梯的建筑详图与结构详图在内容上有何区别？
7. 建筑给水系统、室内生活污水排水系统分别由哪几部分组成？
8. 照明系统一般由哪几部分组成？
9. 杆件变形的基本形式有哪些？
10. 静定结构有哪些基本特征？

实践技能训练

通过参观建材市场和施工现场,写出一份关于建筑材料的报告。要求说明水泥、钢筋、混凝土、砌块、砖、保温材料、防水材料和装修材料等主要建筑材料的类型、品种、强度或等级、使用的部位等内容,并分析其材料的物理力学特性。

第三章 建筑工程设计

第一节 建筑工程设计的内容、程序和依据

建筑工程设计是指建筑物在建造之前，设计者按照建设任务，把施工过程和使用过程中所存在的或可能发生的问题，事先作好通盘的设想，拟定好解决这些问题的办法、方案，用图纸和文件表达出来，作为备料、施工组织和各工种互相协作配合的共同依据，便于整个工程得以在预定的投资限额范围内，按照周密考虑的预定方案，统一步调，顺利进行，并使建成的建筑物充分满足使用者和社会所期望的各种要求。

一项建筑工程从立项到建成使用，设计工作即建筑工程设计是其中比较关键的环节，具有较强的政策性、技术性和综合性。建筑工程设计的任务是：本着"适用、经济、美观"的方针进行创作，为满足社会不断发展的精神生活和物质生活需要，贯彻可持续发展战略和以人为本的设计原则，为人们创造良好的生存环境。

一、建筑工程设计的内容

建筑工程设计的内容，主要包括建筑设计、结构设计、设备设计等三个方面。人们习惯上将这三部分统称为建筑设计。从专业分工的角度确切地说，建筑设计是指建筑工程设计中由建筑师承担的那一部分设计工作。

1. 建筑设计

它主要是根据建设单位提供的设计任务书，在满足总体规划的前提下，对基地环境、建筑功能等方面做全面的分析，在此基础上提出建筑设计方案供有关部门审批，然后进行构造设计，绘制建筑施工图。建筑设计在整个建筑工程设计中起着主导和先行的作用，一般是由注册建筑师来完成的。

2. 结构设计

它是在建筑设计的基础上选择结构方案，进行结构布置、结构计算与构件设计等，完成建筑工程的"骨架"设计，最后绘出结构施工图，一般是由注册结构工程师来完成的。

3. 设备设计

它包括建筑给排水、采暖通风、电气照明、通信、燃气、动力等专业方面的设计，最后完成相应专业的施工图设计，一般是由各专业的注册工程师来完成的。

二、建筑工程设计的程序

一项建筑工程设计工作具体可以通过以下步骤完成。

(一) 建筑设计前的准备工作

1. 接受任务，核实必要文件

(1) 主管部门的批文。上级主管部门的正式批文应明确建设任务的使用要求、建筑面积、单方造价、投资总额等问题。

(2) 城建部门同意设计的批文。城市建设部门的正式批文应明确同意设计的用地范围

（常用红线划定），标明该地段周围道路等的规划意图，提出城镇建设对该建筑的设计要求以及其他有关问题等。

2. 熟悉设计任务书

设计任务书一般由建设单位或开发商提供，它包括以下几个方面的内容：

（1）建设项目总要求和建造目的。

（2）建筑物的具体使用要求、建筑面积、装修标准以及各类用途房间之间的面积分配。

（3）建筑项目的总投资和单方造价、土建费用、房屋设备费用以及道路等室外的设施费用。

（4）建筑基地范围、大小、周围原有建筑、道路、地段环境的描述，并附地形测量图。

（5）供电、供水、采暖、空调等设备方面的要求，并附有水源、电源接用许可文件。

（6）设计期限和项目的建设进度要求。

3. 收集设计参考资料

（1）气象资料。气象资料包括建筑项目所在地区的温度、湿度、日照、雨雪、风向和风速以及冻土深度等。

（2）基地地形及地质水文资料。地基地形及地质水文资料包括基地地形、标高、土壤种类及承载力、地下水位以及地震烈度等。

（3）水电等设备管线资料。水电等设备管线资料包括基地地下的给水、排水、电缆等管线布置以及基地上架空线等供电线路情况。

（4）设计项目相关的设计标准规范与标准图集。设计标准规范（参见附录）包括《民用建筑设计通则》（GB 50352—2005）、《建筑设计防火规范》（GB 50016—2014）、《建筑制图标准》（GB/T 50104—2010）等。标准图集包括国家标准图集和地方标准图集。

4. 设计前的调查研究

（1）建筑物的使用要求。在了解建设单位对建筑物使用要求的基础上，走访、参观、查阅同类建筑物的实际使用情况，通过分析和研究，借鉴并吸取经验，使设计更加合理与完善。

（2）建筑材料供应和结构。施工等技术条件。了解当地建筑材料的特性、价格、品种、规格和施工单位的技术力量和起重运输条件等。

（3）基地踏勘。根据城建部门划定的设计项目所在地的位置，进行现场踏勘，深入了解基地和周围环境的现状及历史沿革，核对已有资料与基地现状是否符合。

通过建设基地的形状、方位、面积以及周围建筑、道路、绿化等多方面的因素，考虑建筑的位置、形状和总平面布局。

（4）当地传统的风俗习惯。了解当地传统的建筑形式、文化传统、生活习惯、风土人情以及建筑上的习惯做法，作为建筑设计的参考和借鉴，创造出当地群众喜闻乐见的建筑形式。

（二）编制设计文件

民用建筑工程设计一般应分为方案设计、初步设计和施工图设计三个阶段；对于技术要求简单的民用建筑工程，经有关主管部门同意，并且合同中有不做初步设计的约定，可在方案设计审批后直接进入施工图设计。

各阶段设计文件编制深度应按以下原则进行。

1. 方案设计

方案设计是建筑设计的第一阶段，设计人员提出设计方案，并进行方案的比较和优化，确定较为理想的方案，在征得建设单位同意后，报有关部门审查批准，批准通过后方可作为实施方案。方案设计文件，应满足编制初步设计文件的需要，主要内容包括设计说明书和设计图纸两大部分。

（1）设计说明书。设计说明书的内容包括设计依据、设计要求及主要技术经济指标、总平面设计说明、建筑设计说明、结构设计说明、投资估算编制说明及投资估算表。

（2）设计图纸。

1）总平面设计图纸。总平面设计图纸的内容包括场地的区域位置；场地的范围（用地和建筑物各角点的坐标或定位尺寸、道路红线）；场地内及四邻环境的反映；场地内拟建道路、停车场、广场、绿地及建筑物的布置，并表示出主要建筑物与用地界线及相邻建筑物之间的距离；拟建主要建筑物的名称、出入口位置、层数与设计标高，以及地形复杂时主要道路、广场的控制标高；指北针或风玫瑰图、比例。

2）建筑设计图纸。

①平面图。平面图应表示的内容包括平面的总尺寸、开间，进深尺寸或柱网尺寸；各主要使用房间的名称；结构受力体系中的柱网、承重墙位置；各楼层地面标高、屋面标高；室内停车库的停车位和行车线路；底层平面图应标明剖切线位置和编号，并应标示指北针；必要时绘制主要用房的放大平面和室内布置；图纸名称、比例。

②立面图。立面图应表示的内容包括各主要部位和最高点的标高或主体建筑的总高度；图纸名称、比例。

③剖面图。剖面应剖在高度和层数不同、空间关系比较复杂的部位。剖面图应表示的内容包括各层标高及室外地面标高，室外地面至建筑檐口（女儿墙）的总高度；剖面编号、比例。

④表现图（透视图或鸟瞰图）。方案设计应根据合同约定提供外立面表现图或建筑造型的透视图或鸟瞰图。

2. 初步设计

初步设计是方案设计的深化阶段，它进一步决定方案设计所采取的重大技术方案，协调各专业工种之间的矛盾，妥善解决各种技术问题。初步设计文件，应满足编制施工图设计文件的需要，主要内容包括设计说明书、有关专业的设计图纸、工程概算书三部分。

（1）设计总说明。设计总说明的内容主要包括工程设计的主要依据；工程建设的规模和设计范围；设计指导思想和设计特点；总指标；提请在设计审批时需解决或确定的主要问题。

（2）总平面。初步设计阶段，总平面专业的设计文件包括设计说明书、设计图纸、根据合同约定的鸟瞰图或模型。其中，设计说明书主要包括设计依据及基础资料、场地概述、总平面布置、竖向设计、交通组织、主要技术经济指标等文字说明；设计图纸主要包括区域位置图（根据需要绘制）、总平面图和竖向布置图。

（3）建筑。初步设计阶段，建筑专业设计文件包括设计说明书和设计图纸。

1）设计说明书。设计说明书，主要说明设计依据、设计要求及主要的技术经济指标；概述建筑物使用功能和工艺要求，建筑层数、层高和总高度，结构选型等内容；简述建筑的功能分区，建筑平面布局和建筑组成，以及建筑立面造型、建筑群体与周围环境的关系等内容；简述建筑的交通组织、垂直交通设施的布局；综述防火设计中的建筑分类、耐火等级、防火防烟分区的划分、安全疏散，以及无障碍，节能，智能化、人防等设计情况和所采取的特殊技术措施。

2) 设计图纸。

①平面图。平面图应标明承重结构的轴线,轴线编号,定位尺寸和总尺寸;绘出主要结构和建筑构配件的位置;表示主要建筑设备的位置,如水池、卫生器具等与设备专业有关的设备的位置;表示建筑平面或空间的防火分区和防火分区分隔位置和面积;标明室内、外地面设计标高及地上、地下各层楼地面标高;标明指北针(画在底层平面);标明剖切线及编号等。

②立面图。应选择绘制主要立面,立面图上应标明:两端的轴线和编号;立面外轮廓及主要结构和建筑部件的可见部分;平、剖面未能表示的屋顶、及屋顶高耸物、檐口(女儿墙)、室外地面等主要标高或高度。

③剖面图。剖面应剖在层高、层数不同、内外空间比较复杂的部位(如中庭与邻近的楼层或错层部位),剖面图应准确、清楚的标示出剖到或看到的各相关部分内容,并应表示:主要内、外承重墙、柱的轴线,轴线编号;主要结构和建筑构造部件;各层楼地面和室外标高,以及室外地面至建筑檐口或女儿墙顶的总高度,各楼层之间尺寸及其他必需的尺寸等。

(4)结构。初步设计阶段,结构专业设计文件应有设计说明书,必要时提供结构布置图。

设计说明书,主要说明设计依据;建筑结构的安全等级和设计使用年限、建筑抗震设防烈度和设防类别;地基基础设计等级,地基处理方案及基础形式、基础埋置深度及持力层名称;上部结构选型;伸缩缝、沉降缝和防震缝的设置;主要结构构件材料的选用等。

(5)概算。设计概算是初步设计文件的重要组成部分。设计概算文件分为三种,即单位工程概算书、单项工程综合概算书、建设项目总概算书。

3. 施工图设计

施工图设计是建筑工程设计的最后阶段,它是在上级主管部门审批同意后的方案设计或初步设计的基础上进行的。施工图设计文件,应满足设备材料采购、非标准设备制作和施工的需要。施工图设计文件,包括合同要求所涉及的所有专业的设计图纸和合同要求的工程预算书。

(1)总平面。在施工图设计阶段,总平面专业设计文件应包括图纸目录、设计说明、设计图纸、计算书。其中,设计图纸主要包括总平面图、竖向布置图、土方图、管道综合图、绿化及建筑小品布置图、详图。

(2)建筑。在施工图设计阶段,建筑专业设计文件应包括图纸目录,施工图设计说明和设计图纸。图纸目录应先列新绘制图纸,后列选用的标准图或重复利用图。

1)施工图设计说明。施工图设计说明的内容,主要包括:设计的依据性文件、批文和相关规范;项目概况;本工程的相对标高与总图绝对标高的关系;室内外装修做法;门窗表等。

2)设计图纸。

①平面图。平面图上应标明:承重墙、柱及其定位轴线和轴线编号,内外门窗位置、编号及定位尺寸,门的开启方向;轴线总尺寸(或外包总尺寸)、轴线间尺寸(柱距,跨度)、门窗洞口尺寸、分段尺寸;墙身厚度(包括承重墙和非承重墙),柱与壁柱宽、深尺寸(必要时),及其与轴线关系尺寸;变形缝位置、尺寸及做法索引;主要建筑设备和固定家具的位置及相关做法索引,如卫生器具,雨水管、水池、台、橱、柜,隔断等;楼梯位置和楼梯上下方向示意和编号索引;主要结构和建筑构造部件的位置、尺寸和做法索引; 室外地面标高、

底层地面标高、各楼层标高、地下室各层标高；剖切线位置及编号（一般只注在底层平面或需要剖切的平面位置）；有关平面节点详图或详图索引号；指北针（画在底层平面）。

屋面平面图上应标明：檐口、天沟、坡度、坡向、雨水口、屋脊（分水线）、屋面上人孔及其他构筑物；必要的详图索引号、标高等。

图纸的省略：如系对称平面，对称部分的内部尺寸可省略，对称轴部位用对称符号表示，但轴线号不得省略；楼层平面除轴线间等主要尺寸及轴线编号外，与底层相同的尺寸可省略；楼层标准层可共用同一平面，但需注明层次范围及各层的标高。

②立面图。立面图上应标明：两端轴线编号；立面外轮廓及主要结构和建筑构造部件的位置；关键控制标高；平、剖面未能表示出来的屋顶、檐口、女儿墙、窗台以及其他装饰构件、线脚等的标高或高度；在平面图上表达不清的窗编号；各部分装饰用料名称或代号，构造节点详图索引等。

各个方向的立面应绘齐全，但差异小、左右对称的立面或部分不难推定的立面可简略。

③剖面图。剖视位置应选在层高不同、层数不同、内外部空间比较复杂，具有代表性的部位；建筑空间局部不同处以及平面、立面均表达不清的部位，可绘制局部剖面。

剖面图表示的内容应包括：墙、柱、轴线和轴线编号；剖切到或可见的主要结构和建筑构造部件；外部高度尺寸与内部高度尺寸；主要结构和建筑构造部件的标高，室外地面标高；节点构造详图索引号；图纸名称、比例。

④详图。凡在平、立、剖面或文字说明中无法交代或交代不清的建筑构配件和建筑构造，一般应有构造详图，如内外墙节点、楼梯、厨房、卫生间等局部平面放大和构造详图。

（3）结构。在施工图设计阶段，结构专业设计文件应包含图纸目录、设计说明、设计图纸、计算书（内部归档）。图纸目录应按图纸序号排列，先列新绘制图纸，后列选用的重复利用图和标准图。

1）结构设计总说明。结构设计总说明的内容，主要包括本工程结构设计的主要依据；建筑场地类别、地基的液化等级、建筑抗震设防类别，抗震设防烈度和钢筋混凝土结构的抗震等级；所选用结构材料的品种、规格、性能及相应的产品标准，当为钢筋混凝土结构时，应说明受力钢筋的保护层厚度、锚固长度、搭接长度、接长方法等。

2）设计图纸。

①基础平面图。基础平面图中应绘出定位轴线、基础构件（包括承台，基础梁等）的位置、尺寸、底标高、构件编号；标明结构承重墙与墙垛、柱的位置与尺寸、编号；标明地沟，地坑和已定设备基础的平面位置、尺寸、标高。

基础设计说明中应包括基础持力层及基础进入持力层的深度，地基的承载能力特征值，基底及基槽回填土的处理措施与要求，以及对施工的有关要求等。

②基础详图。无筋扩展基础应绘出剖面、基础圈梁、防潮层位置，并标注总尺寸、分尺寸、标高及定位尺寸；扩展基础应绘出平、剖面及配筋、基础垫层，标注总尺寸、分尺寸、标高及定位尺寸等；筏基、箱基可参照现浇楼面梁、板详图的方法表示，但应绘出承重墙、柱的位置。

附加说明基础材料的品种、规格、性能、抗渗等级、垫层材料、杯口填充材料。钢筋保护层厚度及其他对施工的要求。

③结构平面图。一般建筑的结构平面图，均应有各层结构平面图及屋面结构平面图。具

体内容为:

绘出定位轴线及梁、柱、承重墙,抗震构造柱等定位尺寸,并注明其编号和楼层标高;注明预制板的跨度方向、板号、数量及板底标高,标出预留洞大小及位置;预制梁、洞口过梁的位置和型号、梁底标高;现浇板应注明板厚、板面标高、配筋;有圈梁时应注明位置、编号、高,可用小比例绘制单线平面示意图;楼梯间可绘斜线注明编号与所在详图号;屋面结构平面布置图内容与楼层平面类同;当选用标准图中节点或另绘节点构造详图时,应在平面图中注明详图索引号。

④钢筋混凝土构件详图。现浇构件(现浇梁、板、柱及墙等详图)应绘出:纵剖面、长度、定位尺寸、标高及配筋,梁和板的支座;现浇的预应力混凝土构件尚应绘出预应力筋定位图并提出锚固要求;横剖面、定位尺寸、断面尺寸、配筋;一般的现浇结构的梁、柱、墙可采用"平面整体表示法"绘制,对于现浇钢筋混凝土结构应绘制节点构造详图(可采用标准设计通用详图集)。

楼梯图应绘出每层楼梯结构平面布置及剖面图,注明尺寸、构件代号、标高;梯梁、梯板详图(可用列表法绘制)。

(4)预算。设计预算是施工图设计文件的重要组成部分。设计预算文件包括编制依据、编制方法、单位工程预算书、综合预算书、总预算书和工程量清单等内容。

三、建筑工程设计的依据

1. 人体和家具设备所需的空间尺度

(1)人体尺度及人体活动所需的空间尺度。这是确定建筑空间尺度的基本依据。建筑空间主要是由人体空间、活动空间构成的,有时还要考虑心理空间的需要。

(2)家具设备尺寸和使用它们所需的空间尺度。这是确定房间面积、形状及尺寸的重要依据。

2. 自然条件

(1)气象条件。气象条件包括建设地区的温度、湿度、日照、雨雪、风向、风速等,是解决建筑的保温、隔热、通风、防水等问题的重要依据,对建筑设计有较大的影响。例如寒冷地区的建筑应当考虑保温、防风沙等问题;炎热地区的建筑则应当考虑隔热、通风等问题;日照和风向是影响建筑物间距和朝向的主要因素等。

(2)地形、地质及地震烈度。基地地形平缓或起伏、基地的地质构成、地基承载力的大小,对建筑物的平面组合、结构布置、建筑构造处理和建筑体型都有明显的影响。

地震烈度表示地面及建筑物遭受地震破坏的程度,距离地震中心区越近,地震烈度越大,破坏也越大。地震烈度共划分12度,在基本烈度6度以下的地区(非地震区),一般不考虑抗震措施,超过9度的地区,一般应避免建造房屋,6~9度地区(地震区)的建筑必须进行抗震设防。

(3)水文条件。水文条件包括地下水的性质和地下水位的高低等,影响到建筑物的基础和地下室的防潮、防水和防腐等构造处理。

3. 技术要求

(1)国家及地方的技术文件。国家及地方的技术文件包括各种规范、规定、定额和标准。

(2)材料供应及施工技术条件。这是确定建筑技术方案、决定建筑设计方法的依据。

(3)建设批文及工程设计任务书。建设项目的规模、造价、用地范围、规划与环境要求等，必须有主管部门及城市规划部门的批文。工程设计任务书，对建筑的功能、房间类型及面积的分配等都有明确的要求。

第二节 建 筑 设 计

设计从狭义上来说，即是人们有目的地寻求尚不存在事物的意识活动。建筑设计是一种有目的的空间环境建构过程。建筑设计从接受设计任务书进行信息资料收集开始，通过对任务书的理解及一切有关信息的处理明确设计问题，建立设计目标，针对这些问题和目标构造出若干试探性方案，通过比较、评价选择一个最佳方案，并以文字、图形等手段将其输出。正确的设计步骤应是先从环境设计入手，再进入单体设计，最后深入到细部设计。

建筑设计是由思维过程和表达手段完成的，两者共同构成建筑设计方法的内涵。对于初学设计者来说，认识并掌握设计思维的普遍规律，有助于加强设计的主观能动性，提高设计能力。建筑师在运用思维进行设计时，主要依靠逻辑思维和形象思维两种方式。在设计过程中，一般来讲常从逻辑思维入手，以摸清设计的主要问题，为设计思路打开通道。特别是对于功能性强，关系复杂的建筑尤其要搞清内外条件与要求。另一方面，有时却需要从形象思维入手，如一些纪念性强或对建筑形象要求高的建筑，需先有一个形象的构思，然后再处理好功能与形式的关系。创造性思维是设计思维中的高级而复杂的思维形态。它的形式主要呈现为发散性思维和收敛性思维。发散性思维是对求解途径的一种探索，而收敛性思维则是对求解答案作出的决策。当然，这两种创造性思维不是一次性完成，往往要经过发散→收敛→再发散→再收敛，循环往复，直到问题得到圆满解决。这是建筑创作思维活动的一条基本规律。

建筑设计一般包括建筑空间设计和建筑构造设计两个方面。

一、建筑空间设计

一般而言，一幢建筑物是由若干使用空间与交通联系空间有机地组合起来的整体空间，而使用空间又可以分为主要使用空间与辅助使用空间。

主要使用空间是建筑物的核心，它决定了建筑物的性质，往往表现为数量多或空间大，如住宅中的起居室、卧室，教学楼中的教室、办公室，商业建筑中的营业厅，影剧院中的观众厅等，都是构成各类建筑的主要使用空间。

辅助使用空间是为保证建筑物主要使用要求而设置的，与主要使用空间相比，属于建筑物的次要部分，如公共建筑中的厕所、储藏室及其他服务性房间，住宅建筑中的厨房、卫生间等。

交通联系空间是建筑物中各房间之间、楼层之间和室内与室外之间联系的空间，如各类建筑物中的门厅、走廊、楼梯间、电梯间等。

任何空间都具有三度性。因此，在进行建筑设计的过程中，人们常从平面、剖面、立面三个不同方向的投影来综合分析建筑物的各种特征，先进行单一空间的设计，然后进行空间组合设计，并通过相应的图纸来表达其设计意图。

建筑的平面、剖面、立面设计三者是密切联系而又互相制约的。平面设计是关键，它集中反映了建筑平面各组成部分的特征及其相互关系、建筑平面与周围环境的关系、建筑是否满足使用功能的要求、是否经济合理。除此以外，建筑平面设计还不同程度地反映了建筑空间艺术构思及结构布置关系等。一些简单的民用建筑,如办公楼、单元式住宅等,其平面布置基本上能反映建筑空间的组合。因此,在进行方案设计时,总是先从平面入手,同时认真分析剖面及立面的可能性和合理性及其对平面设计的影响。只有综合考虑平、立、剖三者的关系,按完善的三度空间概念去进行设计,反复推敲,才能完成一个好的建筑设计。

1. 建筑平面设计

各类建筑的平面组成,从使用性质分析,可分为使用部分、交通部分和结构部分。建筑物的总建筑面积是指外墙包围(含外墙)的各楼层使用面积、交通面积和结构面积的总和。

平面系数是衡量设计方案经济合理性的主要经济技术指标之一。该系数值越大,使用面积在总建筑面积中的利用率越高。在满足使用功能的前提下,同样的投资,同样的建筑面积,应采用最优的平面布置方案,才能提高建筑面积利用率,使设计方案达到最经济合理。

(1) 主要使用房间的平面设计。

1) 使用房间的面积、形状和尺寸。使用人数的多少及活动特点、室内家具的数量及布置方式,是确定房间大小的主要依据。根据房间的使用特点,国家对不同类型建筑制定出相应的质量标准和建筑面积定额,要求在建筑设计中执行。如中学普通教室,使用面积定额为 $1.2m^2$/人;一般办公室,使用面积定额为 $3.0m^2$/人;住宅中,双人卧室使用面积不应小于 $10m^2$,单人卧室使用面积不应小于 $7m^2$,起居室(厅)使用面积不应小于 $12m^2$。应当指出,每人所需的面积除定额指标外,还需通过调查研究,并结合建筑物的标准综合考虑,满足设计任务书的要求。

房间形状的确定有多种因素,如家具、设备的类型及布置方式,采光、通风、音响等使用要求,结构、构造、施工等技术经济合理性等都是决定房间形状与尺寸的重要因素。一般民用建筑中,以矩形平面房间最多,这是因为矩形平面墙面平直,便于家具布置,能提高房间面积利用率,平面组合也容易,能充分利用天然采光,比较经济,而且结构简单,施工方便,有利于建筑构件标准化。

房间的尺寸,对矩形平面房间来说,常用开间和进深等房间的轴线尺寸来表示。确定房间的进深和开间应考虑家具布置的要求、采光要求、视听要求、长宽比例要求,还要考虑结构布置的合理性以及建筑模数协调统一标准的要求(开间和进深一般应为 300mm 的倍数)等。卧室的开间尺寸常取 2.7~3.6m,进深尺寸常取 3.90~4.50m。中学教室的平面尺寸常取 6m×9m、6.6m×9m、6.9m×9m 等。

2) 门的宽度、数量和开启方式。门的宽度取决于人体尺寸、人流股数及家具设备的大小等因素。住宅中,分户门的宽度不应小于 1m,卧室门的宽度不应小于 900mm,厨房门、阳台门的宽度不应小于 800mm。普通教室、办公室等门的宽度,常采用 1000mm。当使用人数较多时,应根据使用要求,采用双扇门、四扇门或增加门的数量。双扇门的宽度可为 1200~1800mm,四扇门的宽度可为 2400~3600mm。

按照《建筑设计防火规范》(GB 50016—2014)有关规定的要求,当房间使用人数超过 50 人或面积超过 $60m^2$ 时,至少需设两个门。门的开启方式,一般房间宜向内开,会议室及一般建筑物出入口门宜采用内外开弹簧门。

3) 窗的大小、位置。窗口面积大小主要根据房间的使用要求、房间面积及当地日照情况等因素来考虑。根据不同房间的使用要求,建筑采光标准分为五级,每级规定相应的窗地面积比,即房间窗口总面积与地面积的比值。一般情况下,同一层楼外窗的窗口高度应一致,窗顶高度在房间单侧采光时应不小于房间进深的一半，每樘窗的窗口宽度宜为相应开间的一半左右。

窗的位置应使照度均匀，不产生眩光，有利于室内的良好通风，有利于结构受力合理。窗开在房间或开间居中位置，采光效率高。如一侧采光的教室，应保证左侧进光。

（2）辅助使用房间平面设计。辅助房间指厕所、厨房等服务用房。这些用房中的设备类型、数量取决于房间的使用对象和使用人数。房间的尺寸取决于设备的布置情况。厨房、厕所、卫生间的地面应比一般房间地面低20~30mm。

1）厕所、卫生间。厕所的卫生设备有大便器、小便器、洗手盆和污水池等。厕所应设前室，前室的深度应不小于1.5~2.0m。同层平面中男、女厕所最好并排布置，避免管道分散。多层建筑中应尽可能把厕所布置在上下相对应的位置。

浴室、盥洗室常与厕所布置在一起，称为卫生间。按使用对象不同，卫生间又可分为公共卫生间及专用卫生间。公共卫生间常用于集体宿舍及使用人数较多的公共建筑。专用卫生间常用于住宅、旅馆、医院等。每套住宅应设卫生间，且至少应配置三件卫生洁具，使用面积不应小于$3m^2$。

2）厨房。厨房的主要功能是炊事，有时兼有进餐或洗涤。住宅中厨房的使用面积不应小于$5m^2$，要求有直接采光，自然通风，并宜布置在套内近入口处。厨房内应设置洗涤池、案台、炉灶及排油烟机等设施或预留位置，按炊事操作流程排列，操作面净长不应小于2.10m。单排布置设备的厨房净宽不应小于1.50m，双排布置设备的厨房其两排设备净距不应小于1m。厨房室内布置应符合操作流程，并保证必要的操作空间。厨房的布置形式有单排、双排、L形、U形、半岛形、岛形几种。

（3）交通联系部分的平面设计。建筑内部的交通联系部分包括水平交通系统和垂直交通系统。水平交通系统包括走道、门厅、过厅等，用来联系同层各个房间。垂直交通系统包括楼梯、电梯、自动扶梯等，用来联系建筑的不同楼层。

交通联系部分的设计应做到：交通路线简单明确，联系通行方便；人流通畅，紧急疏散时迅速安全；满足一定的采光、通风要求；力求节省交通面积，同时考虑空间造型问题。

1）走道。走道也称为走廊，用来联系同层房间、楼梯和门（过）厅，其最小净宽度不应小于1.1m。当走道两侧布置房间时，学校的走道宽度一般为2.10~3.00m，办公楼的走道宽度一般2.10~2.40m。兼有其他用途的走道，其宽度可适当加大。当走道一侧布置房间时宽度可相应减少。

2）楼梯、电梯、自动扶梯。楼梯的形式通常采用双跑平行式。楼梯梯段的宽度，通常不小于1100~1200mm。楼梯平台的宽度，通常不应小于梯段的宽度。楼梯的数量主要根据楼层人数的多少和建筑防火要求来确定。通常情况下，每一幢公共建筑至少设两部楼梯。主楼梯应放在主要出入口处附近，做到明显易找；次楼梯常布置在次要出入口处附近或朝向较差位置，但应注意楼梯间要有自然采光。

包含楼梯的空间称为楼梯间。楼梯间的形式，有开敞式、封闭式和防烟式三种。住宅一般采用封闭式楼梯间；公共建筑及宿舍一般采用开敞式楼梯间；高层建筑一般采用防烟式楼梯间。

电梯通常用于高层建筑和有特殊要求的多层建筑中。自动扶梯用于有频繁出入而人流连续的大型公共建筑，如大型商店、医院。

3）门厅、过厅。门厅、过厅是建筑物主要出入口处的内外过渡、人流集散的交通枢纽。

此外，在一些建筑中，门厅兼有服务、等候、展览、陈列等功能。门厅面积大小，取决于建筑物的使用性质和规模大小，如中小学门厅面积为每人 0.06～0.08m²。门厅设计应做到导向性明确，避免人流交叉和干扰。此外，门厅还有空间组合和建筑造型方面的要求。过厅通常设置在走道之间或走道与楼梯间的连接处，它起交通路线的转折和过渡作用。有时为了改善走道的采光、通风条件，也可以在走道的中部设置过厅。

（4）建筑平面组合设计。

1）平面组合要求。

①合理的使用功能。按不同建筑物性质作功能分析图，明确主次、内外关系，分析人或物的流线与顺序，组成合理平面。

②合理的结构体系。平面组合过程中，应尽量把开间、进深和高度相同或相近的房间组合在一起，加以协调统一，减少轴线参数，简化构件类型，方便施工。目前民用建筑常采用的结构形式有砖混结构、框架结构、空间结构等。

③合理的设备管线布置。最好将各种管线集中布置，设管道间，使用方便，室内环境不受管线影响。

④美观的建筑形象。平面设计时要为建筑体型与立面设计创造有利条件。

⑤与环境的有机结合。任何一栋建筑物都不是孤立存在的，要与周围环境很好结合。

2）平面组合的形式。平面组合是根据使用功能特点及交通路线的组织，将不同房间组合起来。平面组合一般有如下几种形式：

①走道式组合。这种平面结合方式是以走道的一侧或两侧布置房间的，它常用于单个房间面积不大、同类房间多次重复的平面组合，如办公楼、学校、宾馆、宿舍等建筑。

②套间式组合。套间式组合是房间与房间之间相互穿套，按一定的序列组合空间。它们的特点是减少走道，节约交通面积，平面布置紧凑，适合于展览馆、火车站等建筑。

③大厅式组合。大厅式组合是以公共活动的大厅为主，穿插依附布置辅助房间。这种组合方式适用于火车站、体育馆、剧院等建筑。

④单元式组合。将关系密切的房间组合在一起，成为一个相对独立的整体，称为单元。单元可沿水平或竖直重复组合成一幢建筑，如住宅、学校、幼儿园等建筑。

⑤混合式组合。混合式组合是在一幢建筑中采用两种或两种以上的平面组合方式，如门厅、展厅采用套间，各活动室采用走道式，阶梯教室又采用大厅式。这种组合方式多用于有多种功能要求的建筑，如青少年活动中心等。

2. 建筑剖面设计

建筑剖面设计的主要任务是根据建筑的功能要求，规模大小以及环境条件等因素，来确定建筑各部分在垂直方向的布置。

建筑剖面设计的主要内容有：确定房间的剖面形状与各部分高度；确定建筑的层数；进行建筑剖面的空间组合；研究建筑室内空间处理及空间利用等。

（1）房间的剖面形状与各部分高度。影响建筑剖面形状的主要因素有：房间的使用要求；结构、材料和施工因素以及采光通风等因素。房间的剖面形状可分为矩形和非矩形两类。在普通民用建筑中，一般房间的剖面形状为矩形。

建筑各部分高度主要指房间净高与层高、窗台高度和室内外地面高差等。

房间的净高指房间的楼地面到结构层（梁、板）底面或顶棚下表面之间的距离；层高指该层楼地面到上一层楼面之间的垂直距离。通常情况下，房间的高度是根据房间的使用性质、家具设备、采光通风、楼层构造、建筑经济条件及室内空间比例等要求综合确定的。层高一般应是 100mm 的倍数。普通住宅的层高宜为 2.8m，教学楼的层高宜为 3.6~4.2m。

窗台高度与使用要求、家具设备布置等有关。在民用建筑中，一般的生活、学习、工作用房，窗台高度取 900mm。

为了防止室外雨水流入室内，防止墙身受潮，一般民用建筑的室内外地面高差不应低于 150mm，通常取 450mm。

（2）建筑的层数。影响建筑物层数的确定因素主要有：建筑的使用要求；基地环境与城市规划的要求；结构、材料与施工的要求；防火要求和经济条件要求等。

（3）建筑剖面的空间组合。建筑剖面的空间组合是在建筑平面组合设计的基础上进行的。建筑剖面组合形式，主要有叠加式、错层式、跃层式等组合形式。组合方式的选择，主要由建筑物中各类房间高度、剖面形状、房间使用要求、结构布置特点及建筑造型等因素所决定。

（4）建筑室内空间处理及空间利用。建筑室内空间视觉处理涉及的内容主要有：空间的形状与比例；空间的体量与尺度；空间的分隔与联系；空间的过渡等。

充分利用室内空间不仅可以增加使用面积、节约投资，而且还可以改善室内空间比例、丰富室内空间的效果，一般处理手法有：利用夹层空间、房间的上部空间、结构空间、楼梯和走道空间等。

3. 建筑体型与立面设计

建筑体型和立面代表着一栋建筑物的外观形象。建筑体型和立面设计是整个建筑设计的重要组成部分，应和平、剖面设计同时进行，并贯穿于整个设计的始终。

建筑体型设计主要是确定建筑外观总的体量、形状、比例和尺度等，并针对不同类型建筑采用相应的体型组合方式；立面设计主要是对建筑体型的各个立面进行深入刻画和处理，使整个建筑形象趋于完善。

建筑体型和立面设计应遵循以下基本原则：反映建筑物功能要求和建筑个性特征；反映结构、材料与施工技术特点；适应一定社会经济条件；适应基地环境和城市规划的要求；符合建筑美学法则。

建筑造型和立面设计中遵循的美学法则，指建筑构图中的一些基本规律，如统一、均衡、稳定、对比、韵律、比例、尺度等，是人们在长期的建筑创作历史发展中的总结。

（1）建筑体型设计。建筑体型基本上可归纳为两大类：单一体型和组合体型。单一体型是指整幢房屋基本上是一个比较完整的、简单的几何形体；组合体型是指由若干简单体型组合在一起的体型，常有对称的和不对称的两种组合方式。

建筑体型的转折与转角处理常用的手法有：单一性体型等高处理；主附体相结合处理；以塔楼为重点的处理。

复杂建筑体型中各组成体量间的连接方式主要有：直接连接、咬接、以走廊或连接体连接。

（2）建筑立面设计。建筑立面是由许多部件组成的，这些部件包括门窗、墙柱、阳台、遮阳板、雨篷、檐口、勒脚、花饰等。立面设计就是恰当地确定这些部件的尺寸大小、比例关系以及材料色彩等，并且通过形的变换、面的虚实对比、线的方向变化等，求得外形的统一与变化以及内部空间与外形的协调统一。

立面设计应着重处理好立面的比例与尺度、立面的虚实与凹凸、立面的线条、立面的色彩与质感、立面的重点与细部等方面问题。

二、建筑构造设计

在进行建筑设计时，不但要解决空间的划分与组合以及外观形象等问题，而且还必须考虑建筑构造上的可行性。建筑构造设计的主要任务是根据建筑物的使用功能、技术经济和艺术造型要求，综合各种因素（包括外界环境因素、物质技术条件以及经济条件等），正确地选用建筑材料，提出合理的构造方案，从而保证建筑物的使用质量。

（一）墙体构造

1. 砖墙材料与厚度

砖墙是用砂浆将砖按一定技术要求砌筑而成的砌体，其主要材料是砖与砂浆。砌墙用的砖类型很多，应用较多的是黏土砖、粉煤灰砖、灰砂砖等，黏土砖有实心砖、空心砖和多孔砖之分。砂浆一般采用混合砂浆。

构件的尺寸有标志尺寸、构造尺寸、实际尺寸之分。一砖半墙，又称 37 墙，它的标志尺寸为 370mm，构造尺寸为 365mm。砖墙的厚度一般为 120mm、240mm、370mm 等。

2. 墙身防潮层

（1）水平防潮。为了避免土中毛细水对墙体的侵蚀，通常在墙体中室内地面以下 0.06m 标高处设置水平防潮层。水平防潮层的做法有卷材防潮层、防水砂浆防潮层、混凝土防潮层等。当基础圈梁顶面位于水平防潮层标高处时，可不再另设水平防潮层。水平防潮层通常采用 20~30mm 厚防水砂浆防潮层。

（2）垂直防潮。当墙体两侧室内地面存在高差或室内地面低于室外地面时，除应设水平防潮层外，还应在墙身靠土一侧设置垂直防潮层。垂直防潮层的做法通常采用沥青防潮层、防水砂浆防潮层。

3. 散水、明沟

为了防止地面水对地基基础的侵蚀，通常在靠近建筑物外墙外侧的室外地面上做散水或明沟。散水适用于年降水量小于 900mm 地区，明沟适用于年降水量大于 900mm 地区。散水宽度一般为 600~1000mm，坡度为 3%~5%。

4. 窗台

外窗台一般应低于内窗台，并向外形成一定坡度。窗台有悬挑窗台和不悬挑窗台两种做法，悬挑窗台外沿下部应做滴水。

5. 过梁

门窗洞口上的横梁，称为过梁。常见的过梁有砖过梁、钢筋砖过梁和钢筋混凝土过梁三类。钢筋混凝土过梁又可分为现浇钢筋混凝土过梁和预制钢筋混凝土过梁两种。建筑物中较多采用预制钢筋混凝土过梁。

6. 圈梁、构造柱

在砖墙内设置的连续封闭的梁，称为圈梁。圈梁的作用在于增强建筑物的水平刚度，减轻和防止地基不均匀沉降以及地震对建筑物的破坏作用。圈梁按材料分，有钢筋混凝土圈梁和钢筋砖圈梁两种；圈梁按位置分，有屋顶圈梁、楼层圈梁和基础圈梁三种；圈梁按与楼（屋面）板相对位置分，有板边圈梁和板底圈梁两种。

在砖墙内设置的现浇钢筋混凝土柱，称为构造柱。构造柱的作用在于增强建筑物的竖向刚度，减轻和防止地震对建筑物的破坏作用。

7. 隔墙

非承重的薄内墙，称为隔墙。隔墙按其构造方式，分为骨架隔墙、块材隔墙和板材隔墙；按其材料，分为砖隔墙、加气混凝土条板隔墙、板条抹灰隔墙等。

8. 幕墙

幕墙是由金属构件与各种板材组成的悬挂在建筑主体结构上的轻质装饰性外围护墙。

（1）幕墙主要组成和材料。

1）框架材料。幕墙的框架材料可分两大类，一类是构成骨架的各种型材，另一种是各种用于连接和固定型材的连接件和紧固件。常用型材有型钢、铝型材、不锈钢型材三大类。紧固件主要有膨胀螺栓、普通螺栓、铝拉钉、射钉等。常用连接件分为以角钢、槽钢及钢板加工而成的连接件和特制的连接件。

2）饰面板。饰面板分为玻璃、铝板、不锈钢板和石板四种。

3）封缝材料。封缝材料通常是填充材料、密封固定材料和防水密封材料的总称。

（2）幕墙的基本结构类型。幕墙根据用途不同，可分为外幕墙和内幕墙；根据饰面所用材料不同，可分为玻璃幕墙、金属薄板（如铝板、不锈钢）幕墙、石材幕墙等；根据结构构造组成不同，可分为型钢框架结构体系、铝合金明框结构体系、铝合金隐框结构体系、无框架结构体系等。

9. 墙面装修

（1）抹灰类。抹灰是一种传统的饰面做法。它是由水泥、石灰膏等胶凝材料加入砂或石渣，与水拌和成砂浆或石渣浆抹到墙面上的一种装修方法，一般由底层、中层和面层三个层次组成。

抹灰分为一般抹灰和装饰抹灰两类。一般抹灰有石灰砂浆、混合砂浆、水泥砂浆等，一般抹灰按质量要求分为普通抹灰、中级抹灰和高级抹灰三级，装饰抹灰有水刷石、干粘石、斩假石等。

（2）贴面类。贴面类墙面装修是指利用各种天然或人造板、块，通过绑、挂或直接粘贴于基层表面的饰面做法。常用的贴面材料主要有水磨石板、花岗岩板、大理石板等饰面板及陶瓷面砖、马赛克等饰面砖。其中质感细腻、耐气候性差的各种大理石、瓷砖等多用于室内装修，而质感粗放、耐气候性好的材料，如面砖、花岗岩板等多用于室外装修。贴面类饰面构造按工艺不同主要分为直接粘贴和挂贴两类。

（3）涂料类。涂料类墙面装修是指利用各种涂料涂敷于基层表面而形成整体牢固的膜层，从而起到保护和装饰墙面作用的一种装修做法。建筑涂料的施涂方法一般有刷涂、滚涂、喷涂和弹涂。

（4）卷材类。卷材类墙面装修是将各种装饰性的墙纸，墙布、织锦等卷材类的装饰材料通过裱糊、软包等方法形成的内墙面的一种装修做法。常用的装饰材料有PVC塑料壁纸、纺织物面墙纸、金属面墙纸、玻璃纤维墙布等。

（5）铺钉类。铺钉类墙面装修是将各种天然或人造薄板借助于镶、钉、胶等固定在墙面上的装修做法，其构造与轻骨架隔墙相似，由骨架和面板两部分组成。

（二）楼层构造

1. 钢筋混凝土楼板

（1）现浇整体式钢筋混凝土楼板。现浇整体式钢筋混凝土楼板整体性好，特别适用于有抗震设防要求的多层房屋和对整体性要求较高的其他建筑,对有管道穿过的房间、平面形状不规整的房间、尺度不符合模数要求的房间和防水要求较高的房间,都适合采用现浇钢筋混凝土楼板。现浇钢筋混凝土楼板常用类型有板式楼板、肋梁楼板、无梁楼板三种。梁、板的截面尺寸和配筋,须经结构计算确定。一般情况下,板厚为70~100mm;板内钢筋分为受力钢筋和分布钢筋两种,梁内的钢筋分为纵向受力筋、架立筋、弯起筋和箍筋四种;板在砖墙上的支撑长度为120mm,梁在砖墙上的支撑长度为240mm或370mm。

(2) 预制装配式钢筋混凝土楼板。预制装配式钢筋混凝土楼板是指在构件预制加工厂或施工现场外预先制作,然后运到工地现场进行安装的钢筋混凝土楼板。预制板的长度一般与房屋的开间或进深一致,为300mm的倍数;板的宽度一般为100mm的倍数;板的厚度分为120mm和180mm两种。预制钢筋混凝土楼板有预应力和非预应力两种。预制钢筋混凝土楼板常用类型有空心板和实心平板两种。

2. 楼、地面

楼面和地面分别是楼板层和地层上部的面层,它们在构造要求和做法上基本相同,对室内装修而言,通称为地面。

根据面层的材料及施工工艺的不同,常见地面可分为以下几类:

(1) 整体类地面。整体类地面包括水泥砂浆、细石混凝土,水磨石及菱苦土等地面。

(2) 板块类地面。板块类地面包括缸砖、陶瓷锦砖、地砖、人造石板、天然石板及木地面等地面。其中,木地面按构造方式有空铺式、实铺式和粘贴式三种。

(3) 卷材类地面。卷材类地面包括塑料地毯、橡胶地毯和地毯等地面。

(4) 涂料类地面。涂料类地面包括各种高分子合成涂料所形成的地面。

3. 顶棚

顶棚又称为天棚、天花板。它作为楼层下面的装饰层,具有装饰、隔声、保温隔热等作用。依据做法的不同,分为直接顶棚和吊顶棚。

(1) 直接顶棚。在钢筋混凝土屋面板或楼层下表面直接喷浆、抹灰或粘贴装修材料的一种顶棚构造方式。这类顶棚的具体构造做法与内墙面的抹灰类、涂刷类、裱糊类基本相同,常用于装饰要求不高的一般建筑。

(2) 吊顶棚(又称吊顶)。在离开屋顶或楼层下表面一定距离处,通过悬挂骨架使面板与楼层连接在一起的构造做法,称为吊顶。吊顶一般由吊筋、骨架和面层三部分组成。

1) 吊筋。吊筋是连接骨架(吊顶基层)与结构层(屋面板、楼板或梁)的承重构件。有金属吊筋和木吊筋两种,一般多用钢筋或型钢等制作的金属吊筋,它与结构层的固定方法有预埋件锚固、预埋筋锚固、膨胀螺栓锚固、射钉锚固等。

2) 骨架。骨架又称龙骨、吊顶基层,是用来固定面层并承受其重量,一般由主龙骨(又称主格栅)和次龙骨(又称次格栅)两部分组成。龙骨有轻钢、铝合金龙骨和木龙骨三类。

3) 面层。面层的作用是装饰室内空间,同时满足一些特殊的要求(吸声、反射光等)。其构造做法一般分为抹灰类(板条抹灰、板条钢板网抹灰、钢板网抹灰等)、板材类(石膏板、金属板、钙塑板、矿棉板等)。

现在还有采用格栅吊顶,也称开敞式吊顶,其顶棚的表面是开口的,这样减少了吊顶的压抑感,而且表现出一定的韵律感。

(三）楼梯构造

1. 楼梯的类型和尺度

（1）楼梯类型。相邻平台之间的楼梯段，称为一跑楼梯段。相邻楼层之间的楼梯，称为一层楼梯。根据每层楼梯的楼梯段跑数，楼梯可分为单跑楼梯、双跑楼梯、三跑楼梯等。根据每层楼梯相邻楼梯段之间的相对位置关系，楼梯可分为直式楼梯、折式楼梯和平行式楼梯。根据每层楼梯相邻楼梯段踏步数是否相等，楼梯可分为等跑式楼梯和不等跑式楼梯。

（2）楼梯尺度。

1）楼梯尺度要求。

①踏步尺寸。踏步由踏面和踢面组成，踏步尺寸包括踏步宽度 b 和踏步高度 h。踏步宽度和踏步高度的关系应符合经验公式：$2h+b=600\sim620mm$ 或 $h+b=450mm$。踏步宽度一般为 20mm 的倍数。同一部楼梯的踏步尺寸应相同。住宅共用楼梯的踏步宽度一般为 260~300mm，踏步高度一般为 150~175mm。学校、办公楼等楼梯的踏步宽度一般为 280~340mm，踏步高度一般为 140~160mm。

②楼梯的净空高度。楼梯的净空高度包括楼梯段处上部的净高和平台下部过道处的净高。楼梯段处上部的净高是指自踏步前缘线（包括最低和最高一级踏步前缘线以外 0.3m 范围内）量至正上方突出物下缘间的垂直距离，一般应不小于 2.2m。平台下部过道处的净高，是指平台梁底至平台梁正下方楼地面或踏步上边缘的垂直距离，一般应不小于 2m。当楼梯底层中间平台下做通道时，为求得下面空间净高不小于 2m，常采用局部降低底层中间平台下地面标高、增加底层楼梯第一跑梯段的踏步数相应减少第二跑梯段的踏步数等处理方法。

③楼梯段、平台的宽度。楼梯段的宽度是指墙身内缘至梯段边缘的距离，一般为 50mm 的倍数。主要楼梯的梯段宽度一般为 1200~2100mm，次要楼梯的梯段宽度一般为 1200~1400mm。楼梯平台宽度应不小于楼梯段的宽度。楼梯梯段与平台包围的竖向间隙称为楼梯井，楼梯井的宽度一般取 50~200mm。

④扶手高度。楼梯栏杆扶手的高度，指踏面前缘至扶手顶面的垂直距离，一般为 900mm。

2）楼梯尺度设计步骤。

①根据楼梯的性质和用途，选择踏步宽 b；根据经验公式和层高，确定踏步高 h 以及每层楼梯踏步数。

②根据建筑物的类别和楼梯在平面中的位置，确定楼梯的形式以及每跑梯段踏步数和每层中间平台标高。进行楼梯净空的计算，使之符合净空高度的要求。

③根据楼梯的性质，确定楼梯段宽度、梯井宽度和楼梯间开间。

④确定楼梯段的水平投影长度、中间平台宽度和楼梯间的进深。注意楼梯段的踏步宽的个数比楼梯段的踏步级数少一个，最后一个踏步宽并入了平台宽，如图 3-1 所示。

⑤绘制楼梯平面图及剖面图。

2. 钢筋混凝土楼梯构造

（1）现浇钢筋混凝土楼梯。现浇钢筋混凝土楼梯是指楼梯段、楼梯平台等整浇在一起的楼梯。抗震设防要求较高的建筑中的楼梯以及螺旋形楼梯、弧形楼梯等形状复杂的楼梯，应采用现浇钢筋混凝土楼梯。

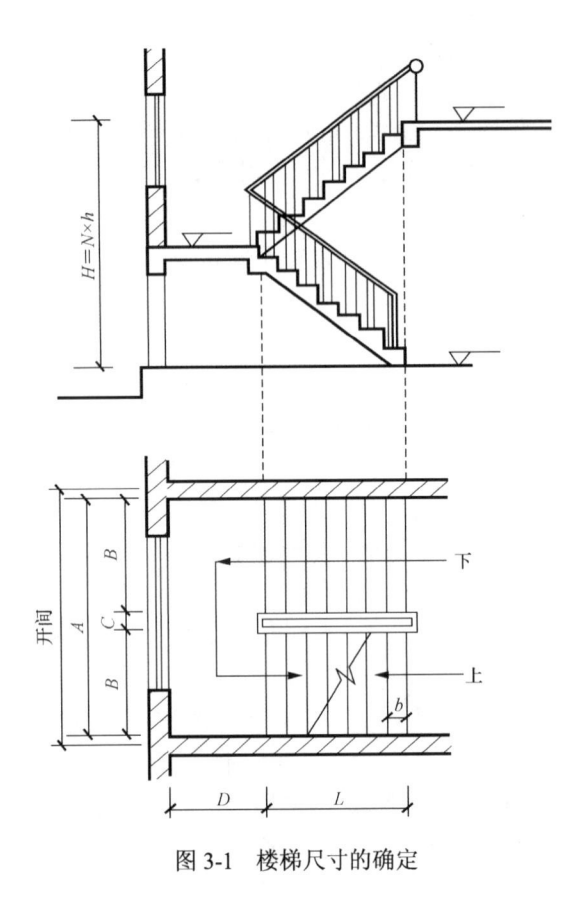

图 3-1 楼梯尺寸的确定

现浇钢筋混凝土楼梯，可分为板式楼梯和梁板式楼梯两种。板式楼梯由平台板、平台梁和梯段板组成；梁板式楼由平台板、平台梁、梯段板和梯梯段梁（斜梁）组成。

（2）预制钢筋混凝土楼梯。预制钢筋混凝土楼梯是指用预制厂生产或现场制作的构件安装拼合而成的楼梯。抗震设防要求不高的建筑中的楼梯以及形状简单的楼梯，可采用预制钢筋混凝土楼梯。

预制钢筋混凝土楼梯按其构造方式，可分小型构件装配式楼梯、中型构件装配式楼梯和大型构件装配式楼梯三种。其中，小型构件装配式楼梯可分为梁承式、墙承式和悬臂式三种。

3. 楼梯细部构造

（1）踏步。踏步面层材料一般与门厅或走道的楼地面材料一致，如水泥砂浆、水磨石、大理石和防滑砖等。表面一般还应设置防滑条。

（2）护栏。护栏包括扶手和栏杆（板）两部分。扶手一般采用硬木、塑料、圆钢管等材料。楼梯栏杆（板）有空花式、栏板式和组合式栏杆三种。

1）空花式栏杆。一般采用圆钢、方钢、扁钢和钢管等金属材料做成。栏杆与梯段应有可靠的连接，具体方法有锚接、焊接、螺栓连接。

2）栏板式栏杆。通常采用轻质板材如木质板、有机玻璃和钢化玻璃板作栏板，也可采用现浇或预制的钢筋混凝土板、钢丝网水泥板或砖砌栏板。

3）组合式栏杆。将空花栏杆与栏板组合而成的一种栏杆形式。

（四）平屋顶屋面构造

平屋顶屋面主要由防水层和保温层组成。屋面按防水材料性质，分为柔性防水屋面和刚性防水屋面；按是否设保温层，分为保温屋面和非保温屋面；按是否上人，分为上人屋面和不上人屋面。我国北方地区，常采用柔性防水、保温屋面；南方地区，常采用刚性防水、非保温屋面。

1. 屋面排水

屋顶与外墙交接处的构造，称为檐口。屋面上的排水沟，称为天沟。天沟分为中间天沟和檐沟。其中，檐沟是指檐口部位的天沟。檐口一般分为女儿墙檐口和挑檐口。其中，女儿墙檐口分为女儿墙内檐沟檐口和女儿墙外檐沟檐口；挑檐口分为自由落水檐口和挑檐沟檐口。

（1）排水坡度。平屋顶屋面的排水坡度一般为2%～3%，天沟的排水坡度一般为1%～2%。屋面排水坡度的形成方式，有材料找坡和结构找坡两种。目前，被广泛采用的做法是材料找坡。

（2）排水方式。平屋顶屋面的排水方式，有无组织排水（自由落水）和有组织排水两种。

无组织排水，又称自由落水，是指屋面雨水直接从挑出外墙的檐口自由滴落至室外地面的一种排水方式。无组织排水一般适用于低层建筑、少雨地区建筑及积灰较多的工业厂房。

有组织排水是指屋面雨水经由天沟、雨水管等排水装置有组织地排到室外地面或室内地下排水系统的一种排水方式。有组织排水可分为外排水和内排水。外排水是指屋面雨水经室外雨水管排到室外地面的排水方式，是多层建筑中常用的一种排水方式，一般有挑檐沟外排水、女儿墙内檐沟外排水、女儿墙外檐沟外排水、中间天沟外排水等多种形式。内排水是指屋面雨水经室内雨水管，排到室内地下排水系统的排水方式，是大面积多跨屋面、高层建筑、严寒地区以及对建筑立面有特殊要求时常采用的一种排水方式。

（3）排水设计。屋面排水设计的主要任务是：首先将屋面划分成若干个排水区，然后通过适宜的排水坡和排水沟，分别将雨水引向水落管（雨水管）再排至地面，做到排水线路简捷、雨水口负荷均匀、排水顺畅、避免屋顶积水而引起渗漏。具体步骤是：

1）确定屋面坡度的形成方法和坡度大小。

2）选择排水方式，划分排水区域，确定排水坡面的数目（分坡）。单坡排水的屋面宽度不宜超过 12m。

3）确定天沟的断面形式及尺寸。天沟的断面形式，有槽形天沟（图 3-2）和三角形天沟（图 3-3）两种。槽形天沟净宽不宜小于 200mm。

4）确定水落管所用材料、规格及间距。目前多采用镀锌铁皮和塑料水落管，水落管的内径不宜小于 75mm，落水管间距一般在 18～24m 之间，每根水落管可排除约 200m² 的屋面雨水。

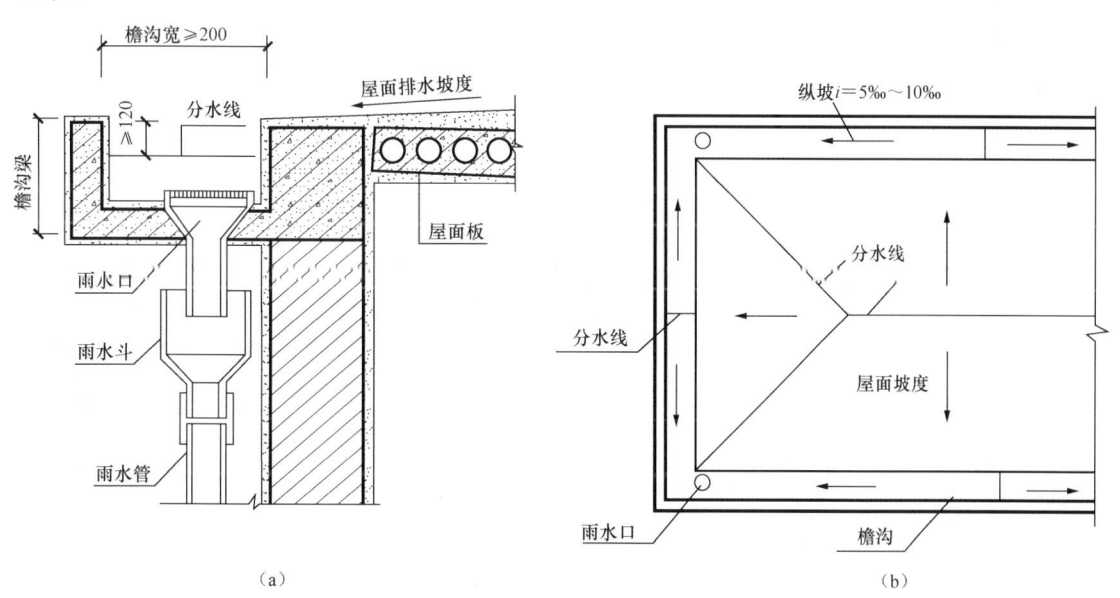

图 3-2 平屋顶檐沟外排水槽形天沟

（a）挑檐沟断面；（b）屋顶平面图

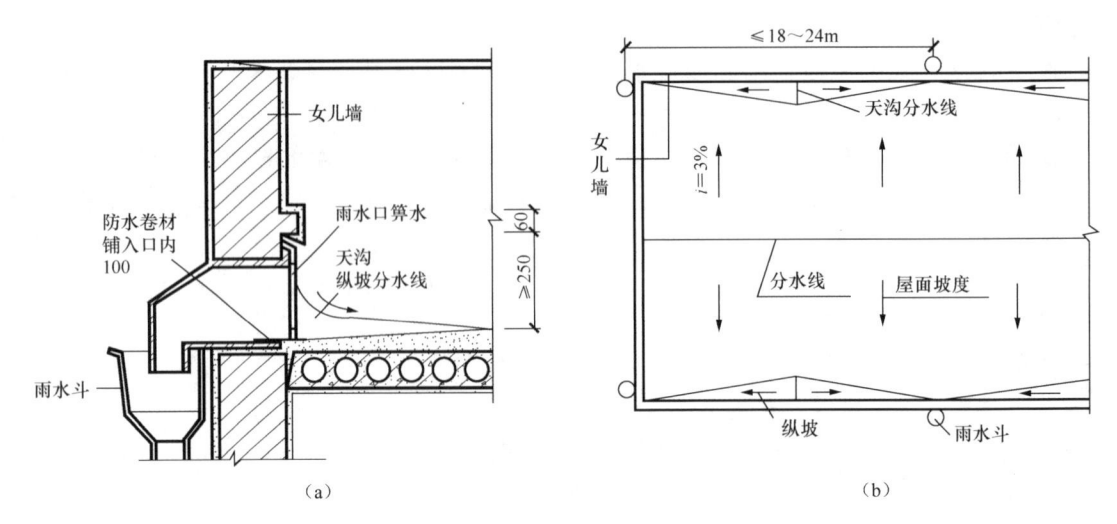

图 3-3 平屋顶女儿墙外排水三角形天沟
(a) 女儿墙断面图；(b) 屋顶平面图

5) 绘制屋顶平面图。

2. 屋面防水

(1) 柔性防水屋面。柔性防水屋面是指采用具有一定韧性的防水材料构成屋面防水层的屋面。柔性防水屋面一般分为卷材防水屋面、涂膜防水屋面和粉剂防水屋面三种。卷材防水屋面，是指由防水卷材构成屋面防水层的屋面，是目前广泛采用的屋面形式。卷材防水屋面所用卷材，常用的有高聚物改性沥青类卷材和合成高分子类卷材等。卷材防水屋面的基本构造层次包括找平层、结合层、防水层和保护层。找平层一般采用 1:3 水泥砂浆或细石混凝土、沥青砂浆。改性沥青类卷材通常用冷底子油作结合层，高分子卷材则多用配套基层处理剂作结合层。对于不上人屋面，高聚物改性沥青防水卷材和合成高分子防水卷材，不需再做保护层。对于上人屋面，保护层常用的做法有：用水泥砂浆或沥青砂浆铺贴缸砖、大阶砖、混凝土板等块材以及在防水层上现浇 30~40mm 厚的 C20 细石混凝土等。泛水系屋面防水层与垂直屋面的凸出物交接处的构造，如图 3-4 所示。女儿墙、上人屋面的楼梯间、突出屋面的电梯机房、水箱间、高低屋面交接处等，均需做泛水处理。

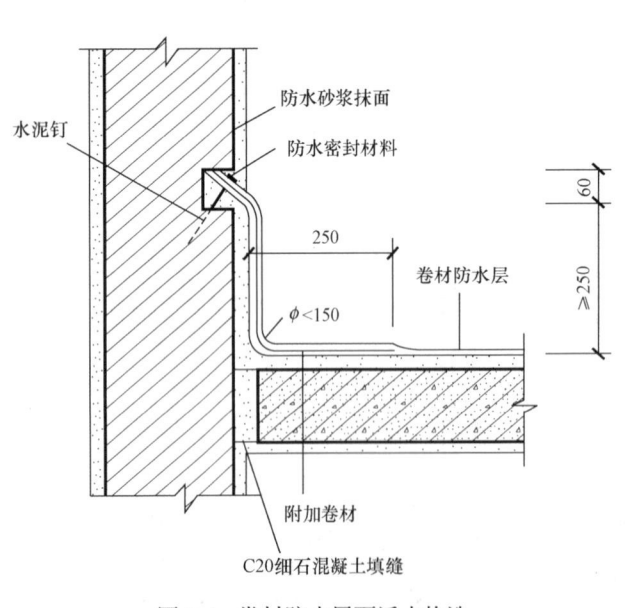

图 3-4 卷材防水屋面泛水构造

(2) 刚性防水屋面。刚性防水屋面是用刚性防水材料，如防水砂浆、细石混凝土等作防水层的屋面。刚性防水屋面的构造层次一般有：找平层、隔离层和防水层等。隔离层可采用铺纸筋灰、低标号砂浆,或薄砂层上干铺一层油毡等做法。

3. 屋面保温与隔热

(1) 屋面保温。在我国北方地区,屋面一般应采取保温措施。根据屋面保温层与防水层的相对位置的不同,屋面保温类型可归纳为正铺法和倒铺法两种,目前多采用正铺法。

正铺法屋面保温的构造,主要由保温层、隔气层和找平层组成。保温层按构造形式可分为散料类、整体类和板块类三种;按材料性质可分为膨胀蛭石、水泥膨胀珍珠岩、加气混凝土、泡沫塑料等。

(2) 屋面隔热。在我国南方地区,屋顶一般应采取隔热措施。屋面隔热的主要构造做法有:通风隔热、蓄水隔热、植被隔热、反射降温等。

第三节 建筑结构设计

建筑结构设计,简而言之就是用结构语言来表达建筑师及其他专业工程师所要表达的东西。结构语言就是结构师从建筑及其他专业图纸中所提炼简化出来的结构元素,包括基础、墙、柱、梁、板、楼梯等。然后,用这些结构元素来构成建筑物或构筑物的结构体系,包括竖向和水平的承重及抗力体系,把各种情况产生的荷载以最简洁的方式传递至基础。

建筑结构设计的主要内容包括根据建筑设计以及结构专业相关的规范、图集等,确定建筑物的结构类型与结构布置,确定建筑结构各个构件的截面形状、尺寸、配筋以及某些构造措施等。建筑结构设计包括建筑物的上部结构设计和下部结构(基础)设计。建筑物的上部结构主要有混凝土结构、砌体结构和钢结构三种类型。

一、建筑结构设计的方法、过程及常用规范

(一) 建筑结构设计的方法

建筑结构设计应贯彻执行国家的有关技术经济政策,做到技术先进、经济合理、安全适用、确保质量。普通房屋结构的设计使用年限为 50 年,安全等级为二级。在规定的设计使用年限内,建筑结构应具有足够的可靠度,应满足安全性、适用性、耐久性、整体稳定性等功能要求。

1. 结构极限状态

结构的极限状态是判别结构是否能够满足其功能要求的标准,是指结构或结构的一部分处于失效边缘的一种状态。当结构未达到这种状态时,结构能满足功能要求;当结构超过这一状态时,结构不能满足其功能要求,此特殊状态称为极限状态。

我国现行设计标准中把极限状态分为以下两类:

(1) 承载能力极限状态。承载能力极限状态是判别结构是否满足安全性功能要求的标准,是指结构或结构构件达到最大的承载能力或不适于继续加载的变形。如整体结构或结构的一部分作为刚体失去平衡(如倾覆等);结构构件或连接因超过材料强度而破坏(包括疲劳破坏),或因过度的变形而不适于继续加载;由于某些构件或截面破坏使结构转变为机动体系;结构或构件丧失稳定(如压屈等);地基丧失承载能力而破坏(如失稳等)。

(2) 正常使用极限状态。正常使用极限状态是判别结构是否满足正常使用和耐久性功能要求的标准,是结构或构件达到正常使用或耐久性的某些规定限值。如达到影响正常使用或观瞻要求规定的变形限值,产生影响正常使用或耐久性的局部破坏(包括裂缝),超过正常使

用允许的振动，达到影响正常使用或耐久性的其他特定状态等。

2. 建筑结构设计的方法

目前，我国采用的建筑结构设计方法是近似概率极限状态设计法。

建筑结构设计时，应根据结构在施工和使用中的环境条件和影响，区分下列三种设计状况：

（1）持久状况。在结构使用过程中一定出现，其持续期很长的状况。持续期一般与设计使用年限为同一数量级。

（2）短暂状况。在结构施工和使用过程中出现概率较大，而与设计使用年限相比，持续期很短的状况，如施工和维修等。

（3）偶然状况。在结构使用过程中出现概率很小，且持续期很短的状况，如爆炸、撞击等。

对于三种设计状况，均应进行承载能力极限状态设计；对于持久状况，尚应进行正常使用极限状态设计；对于短暂状况，可根据需要进行正常使用极限状态设计。

（二）建筑结构设计的过程

建筑结构设计的过程，大体可以分为结构方案设计、构件设计和绘制结构施工图三个阶段。

1. 结构方案设计

（1）结构选型。结构选型是指在收集基本资料和数据（如地理位置、功能要求、荷载状况、地基承载力等）的基础上，选择结构方案，即结构的材料类型和承重体系。

（2）结构布置。结构布置是指在选定结构方案的基础上，确定各结构构件之间的相互关系，如柱网尺寸（或墙体布置方案）、梁板布置等。

（3）确定材料强度等级和构件尺寸。为了进行构件设计，结构布置完成后，需要按规范要求并结合实际情况选定合适的材料强度等级，并根据使用要求初步确定构件尺寸。结构构件的尺寸可用估算法或凭工程经验定出，也可参考有关手册。

2. 构件设计

（1）确定计算简图。确定计算简图时，需要对实际结构进行简化假定。简化过程应遵循三个原则：尽可能反映结构的实际受力特性、偏于安全、简单。

（2）荷载计算。根据使用功能要求和工程所在地区抗震设防等级，确定永久荷载、可变荷载（楼、屋面活荷载，风荷载等）及地震作用。上述荷载的计算应根据荷载规范的要求和规定，采用不同的组合值系数和准永久值系数进行不同情况下的组合计算。

（3）内力计算。内力计算的内容包括确定内力计算方案，计算各种荷载下结构的内力，然后进行内力组合。各种荷载同时出现的可能性是多样的，而且活荷载位置是可能变化的，因此结构承受的荷载以及相应的内力情况也是多样的，这些应用内力组合来表达。内力组合即荷载效应组合，一般应求出截面的最不利内力组合值，作为极限状态设计计算承载能力、变形、裂缝等的依据。

（4）截面设计和节点设计。对于混凝土结构，截面设计有时又称为配筋设计。对于钢结构，节点设计更为重要。

采用不同结构材料的建筑结构，应按相应的设计规范计算结构构件控制截面的承载力，必要时应验算位移、变形、裂缝及振动等是否符合规范规定和要求。如不满足要求则要调整构件的截面或布置直到满足要求为止。所谓控制截面，是指构件中内力最不利的截面、尺寸改变处的截面以及材料用量改变的截面等。

（5）确定结构构件的构造措施。目前，各类建筑结构设计的相当一部分内容尚无法通过计算确定，可采取构造措施进行设计。构造措施是对截面设计的补充，与截面设计同等重要，在各种设计规范中都对构造措施有明确的规定。主要原因有二：

1) 作为计算假定的保证，例如，通过钢筋的锚固长度、钢筋之间的最小净距来保证钢筋与混凝土之间有可靠的握裹力，从而保证钢筋和混凝土共同工作的假定。

2) 作为计算中忽略的某个因素或某项内容的弥补和补充，例如，在一般的房屋结构分析中不考虑温度变化的影响，相应的构造措施则规定了房屋伸缩缝的最大间距。

大量工程实践经验表明，每项构造措施都有其作用原理和效果，因此确定结构构件的构造措施是十分重要的设计工作。确定结构构件的构造措施主要是根据结构布置和抗震设防要求确定结构整体及各部分的连接构造。

3. 绘制结构施工图

绘制结构施工图前，应对前面两项设计工作进行审查和整理，编制出结构设计计算书（内容归档）。结构设计计算书，对结构计算简图的选取、构件平面布置简图和计算简图、荷载及内力分析方法和结果、结构构件控制截面计算等，都应有明确的说明。如果结构计算采用商业化计算机软件，应说明软件名称，并对计算结果作必要的校核。

所有结构设计的成果，均以结构施工图反映，包括基础平面图、基础详图、结构平面图、构件详图、节点构造详图等。结构施工图上应标明选用材料、尺寸规格、各构件之间的相互关系、施工方法、采用的有关标准（或通用）图集编号等，要达到不作任何附加说明即可施工的要求。施工详图需符合设计规范要求，并便于施工。

（三）常用建筑结构设计规范

在进行不同结构型式的设计时必须要紧扣不同的规范，但这些规范又都是相互联系密不可分的。在不同的工程中往往会使用多种规范，在一个工程确定了结构形式后，首先要根据《建筑结构可靠度设计统一标准》（GB 50068）来确定建筑的可靠度和重要性；然后再根据《中国地震动参数区划图》（GB 18306）、《建筑工程抗震设防分类标准》（GB 50223）、《建筑抗震设计规范》（GB 50011）确定建筑在抗震设防方面的规定和要求；在荷载的取值时要按照《建筑结构荷载规范》（GB 50009）来确定。在工程的具体设计方面，涉及钢结构部分的要遵循《钢结构设计规范》（GB 50017）的规定；涉及砌体部分的要遵循《砌体结构设计规范》（GB 50003）的规定；涉及钢筋混凝土部分的要遵循《混凝土结构设计规范》（GB 50010）、《钢筋焊接及验收规程》（JGJ 18）和《钢筋机械连接技术规程》（JGJ 107）的规定；在基础部分的设计时需要遵循的是《建筑地基基础设计规范》（GB 50007）及《建筑地基处理技术规范》（JGJ 79）的规定。最后绘制结构施工图时，要符合《房屋建筑制图统一标准》（GB/T 50001）及《建筑结构制图标准》（GB/T 50105）的要求。

二、钢筋混凝土结构设计

混凝土结构是指以混凝土为主制成的结构，包括素混凝土结构、钢筋混凝土结构和预应力混凝土结构等。素混凝土结构是指由无筋或不配置受力钢筋的混凝土制成的结构。钢筋混凝土结构是指由受力的普通钢筋和混凝土制成的结构。预应力混凝土结构是指由受力的预应力钢筋和混凝土制成的结构。在实际工程中，素混凝土结构主要用于承受压力而不承受拉力的结构，如基础、支墩、挡土墙、堤坝等。钢筋混凝土结构适用于做各种受压、受拉和受弯的结构，如各种桁架、梁、板、柱、墙等。预应力混凝土结构的应用范围和钢筋混凝土相似，但由于抗裂性好、刚度大和强度高的特点，特别适宜于制作一些跨度大、荷载重以及有抗裂抗渗要求的结构或构件。

钢筋混凝土结构宜采用 HRB400、HRBF400、HRB500 和 HRFB500 钢筋，也可采用 HPB300、HRB335、HRBF335 和 RRB400 钢筋。HPB300 钢筋的抗拉强度设计值为 $270N/mm^2$；HRB335、HRBF335 钢筋的抗拉强度设计值为 $300N/mm^2$；HRB400、HRBF400、RRB400 钢筋的抗拉强度设计值为 $360N/mm^2$；HRB500 和 HRFB500 钢筋的抗拉强度设计值为 $435N/mm^2$。

钢筋混凝土结构的混凝土强度等级不应低于 C20；当采用强度等级 400MPa（如 HRB400）及以上的钢筋时，混凝土强度等级不应低于 C25；承受重复荷载的钢筋混凝土构件，混凝土强度等级不应低于 C30。C20、C25、C30、C35、C40 混凝土的轴心抗压强度设计值分别为 $1.10 N/mm^2$、$1.27 N/mm^2$、$1.43 N/mm^2$、$1.57 N/mm^2$、$1.71 N/mm^2$。

钢筋混凝土构件的类型有受弯构件、受压构件、受拉构件、受扭构件等，钢筋混凝土结构的类型有梁板结构（如楼盖、楼梯等）、框架结构、排架结构等。下面仅就钢筋混凝土受弯构件设计作一简要介绍。

（一）钢筋混凝土受弯构件的构造要求

受弯构件是指受荷后截面上同时受弯矩和剪力共同作用而轴力可以忽略不计的构件。建筑工程中，许多梁（如过梁、楼面梁、屋面梁、平台梁、梯段梁等）、板（如楼板、屋面板、平台板、梯段板、雨篷板、阳台板等）都属于受弯构件。

受弯构件一般需要进行承载能力极限状态计算和正常使用极限状态验算。另外，还必须采取一系列构造措施，才能保证构件的各个部位具有足够的抗力，使构件具有必要的适用性和耐久性。

钢筋混凝土梁板一般分为现浇梁板和预制梁板。一般现浇梁板，常采用 C25～C35 混凝土；预制梁板及跨度较大的现浇梁，常采用强度等级更高一点的混凝土。

现浇钢筋混凝土板，按荷载传递方式可分为单向板和双向板。单向板，又称为梁式板，是指板上的荷载沿一个方向传递到支承构件上的板；双向板是指板上的荷载沿两个方向传递到支承构件上的板。两对边支承的板及长边与短边之比大于 2 的四边支承的矩形板，应作为单向板计算。长边与短边之比不大于 2 的四边支承的矩形板，应作为双向板计算。

1. 梁、板的截面形式

钢筋混凝土梁的截面形式，常见的有矩形、T 形、工字形、花篮形、箱形等。其中，矩形截面梁又可分为单筋矩形截面梁和双筋矩形截面梁。单筋矩形截面梁，简称单筋梁，是指仅在受拉区按计算配置纵向受力钢筋的矩形截面梁；双筋矩形截面梁，简称双筋梁，是指不仅在受拉区按计算配置纵向受拉钢筋而且在受压区按计算配置纵向受压钢筋的矩形截面梁。单筋梁由于构造简单，施工方便而被广泛应用。双筋梁一般只在有特殊需要时应用。T 形截面虽然构造较矩形截面复杂，但受力较合理，因而应用也较多。现浇钢筋混凝土板的截面形式，一般为矩形。

2. 梁、板截面尺寸

从结构角度，梁、板的截面尺寸必须满足承载力、刚度和裂缝控制要求；从建筑角度，还须满足建筑净空及造型等要求；同时还应满足建筑模数协调统一标准的要求。

（1）梁的截面尺寸。独立梁的截面高度，一般不小于梁的计算跨度的 1/12；悬臂梁的截面高度，一般不小于梁的计算跨度的为 1/6。梁的截面宽度，通常由高宽比控制。矩形截面梁的高宽比通常取 2.0～3.5。梁的截面高度通常为 50mm 或 100mm 的倍数，常用数值有 250mm、300mm、350mm、…、700mm、800mm、900mm、1000mm 等；矩形梁的截面宽度一般是 50mm 的倍数，常用数值有 150mm、180mm、200mm、220mm、250mm、300mm、350mm、400mm 等。

（2）板的截面尺寸。民用建筑现浇钢筋混凝土单向板的最小厚度为 60mm，双向板及悬臂长度大于 500mm 的悬臂板的最小厚度为 80mm。对于简支单向板，板的最小厚度一般不宜小于板的短边计算跨度的 1/35；对于简支双向板，板的最小厚度一般不宜小于板的短边计算跨度的 1/45；对于悬臂板，板的最小厚度一般不宜小于板的计算跨度的 1/12。现浇板的厚度一般取 10mm 的倍数，工程中现浇板的常用厚度有 80mm、90mm、100mm、110mm 等。

3. 梁、板配筋

（1）梁的配筋。梁中通常配置纵向受力钢筋、弯起钢筋、箍筋、架立钢筋，构成钢筋骨架，有时还配置纵向构造钢筋（腰筋）及相应的拉结筋等。

1）纵向受力钢筋。在梁受拉区配置纵向受力钢筋，主要是用来承受由弯矩作用而在梁内产生的拉力；而在受压区的纵向受力钢筋则是用来补充混凝土受压能力的不足。梁内纵向受力钢筋，通常采用直径为 10～28mm 的 HRB400 或 HRB500 级钢筋。钢筋数量由计算确定，但伸入支座内的纵向受力钢筋不得少于 2 根。位于梁下部的纵向受力钢筋间的净距一般不小于纵向受力钢筋直径，且不小于 25mm。

2）架立钢筋。架立钢筋设置在受压区外缘两侧，并平行于纵向受力钢筋。其作用一是固定箍筋位置以形成梁的钢筋骨架；二是承受因温度变化和混凝土收缩而产生的拉应力，防止发生裂缝。受压区配置的纵向受压钢筋可兼作架立钢筋。架立钢筋的直径与梁的跨度有关，其直径一般在 8～14mm 之间。

3）箍筋。箍筋，作为一种承受剪力的钢筋（腹筋），同时也与纵向受力钢筋、架立筋一起形成钢筋骨架。箍筋的形式可分为开口式和封闭式两种。一般情况下，通常沿梁全长设置双肢封闭式箍筋。梁内箍筋宜采用 HRB400、HRBF400、HPB300、HRB500、HRBF500 钢筋，也可采用 HRB335、HRBF335 钢筋。箍筋的最小直径与梁的高度有关，常用直径为 6mm、8mm、10mm、12mm。箍筋的间距由计算确定，同时应满足规范中有关梁中箍筋最大间距的规定。在任何情况下，箍筋的间距均不应大于 400mm。

4）弯起钢筋。弯起钢筋在跨中是纵向受力钢筋的一部分，在靠近支座的弯起处则用来增加斜截面的抗剪承载能力，即作为受剪钢筋（腹筋）的一部分。钢筋的弯起角度一般为 45°。弯起钢筋的弯折终点处的直线段应留有足够的锚固长度，其长度在受拉区≥20d，在受压区≥10d；对光圆钢筋在末端应设置弯钩。靠近支座的第一排弯起钢筋的弯终点到支座边缘的距离不宜小于 50mm，亦不应大于箍筋的最大间距。

5）纵向构造钢筋及拉筋。当梁的腹板高度≥450mm 时，为了加强钢筋骨架的刚度、防止梁侧面产生竖向裂缝，应在梁的两个侧面沿高度配置纵向构造钢筋（亦称腰筋），并用拉筋固定。

（2）板的配筋。单向板沿短边方向配置受力钢筋，在长边方向配置分布钢筋。双向板沿两个垂直方向配置受力钢筋。长边方向钢筋位于短边方向钢筋的内侧。

1）受力钢筋。板的受力钢筋常采用直径为 6mm、8mm、10mm、12mm 的 HPB300 或 HRB335 钢筋。受力钢筋间距由计算确定，一般为 70～200mm。

2) 分布钢筋。分布钢筋宜采用直径为 6mm 或 8mm 的 HPB300 钢筋。分布钢筋的截面面积不应小于单位长度上受力钢筋截面面积的 15%，且不宜小于该方向板截面面积的 0.15%。分布钢筋的间距不宜大于 250mm。

3) 板面附加钢筋（负筋）。对嵌固在承重墙内的现浇板，在板的上部应配置板面附加钢筋。板面附加钢筋常采用直径不小于 8mm 的 HPB300 或 HRB335 钢筋，钢筋间距不宜大于 200mm。对于双向板，其伸出墙边的长度不应小于 $L_1/7$ 或 $L_1/4$（对板角部分）；对于单向板，其伸出墙边的长度不应小于 $L_1/5$，L_1 为板的短边长度。

（3）混凝土保护层厚度、截面有效高度及配筋率

1) 混凝土保护层厚度。钢筋的混凝土保护层厚度是指最外层钢筋外边缘至混凝土表面的距离。构件中受力钢筋的保护层厚度不应小于钢筋的公称直径 d。设计使用年限为 50 年的混凝土结构，一类环境中混凝土强度等级大于 C25 时，梁、板最外层钢筋的最小混凝土保护层厚度分别为 20mm 和 15mm；混凝土强度等级不大于 C25 时，梁、板最外层钢筋的最小混凝土保护层厚度分别为 25mm 和 20mm。混凝土保护层厚度不宜过大，否则会影响构件的承载能力、增大裂缝宽度。

2) 截面有效高度。设正截面上所有纵向受拉钢筋的合力点至截面受拉边缘的距离为 a_s，则合力点至截面受压区边缘的距离称为截面的有效高度（或计算高度），用 h_0 表示。设截面高度为 h，则 $h_0 = h - a_s$。

在进行截面配筋计算时，通常需预先估计截面的有效高度 h_0：当考虑梁内放一排钢筋时，可取 $h_0 = h - 35$mm；当考虑梁内放两排钢筋时，可取 $h_0 = h - 60$mm。板的有效高度可取板的有效高度 $h_0 = h - 20$mm。

3) 配筋率。如果纵向受拉钢筋的总截面面积用 A_s 表示，截面宽度用 b 表示，截面有效高度用 h_0 表示，则纵向受拉钢筋的总截面面积 A_s 与正截面的有效面积 bh_0 的比值，称为纵向受拉钢筋的配筋百分率（简称配筋率），用 ρ 表示。对受弯梁类构件，纵向受拉钢筋的最小配筋率不应小于 $0.45 f_t/f_y$，同时也不应小于 0.2%，式中，f_t 为混凝土的抗拉强度设计值，f_y 为钢筋的抗拉强度设计值。

（二）钢筋混凝土受弯构件的承载力计算

钢筋混凝土受弯构件的破坏有三种可能：

（1）由弯矩引起的，破坏截面与构件的纵轴线垂直，称为正截面破坏。

（2）由弯矩和剪力共同作用引起的，破坏截面是倾斜的，称为斜截面破坏。

（3）沿斜截面的弯曲破坏。

其中前两种破坏形态可以通过正截面承载力计算和斜截面承载力计算予以避免，而最后一种破坏形态，可以通过适当的构造处理予以避免。

1. 受弯构件正截面承载力计算

（1）单筋梁沿正截面的破坏特征。钢筋混凝土受弯构件正截面的破坏形式与钢筋和混凝土的强度以及纵向受拉钢筋配筋率 ρ 有关。根据梁纵向钢筋配筋率 ρ 的不同，钢筋混凝土梁可分为适筋梁、超筋梁和少筋梁三种类型，不同类型梁的具有不同破坏特征。

1) 适筋梁。纵向受力钢筋配筋率在正常范围内的梁称为适筋梁。其特点是截面破坏开始于纵向拉钢筋的屈服，受压区混凝土的压应力也随之增大，直到受压区混凝土达到极限压应变时，混凝土被压碎，构件即告破坏。

从受拉钢筋屈服到受压区混凝土被压碎，需要经历一个相对较长的过程。由于钢筋屈服后产生很大塑性变形，使裂缝急剧开展和挠度急剧增大，给人以明显的破坏预兆，这种破坏称为延性破坏或塑性破坏。适筋梁的材料强度能够得到充分发挥，因此在正截面承载力计算时，应将梁设计成适筋梁。

2）超筋梁。纵向受力钢筋配筋率大于最大配筋率的梁称为超筋梁。这种梁由于纵向钢筋配置过多，受压区混凝土在钢筋屈服前即达到极限压应变被压碎而破坏。破坏时钢筋的应力还未达到屈服强度，因而裂缝多而密，宽度也较小，且形不成一条开展宽度较大的主裂缝，梁的挠度也较小。这种单纯因混凝土被压碎而引起的破坏，发生得非常突然，没有明显的预兆，属于脆性破坏。进行工程设计时，应通过加大构件截面尺寸、提高混凝土强度等级、改用双筋截面等措施，避免采用超筋梁。

3）少筋梁。配筋率小于最小配筋率的梁称为少筋梁。这种梁破坏时，裂缝往往集中出现一条，不但开展宽度大，而且沿梁高延伸较高。一旦出现裂缝，与裂缝相交的钢筋拉应力就会迅速增大并超过屈服强度而进入强化阶段，甚至被拉断。在此过程中，裂缝迅速开展，构件严重向下挠曲，最后因裂缝过宽，变形过大而丧失承载力，甚至被折断。这种破坏也是突然的，没有明显预兆，属于脆性破坏。实际工程中不应采用少筋梁。为了防止出现少筋梁破坏，一般应限制构件的截面最小配筋率。

（2）受弯构件正截面承载力计算实用步骤。受弯构件正截面承载力计算，包括截面设计和截面承载力复核两类问题。

1）截面设计。已知控制截面（跨中或支座截面）的设计弯矩 M、混凝土强度等级及钢筋强度等级，求构件截面尺寸和所需的受拉钢筋截面面积 A_s。

实用设计步骤为：

①确定截面尺寸。

②计算截面有效高度 h_0。

③确定受压区高度 x。

④验算是否超筋。

⑤确定钢筋截面面积 A_s。

⑥验算是否满足最小配筋率。

⑦选配钢筋（选择钢筋直径和根数）。

2）截面承载力复核。已知构件截面尺寸、控制截面（跨中或支座截面）的设计弯矩 M、受拉钢筋截面面积 A_s 以及混凝土强度等级及钢筋强度等级，求截面所能承受的最大弯矩 M_u；或已知设计弯矩 M，复核截面是否安全。

实用设计步骤为：

①验算是否满足最小配筋率。

②确定受压区高度 x。

③验算是否超筋。

④求截面所能承受的最大弯矩 M_u。

⑤复核截面。

（3）提高梁的正截面承载力的措施。提高梁的正截面承载力的措施有：

1）条件允许时可增大梁的高度。

2) 加大梁的宽度，但这不如第一项措施节省。
3) 增大受力钢筋截面。
4) 混凝土强度等级。
5) 对于 12m 以上的大跨度钢筋混凝土梁，可采用预应力混凝土构件。
6) 条件允许时，可把简支梁改为两端固结梁。

以上措施中最有效的就是增加梁高度、增大受力钢筋截面积、提高混凝土强度等级。

2. 受弯构件斜截面承载力计算

一般而言，在荷载作用下，受弯构件不仅在各个截面上引起弯矩，同时还产生剪力。在弯曲正应力和剪应力共同作用下，受弯构件将产生与轴线斜交的主拉应力和主压应力。由于混凝土抗压强度较高，受弯构件一般不会因主压应力而引起破坏。但当主拉应力超过混凝土的抗拉强度时，混凝土便沿垂直于主拉应力的方向出现斜裂缝，进而可能发生斜截面破坏。斜截面破坏通常较为突然，具有脆性性质，其危险性更大。所以，钢筋混凝土受弯构件除应进行正截面承载力计算外，还须对弯矩和剪力共同作用的区段进行斜截面承载力计算。

梁的斜截面承载能力包括斜截面受剪承载力和斜截面受弯承载力。在实际工程设计中，斜截面受剪承载力通过计算配置腹筋（箍筋和弯筋）来保证，而斜截面受弯承载力则通过构造措施来保证。这些措施包括纵向钢筋的锚固、简支梁下部纵筋伸入支座的锚固长度、支座截面负弯矩纵筋截断时的伸出长度、弯起钢筋弯终点外的锚固要求、箍筋的间距与肢距等。一般来说，板的跨高比较大，具有足够的斜截面承载能力，故受弯构件斜截面承载力计算主要是对梁和厚板而言。

(1) 受弯构件斜截面受剪破坏特征。受弯构件斜截面受剪破坏形态主要取决于箍筋数量和剪跨比 λ。$\lambda=a/h_0$，其中 a 称为剪跨，即集中荷载作用点至支座的距离。随着箍筋数量和剪跨比的不同，受弯构件主要有以下三种斜截面受剪破坏形态。

1) 斜拉破坏。当箍筋配置过少，且剪跨比较大（$\lambda>3$）时，常发生斜拉破坏。其破坏特征是一旦斜裂缝出现，很快就形成一条主要斜裂缝，与斜裂缝相交的箍筋应力很快达到屈服强度，箍筋对斜裂缝发展的约束作用很快减小，斜裂缝迅速向梁的受压区边缘延伸，构件被斜向劈裂为两部分而破坏。斜拉破坏的破坏过程短暂，具有很明显的脆性，承载力较低。斜拉破坏类似于正截面的少筋梁的破坏，工程中应予以避免。为了防止出现斜压破坏，一般应限制构件的最小截面尺寸。实际上，构件截面最小尺寸条件也就是构件最大配箍率的条件。

2) 剪压破坏。构件的箍筋适量，且剪跨比适中（$\lambda=1\sim3$）时将发生剪压破坏。当荷载增加到一定值时，首先在剪弯段受拉区出现一系列大体相互平行的斜裂缝，其中一条将发展成临界斜裂缝（即延伸较长和开展较大的斜裂缝）。荷载进一步增加，与临界斜裂缝相交的箍筋应力先后达到屈服强度。随后，斜裂缝不断扩展，斜截面末端剪压区不断缩小，所受复合应力迅速增大，最后剪压区混凝土在正应力和剪应力共同作用下达到极限状态而被压碎。剪压破坏类似于正截面的适筋梁的破坏，是梁斜截面承载力计算的主要依据。

3) 斜压破坏。当梁的箍筋配置过多过密或者梁的剪跨比较小（$\lambda<1$）时，斜截面破坏形态将主要是斜压破坏。这种破坏是因梁的剪弯段腹部混凝土被一系列平行的斜裂缝分割成许多倾斜的受压柱体，在正应力和剪应力共同作用下混凝土被压碎而导致的，破坏时箍筋应力尚未达到屈服强度。斜压破坏属脆性破坏。斜压破坏类似于正截面的超筋梁的破坏，工程中应予以避免。为了防止出现斜拉破坏，一般应限制构件的最小配箍率。

(2) 受弯构件斜截面承载力计算实用步骤。影响斜截面受剪承载力的主要因素包括剪跨比、混凝土强度、配箍率、纵向钢筋配筋率等。

斜截面受剪承载力的计算位置，一般采用支座边缘处的斜截面、弯起钢筋弯起点处的斜截面、受拉区箍筋截面面积或间距改变处的斜截面、腹板宽度改变处的截面。

在实际工程中，受弯构件斜截面受剪承载力的计算通常有两类问题：截面设计和截面校核。

1) 截面设计。已知按控制截面的剪力设计值、材料强度和截面尺寸，求箍筋和弯起筋的数量。

具体设计步骤如下：

①确定计算截面位置及其剪力设计值。
②验算是否满足截面限制条件。
③验算是否需要按计算配置腹筋。
④计算腹筋。

2) 截面复核。已知材料强度、截面尺寸、配筋数量以及弯起钢筋的截面面积，复核斜截面所承受的剪力。复核过程中应注意验算截面最小尺寸和最小配箍率，并检查已知的箍筋间距与直径是否满足构造要求。

三、砌体结构与钢结构设计

1. 砌体结构设计

砌体结构是指以块材和砂浆砌筑而成的墙、柱、基础作为建筑物主要受力构件的结构，是砖砌体、砌块砌体和石砌体结构的统称。砖砌体，包括烧结普通砖、烧结多孔砖、蒸压灰砂砖、蒸压粉煤灰砖无筋和配筋砌体；砌块砌体，包括混凝土、轻骨料混凝土砌块无筋和配筋砌体；石砌体，包括各种料石和毛石砌体。

砌体按构是否配置钢筋，分为无筋砌体和配筋砌体两类。无筋砌体由块体和砂浆组成，包括砖砌体、砌块砌体和石砌体。无筋砌体房屋抗震性能和抗不均匀沉降能力均较差，适用于一般情况下的多层房屋。配筋砌体是指在灰缝中配置钢筋或钢筋混凝土的砌体，包括网状配筋砌体、组合砖砌体、配筋混凝土砌块砌体。配筋砌体不仅加强了砌体的各种强度和抗震性能，还扩大了砌体结构的使用范围，如高强混凝土砌块通过配筋与浇筑灌孔混凝土，可作为 10~20 层的房屋的承重墙体。

(1) 砌体结构的受力特点。在工程中，由于砌体的抗压强度较高，而抗拉、弯、剪的强度较低，所以砌体主要作为竖向承重构件，用于承受压力。

1) 砌体受压破坏特征。试验表明，砖砌体轴心受压时，砌体中的砖块在荷载尚不大时即已出现竖向裂缝，即砌体的抗压强度远小于砖的抗压强度。其原因是砖砌体受压时，由于砂浆层的不均匀性（厚度和密实性）以及砖与砂浆横向变形的差异，使砌体中的单块砖处于受压、受弯、受剪和受拉的复杂应力状态。而砖的抗拉、抗剪强度很低，所以砌体在远小于块材的抗压强度时就出现了裂缝。随着荷载的增加，裂缝不断扩展，使砌体形成半砖小柱，最后丧失承载能力。

2) 影响砌体抗压强度的因素。

①块材和砂浆的强度。块材和砂浆的强度是决定砌体抗压强度的首要因素，其中块材的强度又是最主要的因素。

②块材的形状尺寸和灰缝厚度。增加块材的厚度，降低块材长度，块材形状规则、表面平整，灰缝厚度适当，可提高砌体强度。

③砂浆的和易性。用具有合适的流动性及良好的保水性的砂浆铺成的水平灰缝厚度较均匀且密实性较好，可以有效地提高砌体的抗压强度。实际工程中，宜采用掺有石灰的混合砂浆砌筑砌体。

④砌筑质量。在砌筑质量中，包括组砌方法、接槎好坏、工人技术素质、砂浆饱满度、墙体垂直平整度等，都对砌体强度高低有直接影响。

（2）砌体结构房屋的承重体系和静力计算方案。墙、柱等竖向承重构件采用砖、石、砌块等砌体建造，楼盖（屋盖）等水平承重构件采用钢筋混凝土等其他材料建造的房屋称为砌体结构房屋或混合结构房屋。

按房屋竖向荷载传递路线的不同，砌体结构房屋的承重体系可分为横墙承重体系、纵墙承重体系、纵横墙承重体系和内框架承重体系四种类型。其中，纵横墙承重体系是房屋建筑中应用最广泛的一种承重体系。

房屋的静力计算方案是根据房屋的空间工作性能确定的结构静力计算简图，包括刚性方案、刚弹性方案和弹性方案三种。

刚性方案是指静力计算时，墙、柱可作为以屋盖（楼盖）为水平不动铰支座的竖向构件计算的方案。刚弹性方案是指静力计算时，按考虑空间工作的平面排架对墙、柱进行计算的方案。弹性方案是指静力计算时，不考虑空间作用，按平面排架对墙、柱进行计算的方案。

对于整体式、装配整体和装配式无檩体系钢筋混凝土屋盖或钢筋混凝土楼盖的砌体房屋，当横墙间距小于 32m 时，房屋静力计算方案为刚性方案；当横墙间距不小于 32m 且不大于 72m 时，房屋静力计算方案为刚弹性方案；当横墙间距大于 72m 时，房屋静力计算方案为弹性方案。

（3）多层砌体房屋的构造要求。由于多层砌体房屋具有整体性差、抗拉、抗剪强度低，材料质脆、匀质性差等弱点，因此设计中不仅要验算构件的高厚比、验算构件的承载力，而且要采取必要的构造措施，以加强房屋的整体性，提高房屋的强度、刚度和稳定性。

1）一般构造要求。承重的砖柱截面尺寸不应小于 240mm×370mm。五层及五层以上房屋的墙，以及受振动或层高大于 6m 的墙、柱所用材料的最低强度等级为：砖 MU10，砌块 MU7.5，石材 MU30，砂浆 M5。跨度大于 6m 的屋架和跨度大于 4.8m 的梁，其支承面下的砖砌体应设置混凝土或钢筋混凝土垫块，当墙中设有圈梁时，垫块与圈梁宜浇成整体。对于 240mm 厚的砖墙，当梁跨度大于或等于 6m 时，其支承处宜加设壁柱或采取其他加强措施。

2）防止由于温度、收缩引起墙体开裂的构造措施。由于钢筋混凝土屋盖与墙体之间温度变形的差异会使顶层墙体产生水平裂缝或八字裂缝。对于这种裂缝可采用屋盖上设置保温层或隔热层；或采用装配式有檩体系钢筋混凝土屋盖和瓦材屋盖等措施来预防。

由于房屋过长，钢筋混凝土楼盖与墙体的温度变形差异，使外纵墙有可能产生竖向的上下贯通裂缝。为防止出现这种裂缝，可将长度过大的房屋用温度伸缩缝划分成几个长度较小的单元。温度伸缩缝应设在因温度和收缩变形可能引起应力集中、砌体产生裂缝可能性最大的地方。如房屋立面、平面有较大变化的部位。伸缩缝的宽度一般不小于 30mm。伸缩缝两侧均宜设置承重墙，缝两侧的承重墙可共用一个基础。

3）防止由于地基不均匀沉降引起墙体开裂的构造措施。具体措施包括：从总体上控制房屋的长高比；加强房屋的空间刚度；在墙体内设置钢筋混凝土或钢筋砖圈梁；设置沉降缝。

4）多层黏土砖房屋的抗震构造措施。在墙体内设置现浇钢筋混凝土圈梁和现浇钢筋混凝土构造柱，是多层黏土砖房屋的主要抗震构造措施。

2. 钢结构设计

（1）钢结构材料。

1）结构钢材的种类。钢结构中所采用的钢材主要有两类，即碳素结构钢和低合金高强度结构钢。

2）钢材的规格和形状。钢结构所采用的型材主要为热轧成形的钢板、型钢以及冷弯（或冷压）成形的薄壁型材。

（2）钢结构的连接。钢结构的连接通常有焊缝连接、铆钉连接和螺栓连接三种方式。

1）焊缝连接。焊缝连接是目前钢结构最主要的连接方式。其优点是构造简单，节约钢材，加工方便，连接的刚度大，密封性能好，易于采用自动化作业。但焊缝连接会产生残余应力和残余变形，且连接的塑性和韧性较差，质量易受材料和工艺操作的影响。焊缝连接可分为对接、搭接、T形连接和角接四种形式。

2）铆钉连接。铆钉连接是将一端带有预制钉头的铆钉，经加热后插入连接构件的钉孔中，用铆钉枪或压铆机将另一端压成封闭钉头而成。因构造复杂，费钢费工，现已较少采用。但其传力可靠，塑性也较好，在一些重型和直接承受动力荷载的结构中仍然采用。

3）螺栓连接。螺栓连接需要先在构件上开孔，然后通过拧紧螺栓产生紧固力将被连接件连接成一体。螺栓连接可分为普通螺栓连接和高强度螺栓连接两种。

四、地基基础设计

地基基础设计是以建筑场地的工程地质条件和上部结构的要求为主要设计依据。所有建筑物（构筑物）都建造在一定地层上，如果基础直接建造在未经加固处理的天然地层上，这种地基称为天然地基。若天然地层较软弱，不足以承受建筑物荷载，而需要经过人工加固，才能在其上建造基础，这种地基称为人工地基。一般情况下应尽量采用天然地基。

在工程实践中，基础可分为浅基础和深基础两大类，但无明显界限，主要视基础埋深和施工方法不同来区分：一般埋深在5m以内且用常规方法施工的基础称为浅基础；当基础需要埋在较深的土层上，并采用特殊方法（需要一定的机械设备）施工，如桩基础称为深基础。

基础设计应保证上部结构的安全与正常使用的前提下，使基础的费用尽可能经济合理。

1. 地基基础设计的步骤

在一般情况下，进行地基基础设计时，需具备建筑场地的地形图；建筑场地的工程地质勘察资料；建筑物的平面、立面、剖面图及使用要求，作用在基础上的荷载、设备基础以及各种设备管道的布置和标高；建筑材料的供应情况等资料。

天然地基浅基础的设计，应根据上述资料和建筑物的类型、结构特点，按下列步骤进行：

（1）选择基础的材料和构造形式。

（2）确定基础的埋置深度。

（3）确定地基土的承载力特征值。

（4）确定基础底面尺寸。

(5) 必要时进行下卧层强度、地基变形及地基稳定性验算。
(6) 确定基础的剖面尺寸，进行基础结构计算。
(7) 绘制基础施工图。

2. 基础的类型

根据基础的材料、构造类型和受力特点不同，可将浅基础分为以下几种类型：

(1) 无筋扩展基础。无筋扩展基础是指由砖、毛石、混凝土或毛石混凝土、灰土和三合土等材料组成的，且不需配置钢筋的墙下条形基础或柱下独立基础。

1) 砖基础。砖基础多用于低层建筑的墙下基础，在寒冷、潮湿地区采用不理想。为保证耐久性，砖的强度等级不低于MU10，砌筑砂浆不低于M5。砖基础剖面一般砌成阶梯形，通常称其为大放脚。

2) 毛石基础。毛石基础是用强度等级不低于MU20的毛石，不低于M5的砂浆砌筑而成。毛石基础每台阶高度和基础墙厚不宜小于400mm，每阶两边各伸出宽度不宜大于200mm。毛石基础的抗冻性较好，在寒冷潮湿地区可用于6层以下建筑物基础。

3) 混凝土或毛石混凝土基础。混凝土基础的强度、耐久性和抗冻性均较好，其混凝土强度等级一般可采用C15，常用于荷载较大的墙柱基础。

(2) 扩展基础。扩展基础是指柱下钢筋混凝土独立基础和墙下钢筋混凝土条形基础。这类基础抗弯、抗剪强度都很高，耐久性和抗冻性都较理想。特别适用于荷载大，土质较软弱时，并且需要基底面积较大而必须浅埋的情况。

1) 墙下钢筋混凝土条形基础。条形基础是承重墙下基础的主要形式。当上部结构荷载较大而地基土质又较软弱时，可采用墙下钢筋混凝土条形基础。这种基础一般做成无肋式；如果地基土质分布不均匀，在水平方向压缩性差异较大，为了减小基础的不均匀沉降，增加基础的整体性，可做带肋式的条形基础。

2) 柱下钢筋混凝土独立基础。独立基础是柱下基础的基本形式。现浇柱下独立基础的截面可做成阶梯形和锥形；预制柱一般采用杯形基础。

(3) 柱下钢筋混凝土条形基础。当柱承受荷载较大而地基土软弱，采用柱下独立基础，基础底面积很大而几乎相互连接，为增加基础的整体性和抗弯刚度，可将同一柱列的柱下基础连通做成钢筋混凝土条形基础。这种基础常在框架结构中采用。

(4) 柱下十字交叉基础。对于荷载较大的建筑，如果地基土软弱且在两个方向分布不均，可在柱网下沿纵横两个方向都设置钢筋混凝土条形基础，即形成柱下十字交叉基础或柱下交梁基础。

(5) 筏形基础（筏基）。如果地基软弱，荷载很大，采用十字交叉基础仍不能满足要求；或相邻基础距离很小，或设置地下室时，可把基础底板做成一个整体的等厚度的钢筋混凝土连续板，形成无梁式筏形基础。当在柱间设有梁时则为梁板式筏形基础。筏形基础整体性好，刚度大，能有效地调整基础各部分的不均匀沉降。

(6) 箱形基础（箱基）。当建筑物上部荷载很大，地基又特别软弱，基础可做成由钢筋混凝土底板、顶板、侧墙及纵横墙组成的箱形基础。箱形基础空心部分可作为地下室，在高层建筑中广泛采用。

(7) 桩基础（桩基）。当建筑物荷载较大，地基软弱土层厚度在5m以上，地下水位较高时，常采用桩基础。桩基础一般由桩和承台组成，桩顶埋入承台中。桩一般采用钢筋混凝土桩，按施工方式桩分为预制桩和灌注桩，按受力状况分端承型桩和摩擦型桩。端阻力传递荷载的桩称为端承型桩；通过桩身表面摩阻力传递荷载的桩称为摩擦型桩。端承型桩适用于软弱土层下不深处有坚硬土层的情况；摩擦型桩适用于软弱土层较厚的情况。承台相当于钢筋混凝土独基、条基、筏基、箱基的底板。

3. 基础埋置深度的确定

基础埋置深度，可以简称为埋深，是指基础底面至设计地面（一般指室外设计地面）的距离。基础埋深的确定对建筑物的安全和正常使用以及对施工工期、造价影响较大。

确定基础的埋置深度，应考虑的因素有：工程地质和水文地质条件；建筑物用途及基础构造；作用在地基上的荷载的大小和性质；相邻建筑物的影响；地基土冻胀和融陷的影响。一般情况下，除岩石地基外基础埋深不宜小于 0.5m，且基础（大放脚或底板）顶面至少应低于室外设计地面 0.1m。

复习思考题

1. 建筑平面组合一般有哪几种形式？
2. 平屋顶的檐口形式有哪些？
3. 常见的墙面装修有哪几种？
4. 钢筋混凝土梁、板、柱一般应分别配置哪些类型的钢筋？
5. 基础按构造形式分，有哪几种类型？

实践技能训练

通过有组织地参观已建建筑和在建建筑，识读相应的建筑施工图纸，体会设计的意图和思路，写出一份关于建筑工程设计的报告。

第四章 建筑工程施工

建筑工程施工是生产建筑产品（指建筑物和构筑物）的活动。由于建筑产品具有地点固定性、类型多样性和体形庞大性等三大主要特点，从而决定了建筑工程施工具有流动性、单件性、地区性、长期性、露天性和组织协作复杂性等特点。

第一节 建筑施工技术

一栋建筑的施工是一个复杂的过程。为了便于组织施工和验收，常将建筑施工划分为若干个分部和分项工程。一般民用建筑的施工按工程的部位和施工的先后次序可分为地基与基础工程、主体结构工程、屋面工程、建筑装饰装修工程等四个分部。按施工工种不同分为土石方工程、砌筑工程、钢筋混凝土工程、结构安装过程、屋面防水工程、装饰工程等分项工程。一般一个分部工程由若干个不同的分项工程组成。如地基与基础分部工程由土石方工程、砌筑工程、钢筋混凝土工程等分项工程组成。建筑施工技术是一门研究建筑工程施工中各主要工种工程的施工工艺、技术和方法的学科。建筑施工工作一般由建筑施工企业承担，建筑施工行业的生产操作人员有砌筑工（瓦工）、木工、钢筋工、混凝土工、抹灰工、防水工、建筑油漆工、架子工、测量放线工等工种工人。施工作业的场所一般称为建筑施工现场或施工现场，也可称为建筑工地或工地。

一、土方工程与地基基础工程

土方工程包括土（或石）的开挖、运输、填筑、平整和压实等主要施工过程，以及排水、降水和土壁支撑等准备工作和辅助工作。常见的土方工程类型有平整场地（$h \leqslant 300$mm 的挖填、找平）、挖基槽（$B \leqslant 3$m，$L > 3B$ 的挖土）、挖基坑（$A \leqslant 20$m^2，$L \leqslant 3B$ 的挖土）、地下大型挖方（$A > 20$m^2 的挖土）、回填土（夯填和松填）等。

在土方工程施工中，根据土开挖的难易程度（坚硬程度），将土分为：一类土（松软土）、二类土（普通土）、三类土（坚土）、四类土（砂砾坚土）、五类土（软石）、六类土（次坚石）、七类土（坚石）和八类土（特坚石）。松软土和普通土可直接用铁锹开挖，或用铲运机、推土机、挖土机施工；坚土、砂砾坚土和软石要用镐、撬棍开挖，或预先松土，部分用爆破的方法施工；次坚石、坚石和特坚硬石一般要用爆破方法施工。土方施工必须根据土方工程面广量大、劳动繁重、施工条件复杂等特点，尽可能采用机械化与半机械化的施工方法，以减轻劳动强度，提高劳动生产率。

土方施工的准备工作包括：土方量计算；制定施工方案；场地清理；排除地面水；修筑好临时道路及供水、供电等临时设施；做好材料、机具、物资及人员的准备工作；设置测量控制网，打设方格网控制桩，进行建筑物、构筑物的定位放线等；根据土方施工设计做好边坡稳定、基坑（槽）支护、降低地下水等土方工程的辅助工作。

(一) 基坑（槽）壁形式

1. 直立壁（直槽）

直壁（不加支撑）的允许开挖深度：密实、中密的砂土和碎石土（充填物为砂土）为1.00m；硬塑、可塑的粉土及粉质黏土为1.25m；硬塑、可塑的黏土和碎石土（充填物为黏性土）为1.50m；坚硬的黏土为2m。

2. 边坡（边槽）

为了防止塌方，保证施工安全，在基坑（槽）开挖超过一定深度时，土壁应放坡开挖，或者加以临时支撑或支护以保证土壁的稳定。边坡形式可分为直线形、折线形和阶梯形如图4-1所示。工程实践中，一般采用直线形边坡。

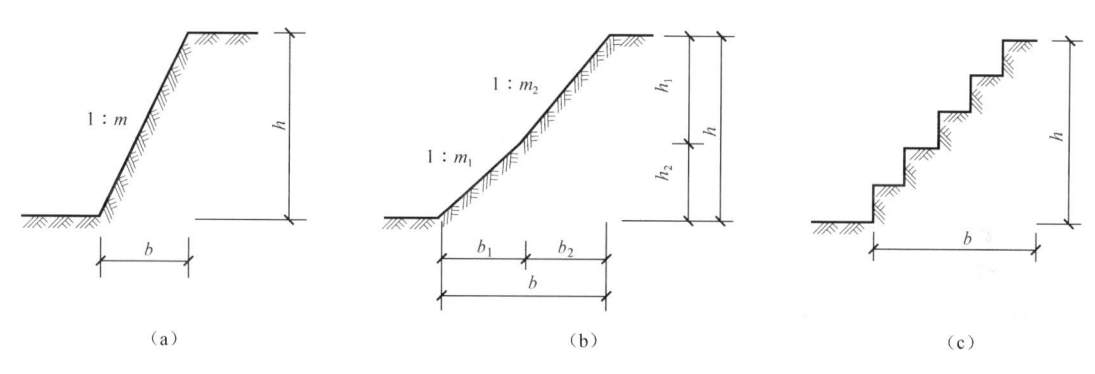

图 4-1 边坡形式

(a) 直线形；(b) 折线形；(c) 阶梯形

注：边坡系数 $m=b/h$，边坡坡度 $i=h/b=1:m$。

深度在5m内的基坑（槽）、管沟边坡的最陡坡度可按表4-1确定。

表 4-1　　　　深度在 5m 内的基坑、基槽、管沟边坡的最陡坡度

土 的 类 别	边坡坡度（高:宽）		
	坡顶无荷载	坡顶有静载	坡顶有动载
中密的砂土	1:1.00	1:1.25	1:1.50
中密的碎石类砂土	1:0.75	1:1.00	1:1.25
硬塑的粉土	1:0.67	1:0.75	1:1.00
中密的碎石类黏土	1:0.50	1:0.67	1:0.75

边坡护面措施有覆盖法、挂网法、挂网抹面法、土袋和砌砖（石）压坡法。

3. 加支撑直槽

当地质条件和周围环境不允许放坡时使用如下特殊支护结构：

（1）横撑式支撑（图4-2）。适用条件：对宽度不大，深5m以内的浅沟、槽（坑），能保持立壁的干土或天然湿度的黏性土，地下水位低于沟、槽（坑）底部。支撑的施工要点是：随挖随撑，支撑牢固；自下而上，随拆随填。

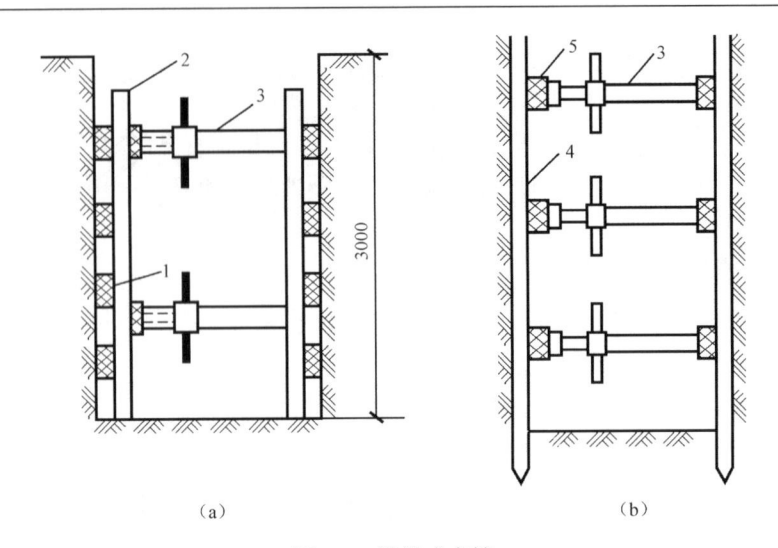

图 4-2 横撑式支撑
(a) 断续式水平挡土板支撑；(b) 垂直挡土板支撑
1—水平挡土板；2—竖楞木；3—工具式横撑；4—竖直挡土板；5—横楞木

（2）护坡桩挡墙。护坡桩挡墙可分为钢板桩挡墙、H型钢桩挡墙、钻孔灌注桩、人工挖孔桩挡墙、深层搅拌水泥土桩、旋喷桩挡墙和锚固形式挡墙。

（3）土钉墙支护。土钉墙支护的原理是：在开挖边坡表面铺钢筋网喷射细石混凝土，并每隔一定距离埋设土钉，使与边坡土体形成复合体，从而提高边坡稳定性，对土坡进行加固。

土钉墙支护的施工过程为：开挖工作面→修整边坡→喷射第一层混凝土→钻孔、安设土钉→注浆、安设连接件→绑扎钢筋网→喷射第二层混凝土。

土钉墙支护为一种边坡稳定式支护结构，适用于淤泥、淤泥质土、黏土、粉质黏土、粉土等地基，地下水位较低，基坑开挖深度在12m以内时采用。

（4）地下连续墙。地下连续墙一般采用逆作法施工。地下连续墙的工艺过程为：作导槽→钻槽孔→放钢筋笼→水下灌注混凝土→基坑开挖与支撑。

地下连续墙适用于坑深大，土质差，地下水位高、邻近有建（构）筑物的土方工程。

4. 混合型

上部为边坡形式，下部为支撑直槽。

（二）土方施工排水与降水

为保证土方施工顺利进行，就要做好施工排水工作，即排除地面水和降低地下水。

1. 地面排水

为了排除低洼区积水、雨水，使场地保持干燥，便于施工，通常设置排水沟、截水沟或修筑土堤等设施，将水直接排至场外，或流入低洼处再用水泵抽走。

2. 集水井降水

为了排除雨水、地下水，使边坡稳定、坑（槽）底不受水浸泡，通常在基坑（槽）开挖时，沿坑底周围或中央开挖排水沟，在沟下游设置集水井，汇集沟内积水，然后用水泵抽走（图4-3）。

3. 井点降水

井点降水，就是在基坑开挖前，预先在基坑四周埋设一定数量的滤水管（井），利用抽水设备从中抽水,使地下水位降落在坑底以下,连续抽水直至施工结束为止。井点降水的方法有轻型井点、喷射井点、电渗井点、管井井点及深井泵等。

为了防止降水影响周围建筑,一般在降水区域和原有建筑物之间的土层中设置一道固体抗渗屏幕,或者采用回灌井点补充地下水的办法来保持地下水位。

(三)土方机械化施工与土方开挖

土(石)方工程有人工开挖、机械开挖和爆破三种开挖方法。

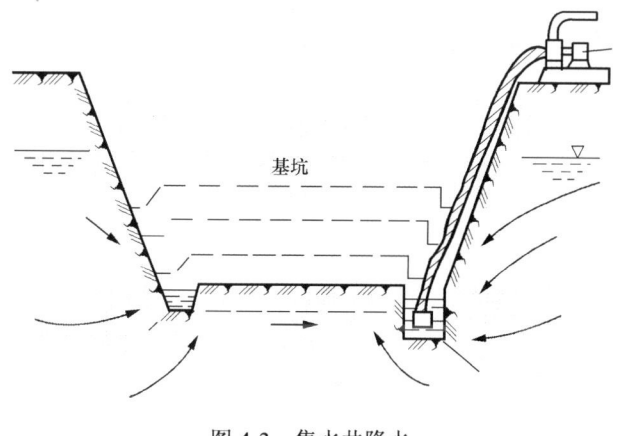

图 4-3 集水井降水

1. 常用土方施工机械

常用的土方施工机械有:推土机、铲运机、单斗挖土机、装载机等,施工时应正确选用施工机械,加快施工进度。

推土机多用于场地清理和平整、开挖深度 1.5m 以内的基坑、填平沟坑以及配合铲运机、挖土机工作等。推土机可以完成铲土、运土和卸土三个工作行程和空载回驶行程。

铲运机能综合完成铲土、运土、平土或填土等全部土方施工工序,在土方工程中常应用于大面积场地平整。

单斗挖土机按其行走装置的不同,分为履带式和轮胎式两类。按其操纵机械的不同,可分为机械式和液压式两类(图 4-4)。按其工作装置的不同,分为正铲、反铲、拉铲和抓铲等。正铲挖土机适用于土质较好,无地下水的地区工作,开挖大型干燥基坑以及土丘等。反铲挖

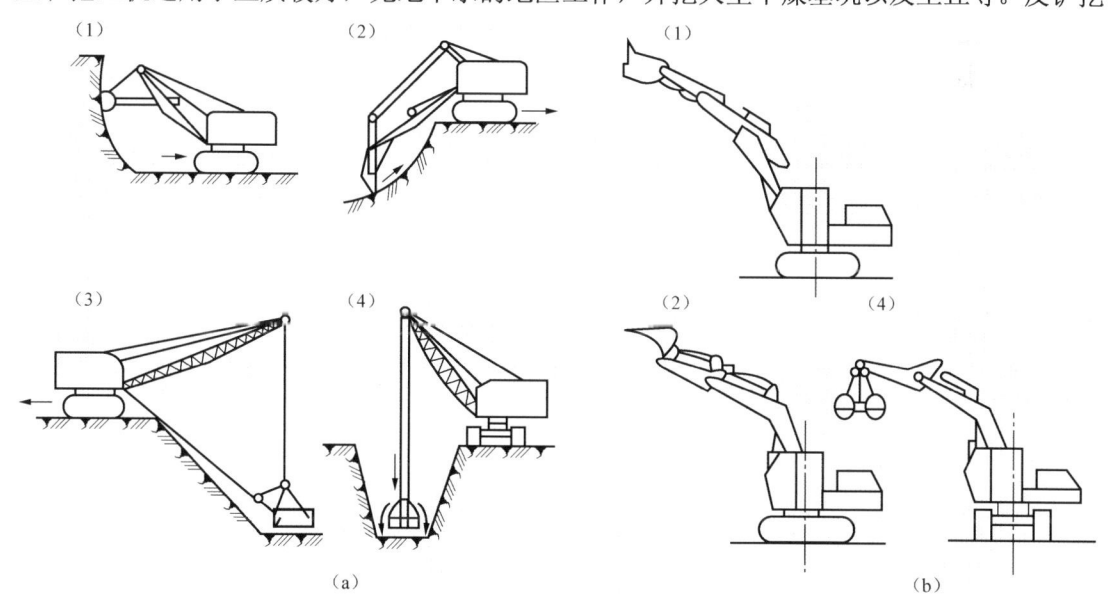

图 4-4 单斗挖土机

(a)机械式;(b)液压式

(1)正铲;(2)反铲;(3)拉铲;(4)抓铲

土机适用于开挖深度在 4m 以内的基坑,对地下水位较高处也适用。拉铲挖土机适用于土方就地堆放的基坑、基槽以及填筑路堤等工程。抓铲挖土机适用于挖掘独立基坑、沉井,特别适于水下挖土。

2. 土方施工机械的选择

(1) 当地形起伏不大,运距≤1km 时,采用铲运机较为合适。当地形起伏较大,运距>1km 时,可采用"正铲+汽车"、"推土机+汽车"、"推土机+装载机+汽车"三种方式进行挖土和运土。

(2) 当基坑深度在 1～2m,基坑不太长时可采用推土机;深度在 2m 以内长度较大的线状基坑,宜由铲运机开挖;当基坑较大,工程量集中时,可选项用正铲挖土机挖土。如地下水位较高,又不采用降水措施,或土质松软,可能造成正铲挖土机和铲运机陷车时,则采用反铲,拉铲或抓铲挖土机配合自卸汽车较为合适。

(3) 移挖作填以及基坑、管沟的回填,运距在 100m 以内可用推土机。

3. 土方开挖

基坑(槽)开挖前,应根据房屋的控制点,按照基础施工图上的尺寸、边坡系数及工作面确定的挖土边线的尺寸,放出基坑(槽)的挖土边线。土方开挖应优先采用机械开挖。土方开挖应遵循"开槽支撑,先撑后挖,分层开挖,严禁超挖"的原则。在开挖过程中,应随时检查边坡、标高、支撑、土体等情况。如用机械挖土,应在基底标高以上留出 200～300mm,待做基础垫层前用人工铲平修正。基坑(槽)挖好后,应立即做基础垫层,否则,也应暂时在基底标高以上留出 200～300mm 不挖。如个别处超挖,应用原土或碎石类土、低强度等级混凝土填补。

(四) 地基验槽

基槽(坑)挖至基底设计标高后,施工部门必须通知勘察、设计、监理、建设部门会同验槽,经检查合格,填写基坑(槽)隐蔽工程验收记录,及时办理交接手续。验槽目的在于检查地基是否与勘察设计资料相符合。

设计依据的地质勘察资料一般取自有限几个点,无法反映钻孔之间的土质变化,只有在开挖后才能确切地了解。如果实际土质与设计地基土不符,则应由结构设计人员提出地基处理方案,处理后经有关单位签署后归档备查。

验槽主要靠施工经验观察为主,而对于基底以下的土层不可见部位,要辅以钎探、夯探配合共同完成。

1. 观察验槽

观察验槽的内容,见表 4-2,主要包括:观察基槽基底和侧壁土质情况,土层构成及其走向,是否有异常现象,以判断是否达到设计要求的土层。

表 4-2　　　　　　　　　　　　　观 察 验 槽 内 容

观 察 目 的		观 察 内 容
槽壁土层		土层分布情况及走向
重点部位		柱基、墙角、承重墙下及其他受力较大部位
整个槽底	槽底土质	是否挖到老土层上(地基持力层)

续表

观 察 目 的		观 察 内 容
整个槽底	土的颜色	是否均匀一致,有无异常过干过湿
	土的软硬	是否软硬一致
	土的虚实	有无振颤现象,有无空穴声音

2. 钎探

对基槽底以下2～3倍基础宽度的深度范围内,土的变化和分布情况,以及是否有空穴或软弱土层,需要用钎探探明。钎探方法是指将一定长度的钢钎打入槽底以下的土层内,根据每打入一定深度的锤击次数,间接的判断地基土质的情况的方法。打钎分人工和机械两种方法。

3. 夯探

夯探较之钎探方法更为简便,不用复杂的设备而是用铁夯或蛙式打夯机对基槽进行夯击,凭夯击时的声响来判断下卧后的强弱或有否土洞或暗墓。

(五) 地基处理与桩基础施工

1. 地基处理

在勘察或验槽过程中,如发现地基土质过软或过硬,不符合设计要求时,应本着提高地基承载力、减少地基不均匀沉降的原则对地基进行处理。地基处理的对象主要包括软弱地基、特殊土地基、松土坑、砖井（或土井）局部软土（或硬土）。软弱地基系指主要由淤泥、杂填土或其他高压缩性土构成的地基。特殊土地基带有地区性的特点,它包括湿陷性黄土、冻土等地基。地基处理的方法主要有换填法、强夯法、重锤夯实法、预压法、砂石桩法、深层搅拌法等。

2. 桩基础施工

用天然浅基础或仅做简单的人工地基加固仍不能满足要求时,常用的一种解决方法就是做桩基础。桩基础由桩身和承台两部分组成,它的类型按制作方式分：预制桩、灌注桩。

（1）混凝土预制桩施工。混凝土预制桩的施工过程主要包括预制、起吊、运输、堆放、沉桩等。混凝土预制桩的沉桩方法有锤击法、水冲法、振动法、静力压桩法等。

（2）混凝土灌注桩施工。混凝土灌注桩的施工过程主要包括成孔、安放钢筋笼、浇筑混凝土等。混凝土灌注桩的成孔方法有钻孔、套管成孔、爆扩成孔及人工挖孔等。

(六) 土方填筑与压实

地基处理完成后,即可进行基础施工。基础部分施工的方法和过程参见砌筑工程和混凝土结构工程。基础部分施工完成后,即可进行土方的填筑与压实。

用于填筑的土料应符合要求,尽量选用同类土,控制含水量；由下至上,整宽分层填压；起伏之处,做好接荐；预留高度,观测沉降。填土压实方法有碾压法、夯实法和振动压实法等。

碾压法主要用于大面积填土,常用的土方压实机械有平滚碾、羊足碾和气胎碾等。振动法主要用于振实大面积非黏性土。夯实法主要用于小面积的回填土、夯实砂性土、湿陷性黄土、杂填土以及含有石块的填土。常用的方法有人工夯实（木夯、石夯）和机械夯实（夯锤、内燃夯土机和蛙式打夯机）。基（坑）槽回填应在两侧或四周同时进行分层回填与夯实。

二、砌筑工程

砌筑工程是指砖、石块和各种砌块的施工。砌筑工程是一个综合的施工过程，它包括脚手架搭设、材料运输和基础及墙体的砌筑等。

脚手架是砌筑过程中，在砌体达到一定高度后（一般为 1.2m），为方便堆放材料和工人进行操作，由架子工搭设的临时性设施。脚手架按搭设位置分为外脚手架、里脚手架；按所用材料分为木脚手架、竹脚手架和钢管脚手架；按构造形式分为多立杆式脚手架、门型脚手架、悬挑式脚手架及吊脚手架等。垂直运输设施是指建筑施工中担负垂直输送砖（或砌块）、砂浆、脚手架、预制构件等物资和人员上下的机械设备和设施。目前砌筑工程中常用的垂直运输设施有塔式起重机、井架、施工电梯、灰浆泵等。

（一）砖砌体施工工艺

为避免砖吸收砂浆中过多的水分而影响黏结力，砖应提前 1～2d 浇水湿润，并可除去砖面上的粉末。烧结普通砖含水率宜为 10%～15%，但浇水过多会产生砌体走样或滑动。气候干燥时，石料亦应先洒水润湿。但灰砂砖、粉煤灰砖不宜浇水过多，其含水率控制在5%～8%为宜。

砌筑砂浆应采用机械搅拌，自投料完算起，搅拌时间应符合下列规定：

（1）水泥砂浆和水泥混合砂浆不得少于 2min。

（2）水泥粉煤灰砂浆和掺用外加剂的砂浆不得少于 3min。

（3）掺增塑剂的砂浆，其搅拌方式、搅拌时间应符合现行行业标准《砌筑砂浆增塑剂》（JG/T164）的有关规定。

（4）干混砂浆及加气混凝土砌块专用砂浆宜按掺用外加剂的砂浆确定搅拌时间或按产品说明书采用。

现场拌制的砂浆应随拌随用，拌制的砂浆应在 3h 内使用完毕；当施工期间最高气温超过30℃时，应在 2h 内使用完毕。预拌砂浆及蒸压加气混凝土砌块专用砂浆的使用时间应按照厂方提供的说明书确定。

砌筑砖（石）基础的第一皮砖（石）应丁砌并坐浆，以上各皮料砖（石）可按一顺一丁进行砌筑，上下皮垂直灰缝相互错开 60mm。砖基础的转角处、交接处，为错缝需要应加砌配砖（3/4 砖、半砖或 1/4 砖）。在这些交接处，纵横墙要隔皮砌通；大放脚的最下一皮及每层的最上一皮应以丁砌为主。

墙体一般采用三顺一丁砌法，即三皮中全部顺砖与一皮中全部丁砖间隔砌成，上下皮顺砖与丁砖间竖缝错开 1/4 砖长，上下皮顺砖间竖缝错开 1/2 砖长。

设有钢筋混凝土构造柱的墙体，应先绑扎构造柱钢筋，然后砌砖墙，最后支模浇注混凝土。砖墙应砌成马牙槎（五退五进，先退后进），墙与柱应沿高度方向每 500mm 设水平拉结筋，每边伸入墙内不应少于 1m。

砖砌体的砌筑方法有"三一"砌砖法、"二三八一"砌砖法、挤浆法、刮浆法和满口灰法。其中，"三一"砌砖法和挤浆法最为常用。"三一"砌砖法是指一块砖、一铲灰、一揉压并随手将挤出的砂浆刮去的砌筑方法。挤浆法是指用灰勺、大铲或铺灰器在墙顶上铺一段砂浆，然后双手拿砖或单手拿砖，用砖挤入砂浆中一定厚度之后把砖放平，达到下齐边、上齐线、横平竖直的要求。

砖墙砌筑的施工过程一般有抄平、放线、摆砖、立皮数杆、挂线、砌砖、勾缝、清理等工序。

（1）抄平。砌墙前应在基础防潮层或楼面上定出各层标高，并用 M7.5 水泥砂浆或 C10 细石混凝土找平，使各段砖墙底部标高符合设计要求。

（2）放线。根据龙门板上给定的轴线及图纸上标注的墙体尺寸，在基础顶面上用墨线弹出墙的轴线和墙的宽度线，并定出门洞口位置线。

（3）摆砖。摆砖是指在放线的基面上按选定的组砌方式用干砖试摆。摆砖的目的是为了核对所放的墨线在门窗洞口、附墙垛等处是否符合砖的模数，以尽可能减少砍砖。

（4）立皮数杆。皮数杆是指在其上画有每皮砖和砖缝厚度以及门窗洞口、过梁、楼板、梁底、预埋件等标高位置的一种木制标杆，如图 4-5 所示。

（5）挂线。为保证砌体垂直平整，砌筑时必须挂线，一般二四墙可单面挂线，三七墙及以上的墙则应双面挂线。

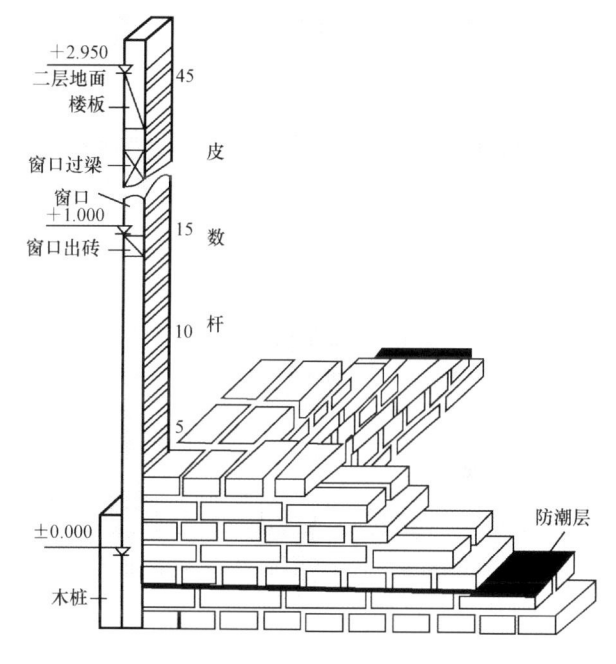

图 4-5 皮数杆

（6）砌砖。砌砖的操作方法很多，常用的是"三一"砌砖法和挤浆法。砌砖时，先挂上通线，按所排的干砖位置把第一皮砖砌好，然后盘角。盘角又称立头角，指在砌墙时先砌墙角，然后从墙角处拉准线，再按准线砌中间的墙。砌筑过程中应三皮一吊、五皮一靠，保证墙面垂直平整。

（7）勾缝、清理。清水墙砌完后，要进行墙面修正及勾缝。墙面勾缝应横平竖直，深浅一致，搭接平整，不得有丢缝、开裂和黏结不牢等现象。砖墙勾缝宜采用凹缝或平缝，凹缝深度一般为 4~5mm。勾缝完毕后，应进行墙面、柱面和落地灰的清理。

技术要求：砖砌体的水平灰缝厚度和竖缝厚度一般为 10mm，但不小于 8mm，也不大于 12mm。砖砌体的转角处和交接处应同时砌筑。非抗震设防及抗震设防烈度为 6 度、7 度地区的临时间断处，当不能留斜槎时，可留直槎，但直槎必须做成凸槎。在墙上留置的临时施工洞口，其侧边离交接处的墙面不应小于 500mm，洞口净宽度不应超过 1m。某些墙体或部位中不得设置脚手眼。每层承重墙最上一皮砖、梁或梁垫下面的砖应用丁砖砌筑。砌体相邻工作段的高度差，不得超过一个楼层的高度，也不宜大于 4m。

（二）砌块砌体施工工艺

砌筑的工序是：铺灰、砌块就位、校正和灌竖缝等。

砌块吊装前应浇水润湿砌块。在施工中，和砌砖墙一样，也需弹墙身线和立皮数杆，以保证每皮砌块水平和控制层高。

吊装时，按照事先划分的施工段，将台灵架在预定的作业点就位。在每一个吊装作业范围内，根据楼层高度和砌块排列图逐皮安装，吊装顺序事先内后外，先远后近。每层开始安装时，应先立转角砌块（定位砌块），并用托线板校正其垂直度，顺序向同一方向推进，一般不可在两块中插入砌块。必须按照砌块排列严格错缝，转角纵、横墙交接触上下皮砌块必须搭砌。门、窗、转角应选择面平棱直的砌块安装。砌体接槎采用阶梯形，不要留马牙直槎。

砌块起吊使用夹钳时，砌块不应偏心，以免安装就位时，砌块偏斜和挤落灰缝砂浆。砌块吊装就位时，应用手扶着引向安装位置，让砌块垂直而平稳地徐徐下落，并尽量减少冲击，待砌块就位平稳后，方可松开夹具。如安装挑出墙面较多的砌块，应加设临时支撑，保证砌块稳定。

当砌块安装就位出现通缝或搭接小于150mm时，除在灰缝砂浆中安放钢筋网片外，也可用改变镶砖位置或安装最小规格的砌块来纠正。

三、混凝土结构工程

混凝土结构工程由模板工程、钢筋工程和混凝土工程组成。混凝土结构工程的一般施工程序如图4-6所示。

（一）模板工程

模板工程的施工包括模板的选材、选型、设计、制作、安装、拆除和周转等过程。模板系统包括模板、支撑和紧固件三个部分。模板是保证混凝土在浇筑过程中保持正确的位置、形状和尺寸，在硬化过程中进行防护和养护的重要工具。

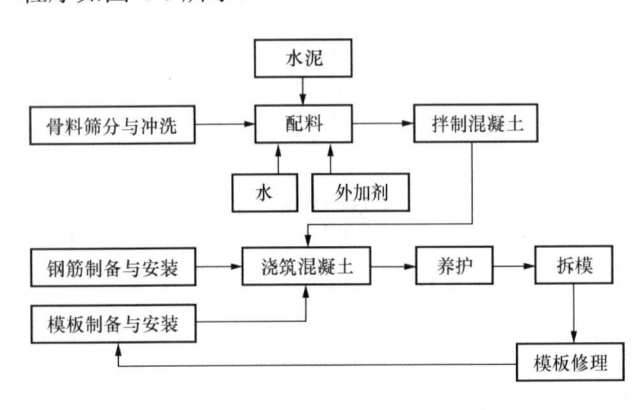

图4-6 混凝土结构工程施工程序

随着新结构、新技术、新工艺的采用，模板工程也在不断发展，其发展方向是：构造上由不定型向定型发展；材料上由单一木模板向多种材料模板发展；功能上由单一功能向多功能发展。支撑系统逐渐向与脚手架通用性的工具化方向发展。

1. 模板的种类

模板的种类很多，按材料分类，可分为木模板、钢木模板、胶合板模板、钢模板、塑料模板、玻璃钢模板、铝合金模板等。按结构的类型分为基础模板、柱模板、楼板模板、楼梯模板、墙模板、壳模板和烟囱模板等多种。按施工方法分类，有现场装拆式模板、固定式模板和移动式模板。

（1）木模板。木模板及其支撑系统一般在加工厂或现场木工棚制成元件（通常称拼板），然后再在现场拼装。拼板的板条厚度一般为25～50mm，宽度不宜超过200mm，以保证干缩时缝隙均匀，浇水后易于密缝，受潮后不易翘曲。但梁板的板条宽度则不受限制，以减少拼缝，防止漏浆。

（2）组合钢模板。组合钢模板通过各种连接件和支承件可组合成多种尺寸和几何形状，以适应各种类型建筑物的梁、柱、板、墙、基础等构件施工所需要的模板，也可用其拼成大模板、滑模、筒模和台模等。施工时可在现场直接组装，亦可预拼装成大块模板或整个构件模板，用起重机吊运安装。

（3）胶合板模板（钢框胶合板模板）。木胶合板模板具有重量轻；面积大；不受季节、地区和环境温度条件的影响；在边框上铺设或镶嵌胶合板很容易，加工费用低；现场使用时，板缝和板面上的孔洞容易处理；可多次周转使用；模板的强度高、刚度好，浇筑混凝土的表面平整度高等特点。

（4）大模板。大模板是一种工具式大型模板，配以相应的起重吊装机械，通过合理的施工组织，可以工业化生产方式在施工现场浇筑混凝土墙体结构。

大模板工程施工的特点是：以建筑物的开间、进深、层高为标准化基础，以大模板为主要手段，以现浇混凝土墙体为主导工序，组织进行有节奏的均衡施工。

我国目前的大模板工程大体分为三类：外墙预制内墙现浇、内外墙全现浇和外墙砌砖内墙现浇。大模板由面板、加劲肋、竖楞、支撑桁架、稳定机构及附件组成。

（5）滑动模板。滑动模板是一种工具式模板，主要由模板系统、操作平台系统、液压系统以及施工精度控制系统等部分组成，一般用于现场浇筑高耸的构筑物和建筑物等，如烟囱、筒仓、竖井、沉井、双曲线冷却塔和剪力墙体系的高层建筑等。

滑动模板施工原理为：在构筑物或建筑物底部，沿其墙、柱、梁等构件的周边组装高 1.2m 左右的滑动模板，随着向模板内不断地分层浇筑混凝土，用液压提升设备使模板不断地向上滑动，直到需要浇筑的高度为止。

（6）爬升模板。爬升模板（即爬模），是一种适用于现浇混凝土竖直或倾斜结构施工的模板，可分为有架爬模和无架爬模两种。

有架爬升模板的工艺原理，是以建筑物的混凝土墙体结构为支撑主体，通过附着于已完成的混凝土墙体结构上的爬升支架或大模板，利用连接爬升支架与大模板的爬升设备，使一方固定，另一方做相对运动，交替向上爬升，完成模板的爬升、下降、就位和校正等工作。

（7）飞模。飞模又称台模、桌模，主要由平台板、支撑系统（包括梁、支架、支撑、支腿等）和其他配件（如升降和行走机构等）组成。飞模适用于大开间、大柱网、大进深的现浇混凝土楼盖施工，尤其适用于现浇板柱结构（无柱帽）楼盖施工。

2. 模板搭设和拆除的基本要求

模板搭设时，当梁或板的跨度等于或大于4m，应使梁或板底模板起拱。柱模板安装的工艺流程为：搭设安装脚手架→沿模板边线贴密封条→立柱子片模→安装柱箍→校正柱子方正、垂直和位置→全面检查校正→群体固定→办预检。梁模板安装的工艺流程为：弹出梁轴线及水平线并进行复核→搭设梁模板支架→安装梁底楞→安装梁底模板→梁底起拱→绑扎钢筋→安装梁侧模板→安装另一侧模板→安装上下锁品楞、斜撑楞、腰楞和对拉螺栓→复核梁模尺寸、位置→与相邻模板连接牢固→办预检。楼板模板安装的工艺流程为：搭设支架→安装横纵大小龙骨→调整板下皮标高及起拱→铺设楼板模板→检查模板上皮标高、平整度→办预检。

模板的拆除日期取决于混凝土的强度、各个模板的用途、结构的性质、混凝土硬化时的气温。及时拆模，可提高模板的周转率，也可以为其他工作创造条件。但过早拆模，混凝土会因强度不足以承担本身自重，或受到外力作用而变形甚至断裂，造成重大的质量事故。

侧模板应在混凝土强度能保证其表面及棱角不因拆除而受损坏时，方可拆除。底模板及支架应在与混凝土结构同条件养护的试件达到施工规范所规定强度标准值时，方可拆除。拆模顺序一般是先支后拆，后支先拆，先拆除侧模板，后拆除底模板。重大复杂模板的拆除，事前应制定拆模方案。肋形楼板的拆模顺序为：柱模板→楼板底模板→梁侧模板→梁底模板。多层楼板模板支架的拆除，应按下列要求进行：上层楼板正在浇筑混凝土时，下一层楼板的模板支架不得拆除,再下一层楼板模板的支架仅可拆除一部分;跨度 4m 及 4m 以上的梁下均应保留支架,其间距不得大于 3m。

拆模时,应尽量避免混凝土表面或模板受到损坏,注意避免整块下落伤人。拆下来的模板,有钉子时,要使钉尖朝下,以免扎脚。拆完后,应及时加以清理、修理,按种类及尺寸分别堆放,以便下次使用。

对定型组合钢模板,倘若背面油漆脱落,应补刷防锈漆。已拆除模板及其支架结构的混凝土,应在其强度达到设计强度标准值后,才允许承受全部使用荷载。当承受施工荷载产生的效应比使用荷载更为不利时,必须经过核算,加设临时支撑。

(二)钢筋工程

进场钢筋应有产品合格证、出厂检验报告,每捆(盘)钢筋应有标牌,进场钢筋应进行外观质量检查,按规定抽取试样做机械性能试验,合格后方可使用。

当钢筋运进施工现场后,应尽量堆入仓库或料棚内,严格按批分等级、牌号、直径、长度挂牌存放,并注明数量,不得混淆,同时应避免钢筋锈蚀和污染。

钢筋工程主要包括钢筋的加工和安装。

1. 钢筋配料与代换

钢筋加工前,应根据结构施工图绘出各种形状和规格的单根钢筋简图并加以编号,然后分别计算钢筋的下料长度、根数及质量,编制钢筋配料单以便申请加工。这项工作称为钢筋配料。钢筋下料长度的计算是钢筋配料的关键。钢筋配料单是确定钢筋下料加工的依据,同时也是提出材料计划、签发施工任务单的依据。

在施工中,当确认缺乏设计图纸中要求的钢筋品种和规格时,在征得设计单位同意并办理设计变更文件后,可以进行钢筋代换。钢筋代换应严格按照国家有关规定进行代换。钢筋代换的方法一般有等强度代换法和等面积代换法两种。

2. 钢筋加工

钢筋一般在钢筋车间或工地的钢筋加工棚加工。钢筋加工包括调直、除锈、切断、接长、弯曲等工作。钢筋调直宜采用调直机调直,也可以采用冷拉调直或手工调直(锤直或扳直)。钢筋的表面应洁净。钢筋的除锈宜在钢筋调直过程中进行,也可采用除锈机除锈或手工除锈。钢筋下料时须按下料长度切断。钢筋切断可采用钢筋切断机或手动切断器切断。钢筋切断时应统一排料,先断长料,后断短料。钢筋下料后,应按钢筋配料单中钢筋的形状和尺寸进行加工。钢筋弯曲可采用弯曲机或扳子弯曲。钢筋弯曲时一般应一次完成,不得回弯。

3. 钢筋的连接

钢筋连接方法有绑扎连接、焊接连接和机械连接。钢筋的接长、钢筋骨架或钢筋网的成型应优先采用焊接连接或机械连接。轴心受拉或小偏心受拉钢筋混凝土构件应采用焊接接头,普通钢筋混凝土中直径大于 22mm 的钢筋均宜采用焊接接头。钢筋的焊接应采用闪光对焊、电弧焊、电阻点焊和电渣压力焊。钢筋机械连接常用套筒挤压连接、锥螺纹套筒连接、直螺纹套筒连接三种形式。钢筋机械连接是近年来大直径钢筋现场连接的主要方法。钢筋的焊接连接和机械连接需要专门的设备和专门的技术人员。因此,钢筋骨架或钢筋网的成型一般尽可能地采用绑扎连接。

钢筋绑扎程序是:划线摆筋→穿箍→绑扎→安放垫块等。

画线时应注意间距、数量,标明加密箍筋位置。板类摆筋顺序一般先排主筋后排负筋;

梁类一般先摆纵筋。摆放有焊接接头和绑扎接头的钢筋应符合规范规定。有变截面的箍筋,应事先将箍筋排列清楚,然后安装纵向钢筋。

钢筋绑扎应符合下列规定:

(1) 钢筋的交点须用铁丝扎牢。

(2) 板和墙的钢筋网片,除靠外围两行钢筋的相交点全部扎牢外,中间部分的相交点可相隔交错扎牢,但必须保证受力钢筋不发生位移。双向受力的钢筋网片,须全部扎牢。

(3) 梁和柱的箍筋,除设计有特殊要求外,应与受力钢筋垂直设置。箍筋弯钩叠合处,应沿受力钢筋方向错开设置。

(4) 柱中的竖向钢筋搭接时,角部钢筋的弯钩应与模板成 45°;中间钢筋的弯钩应与模板成 90°;如采用插入式振捣器浇小型截面柱时,弯钩与模板的角度最小不得小于 15°。

(5) 板、次梁与主梁交叉处,板的钢筋在上,次梁的钢筋居中,主梁的钢筋在下;当有圈梁或垫梁时,主梁的钢筋在上。

钢筋安装完毕后,应检查下列几方面:

(1) 根据设计图纸检查钢筋的钢号、直径、形状、尺寸、根数、间距和锚固长度是否正确,特别是要注意检查负筋的位置。

(2) 检查钢筋接头的位置及搭接长度是否符合规定。

(3) 检查混凝土保护层是否符合要求。

(4) 检查钢筋绑扎是否牢固,有无松动变形现象。

(5) 钢筋表面不允许有油渍、漆污和颗粒状(片状)铁锈。

(6) 安装钢筋时的允许偏差不得大于规范规定。

钢筋工程属于隐蔽工程,在浇筑混凝土前应对钢筋及预埋件进行验收,并做好隐蔽工程记录。

(三) 混凝土工程

混凝土工程包括混凝土的制备、运输、浇筑捣实、养护等施工过程。原材料进场前应验"三证";全部进场后应抽样、送检、试验,经验收合格后方可使用。

1. 混凝土制备

混凝土制备包括混凝土的配料和搅拌。

(1) 混凝土配料。通过现场原材料取样,送往有资质的实验室,根据设计强度要求进行配合比设计。由实验室出示配合比通知单。实验室配合比是由完全干燥的砂、石骨料制定的。由于实际使用的砂、石骨料一般都含有一些水分,且含水量又会随气候条件发生变化。因此,施工中应按砂、石实际含水率对原实验室配合比调整为施工配合比。施工中往往以一袋或两袋水泥为下料单位,每搅拌一次称为一盘。因此,求出每 $1m^3$ 混凝土材料用量后,还必须根据工地现有搅拌机出料容量确定每次需用几袋水泥,然后按水泥用量算出砂、石子的每盘用量。这种确定每搅拌一次混凝土需用各种原材料量的工作称为混凝土施工配料。

(2) 混凝土的搅拌。混凝土的搅拌就是将水、水泥和粗细骨料等拌制成质地均匀、颜色一致、具备一定流动性的混凝土拌和物的过程。除少量混凝土且强度等级不高时可用"三干三湿"人工搅拌法外,一般均采用机械搅拌法。目前,现场搅拌混凝土多采用小型混凝土搅拌机械和现场混凝土搅拌站。小型混凝土搅拌机按其搅拌原理分为自落式搅拌机和强制式搅拌机两类。自落式搅拌机宜用于搅拌塑性混凝土和低流动性混凝土。强制式搅拌机多用于搅拌干硬性混凝土、低流动性混凝土和轻骨料混凝土。为了适应我国基本建设事业飞速发展的需要，推广应用商品混凝土，大大提高建设工程质量，减少环境污染，降低城市噪声，一些城市已建立起商品混凝土生产企业——大型混凝土搅拌站，对于城市规划区内新开工工程一律禁止现场搅拌混凝土。大型混凝土搅拌站是将施工现场需用的混凝土在一个集中站点统一拌制后，用混凝土运输车分别输送到一个或若干个施工现场进行浇筑使用。

2. 混凝土运输

混凝土自搅拌机中卸出后，应及时运至浇筑地点。混凝土运输分为地面运输、垂直运输和楼面运输三种。

地面运输如运距较远时，可采用自卸汽车或混凝土搅拌运输车；工地范围内的运输多用载重1t的小型机动翻斗车，近距离（楼面运输）多采用双轮手推车。

混凝土的垂直运输，目前多用塔式起重机、井架，也可采用混凝土泵。塔式起重机运输的优点是地面运输、垂直运输和楼面运输都可以采用。混凝土在地面由水平运输工具或搅拌机直接卸入塔式起重机吊斗，然后吊起运至浇筑部位进行浇筑。混凝土的垂直运送，除采用塔式起重机之外，还可使用井架。混凝土在地面用双轮手推车运至井架的升降平台上，然后井架将双轮手推车提升到楼层上，再将手推车沿铺在楼面上的跳板推到浇筑地点。混凝土泵是一种有效的混凝土运输工具，它以泵为动力，沿管道输送混凝土，可以同时完成水平运输和垂直运输。混凝土泵车一般与混凝土运输车配套使用。混凝土泵车是将混凝土泵装在车上，车上装有可以伸缩或屈折的"布料杆"，管道装在杆内，末端是一段软管，可将混凝土直接送到浇筑地点。多层和高层建筑、基础、水下工程和隧道等都可以采用混凝土泵输送混凝土。

3. 混凝土浇筑捣实

混凝土的浇筑捣实工作包括布料、摊平、捣实和抹面修整等工序。

（1）混凝土浇筑的一般要求。混凝土浇筑前应检查模板、支撑、钢筋和预埋件等是否符合设计要求；检查安全设施和劳动力配备是否妥当，能否满足浇筑速度的要求等。

浇筑柱子时，施工段内的每排柱子应由外向内对称地顺序浇筑，不要由一端向另一端推进。梁和板应同时浇筑，从一端开始向另一端推进。

为了使混凝土振捣密实，必须分层浇筑混凝土。每层浇筑厚度与捣实方法、结构的配筋情况有关，浇筑厚度与振捣方法应符合表4-3的规定。

表4-3　　　　　　　　　　　　　　混凝土浇筑层的厚度

项次	捣实混凝土的方法		浇筑层厚度（mm）
1	插入式振动		振动器作用部分长度的1.25倍
2	表面振动		200
3	人工捣固	（1）在基础或无筋混凝土和配筋稀疏的结构中 （2）在梁、墙、板、柱结构中 （3）在配筋密集的结构中	250 200 150
4	轻骨料混凝土	插入式振动 表面振动（振动时需加荷）	300 200

浇筑混凝土应连续进行。如必须间歇，其间歇时间应尽可能缩短，并应在前一层混凝土凝结之前，将下一层混凝土浇筑完毕。间歇的最长时间应按所用水泥品种及混凝土凝结条件确定，并不得超过表4-4的规定，超过规定时间必须设置施工缝。

表 4-4　　　　　　　混凝土从搅拌机中卸出后到浇筑完毕的延续时间

混凝土强度等级	气温（℃）	
	不高于 25	高于 25
C30 及 C30 以下	120	90
C30 以上	90	60

施工缝的位置应设置在结构受剪力较小且便于施工的部位。一般结构留置施工缝应符合下列规定：

1) 柱子留置在基础的顶面、梁或吊车梁牛腿的下面、吊车梁的上面、无梁楼板柱帽的下面。

2) 和板连成整体的大断面梁，留置在板底面以下 20～30mm 处。当板下有梁托时，留在梁托下部。

3) 单向板留置在平行于板的短边的任何位置。

4) 有主次梁的楼板，宜顺着次梁方向浇筑，施工缝应留置在次梁跨度的中间 1/3 范围内。墙留置在门洞口过梁跨中 1/3 范围内，也可留在纵横墙的交接处。

（2）混凝土的密实。混凝土密实成型的途径有以下三种：

1) 利用机械外力（如机械振动）来克服拌和物的黏聚力和内摩擦力而使之液化、沉实。

2) 在拌和物中适当增加用水量以提高其流动性，使之便于成型，然后用离心法、真空作业法等将多余的水分和空气排出。

3) 在拌和物中掺入高效能减水剂，使其坍落度大大增加，可自流成型。

目前，工地上混凝土的密实多采用机械振动的方法。振动机械按其工作方式可分为内部振动器（又称为插入式振动器）、表面振动器、外部振动器和振动台。内部振动器又称插入式振动器，常用以振实梁、柱、墙等构件和大体积混凝土。当振动大体积混凝土时，还可将几个振动器组成振动束进行强力振捣。

4. 混凝土养护

浇捣后的混凝土之所以能逐渐凝结硬化，主要是因为水泥水化作用的结果，而水化作用需要适当的湿度和温度。浇筑后的混凝土初期阶段的养护非常重要。如不及时进行养护，混凝土中的水分会蒸发过快，从而会在混凝土表面出现片状或粉状剥落和干缩裂纹，影响混凝土的强度、整体性和耐久性。因此，在塑性混凝土浇筑完毕后，应在 12h 以内加以养护；干硬性混凝土和真空脱水混凝土应于浇筑完毕后立即进行养护。混凝土必须养护至其强度达到 1.2N/mm² 以上，才可以在其上行人或安装模板和支架。混凝土养护方法有自然养护、蒸汽养护等。

（1）自然养护。对混凝土进行自然养护，是指在平均气温高于 5℃ 的条件下使混凝土保持湿润状态。自然养护又可分为洒水养护和喷涂薄膜养生液养护等。

洒水养护是用吸水保温性能较强的材料（如草帘、芦席、麻袋、锯末等）将混凝土覆盖，经常洒水使其保持湿润。养护时间长短取决于水泥品种，普通硅酸盐水泥和矿渣硅酸盐水泥拌制的混凝土，不少于 7d；掺有缓凝型外加剂或有抗渗要求的混凝土不少于 14d。洒水次数以能保证湿润状态为宜。

喷涂薄膜养生液养护，适用于不易洒水养护的高耸构筑物和大面积混凝土结构及缺水地区。它是将过氯乙烯树脂塑料溶液用喷枪喷涂在混凝土表面上，溶液挥发后在混凝土表面形成一层塑料薄膜，将混凝土与空气隔绝，阻止其中水分的蒸发，以保证水化作用的正常进行。有的薄膜在养护完成后能自行老化脱落，否则，不宜于喷洒在以后要做粉刷的混凝土表面上。在夏季，薄膜成型后要防晒，否则易产生裂纹。

（2）蒸汽养护。蒸汽养护就是将构件放置在有饱和蒸汽或蒸汽空气混合物的养护室内，在较高的温度和相对湿度的环境中进行养护，以加速混凝土的硬化，使混凝土在较短的时间内达到规定的强度标准值。蒸汽养护过程分为静停、升温、恒温、降温四个阶段。

5. 混凝土冬期施工

我国混凝土结构工程施工及验收规范规定：根据当地气温资料、室外平均气温连续五天稳定低于5℃时，混凝土及钢筋混凝土工程必须遵照冬期施工技术规定进行施工。

为满足混凝土拌制、运输、浇筑等操作的需要和有利于水泥的水化，冬期施工时需对原材料加热或采用热拌法对混凝土加热。热拌法是在强制式搅拌机中通以蒸汽，对混凝土进行加热搅拌，常用于混凝土预制厂。原材料加热设备及工艺较简单，现场常用之。材料加热时，应首先考虑加热水。

混凝土冬期施工方法分蓄热法、外部加热法（蒸汽加热、电热、红外线加热）和掺外加剂法三类。蓄热法工艺简单，施工费用增加不多，但养护时间较长；外部加热法能使混凝土在较高温度下养护，强度增长快，但设备多，费用高，能耗大，热效率低，适用于需迅速增长强度的结构；掺外加剂法施工简便，费用增加不多，是一种有发展前途的冬期施工方法。蓄热法与掺外加剂法综合运用也可获得良好的效果。混凝土蓄热法是利用加热原材料或混凝土所获得的热量及水泥水化热，并用保温材料覆盖保温，防止热量散失过快，延缓混凝土的冷却，使其在正温度条件下增长强度以保证冷却至0℃时混凝土强度大于受冻临界强度。掺外加剂法是指在混凝土中加入适量的抗冻剂、早强剂、减水剂及加气剂，使混凝土在负温下进行水化，增长强度。

四、屋面工程

屋面工程主要包括屋面防水工程和屋面保温工程。其中屋面防水工程在建筑工程中占有十分重要的地位。因为建筑物渗漏问题是建筑物较为普遍的质量通病，也是用户反映最为强烈的问题。渗漏问题能够导致顶棚或墙面发霉变味或剥落，导致电器失灵或短路，从而直接影响用户的身体健康，更谈不上进行室内装饰和工作与生活了。面对渗漏现象，人们每隔数年就要花费大量的人力和物力来进行返修。渗漏不仅扰乱人们的正常生活、工作、生产秩序，而且直接影响到整幢建筑物的使用寿命。由此可见防水效果的好坏，对建筑物的质量至关重要。因此，在整个建筑工程施工中，必须严格、认真地设计和施工好建筑防水工程。

屋面工程施工前，施工单位应进行图纸会审，并应编制屋面工程施工方案或技术措施。屋面工程施工时，应建立各道工序的三检制度，并有完整的检查记录。屋面防水工程应由相应资质的专业队伍进行施工，作业人员（防水工）应持有当地建设行政主管部门颁发的上岗证。防水屋面有卷材防水屋面、涂膜防水屋面、刚性防水屋面和瓦屋面等类型。目前广泛应用的是采用高聚物改性沥青防水卷材与合成高分子防水卷材的卷材防水屋面。高聚物改性沥青防水卷材主要品种有SBS、APP等防水卷材；合成高分子防水卷材主要品种有三元乙丙、氯化聚乙烯、聚氯乙烯、氯化聚乙烯-橡胶共混等防水卷材。屋面工程所采用的材料、保温隔热材料应有产品合格证书和性能检测报告，材料的品种、规格、性能等应符合现行国家产品标准和设计要求。所选用的基层处理剂、胶黏剂、密封材料等配套材料，均应与铺贴的卷材材性相容。

屋面工程的保温层和防水层严禁在雨天、雪天和五级风及其以上时施工。施工环境气温：对于高聚物改性沥青防水卷材，冷粘法不低于 5℃，热熔法不低于－10℃；对于合成高分子防水卷材，冷粘法不低于 5℃，热风焊接法不低于－10℃。

屋面工程的施工应符合《屋面工程技术规范》（GB 50345—2012）等标准规范的有关规定。屋面工程的施工顺序是：找平层→隔气层→保温层→找平层→防水层→保护层（对于非上人屋面，自带保护层的防水卷材上面可不再另作保护层）。

1. 找平层施工

卷材防水的基层是找平层，找平层可采用水泥砂浆、细石混凝土；水泥砂浆宜掺抗裂纤维，减少因裂缝而拉开防水层；为了减少和避免找平层开裂，宜留设缝宽为 5～20mm 的分格缝，并嵌填密封材料；分格缝应留设在板端缝处，其纵横缝的最大间距不宜大于 6m；找平层的坡度应符合设计要求，一般天沟、檐沟纵向坡度不应小于 1%，沟底水落差不得超过 200mm；找平层施工表面要平整，黏结牢固，没有松动、起壳、起砂等现象；找平层必须符合设计要求，用 2m 左右长的方尺找平；找平层的两个面相接处，如伸缩缝、女儿墙、管道泛水处以及檐口、天沟、斜沟等均应做成圆弧；找平层施工时，每个分格内的水泥砂浆应一次连续铺成，应由远到近、由高到低，用抹子压实抹平；终凝前，轻轻取出嵌缝条，硬化后，分格缝应嵌填密封材料。

2. 屋面保温层施工

传统的保温材料（泡沫水泥、炉渣、膨胀蛭石、膨胀珍珠岩、岩棉和加气混凝土）吸水率大，吸水后降低保温性能，造成室内夏热冬冷，浪费能源；新的吸水率低的保温材料（如聚苯板乙烯泡沫板、聚氨酯硬泡沫塑料、泡沫玻璃绝热制品等）重量轻、导热系数小、保温效果好，而且施工方便。板状和现喷硬化聚氨酯硬泡沫塑料保温层施工时，基层应平整、干燥和干净；板状材料应铺平垫稳，分层铺设板块上下层接缝应错开，板缝应嵌填密实，胶黏剂与板块应贴严、粘牢；整体现喷硬化聚氨酯硬泡沫塑料保温层施工前，伸出屋面的管道应先安装完毕、牢固，配比应准确，发泡厚度均匀一致。

3. 卷材防水层施工

（1）卷材防水层施工工艺流程。

基层表面清理→喷、涂基层处理剂→节点附加层铺设→定位、弹线→铺贴卷材→收头、节点密封→检查、修整→保护层施工。

（2）卷材铺设方法和要求。卷材的铺设方向应根据屋面坡度和屋面是否有振动来确定。当屋面坡度小于 3% 时，卷材宜平行于屋脊铺贴；屋面坡度在 3%～15% 之间时，卷材可平行或垂直于屋脊铺贴；屋面坡度大于 15% 或屋面受振动时，卷材宜垂直于屋脊铺贴。

铺贴防水卷材前，应将把找平层清扫干净，在基面上涂刷基层处理剂；当基面较潮湿时，应涂刷湿固化型胶黏剂或潮湿界面隔离剂。

屋面防水层施工时，应先做好节点、附加层和屋面排水比较集中部位的处理，然后由屋面最低处开始铺贴。铺贴多跨和有高低跨的屋面时，应按先高后低、先远后近的顺序进行。

卷材铺贴采用搭接法，平行于屋脊的搭接应顺流水方向，垂直于屋脊的搭接应顺主导风向。两幅卷材短边和长边的搭接宽度一般均不应小于 100mm。上下层及相邻两幅卷材的搭接缝应错开 1/3 幅宽，且两层卷材不得相互垂直铺贴。搭接缝宜留在屋面或天沟侧面，不宜留在沟底。

高聚合物改性沥青卷材的铺贴方法有：冷粘法、热熔法、自粘法等。合成高分子卷材的铺贴方法有：冷粘法、自粘法、热风焊接法等。冷粘法是指在常温下采用胶黏剂（带）将卷材与基层或卷材之间黏结的施工方法；热熔法是指将热熔型卷材底层加热熔化后，进行卷材与基层或卷材之间黏结的施工方法；自粘法是指采用带有自黏胶的防水卷材进行黏结的施工方法；热风焊接法是指采用热风或热焊接进行热塑性卷材黏合搭接的施工方法。冷黏法滚铺卷材时接缝口应用密封材料封严，其宽度不应小于 10mm。热熔法或热风焊接法滚铺卷材时接缝部位必须溢出沥青热溶胶，并应随即刮封使接缝黏结严密。

4. 保护层施工

在卷材铺贴完毕，经隐检、蓄水试验，确认无渗漏的情况下，应注意成品保护，及时进行保护层的施工。非上人屋面可用长把滚刷均匀涂刷着色保护涂料；上人屋面根据设计要求做水泥砂浆、块体材料或细石混凝土等刚性保护层。

五、装饰工程

装饰装修是指为保护建筑物或构筑物的主体结构、完善使用功能和达到美化效果，采用装饰装修材料或饰物，对其内外表面及空间进行的各种处理。装饰装修的作用是完善功能，保护结构、增强其耐久性，美化环境、体现艺术性，协调结构与设备之间的关系。根据施工工艺和建筑部位不同，建筑装饰装修工程可分为抹灰工程、门窗工程、吊顶工程、轻质隔墙工程等。装饰装修的施工方法有抹、刷、贴、钉、喷、滚、弹、涂以及结构与装饰合一的施工工艺等。装饰工程的施工顺序一般为由外至内、由上到下。装饰工程的特点是工期长、造价高、用工多、质量要求高、成品保护难。使用工厂化生产的成品、半成品材料，采用干作业代替湿作业，提高现场机械化施工程度，逐步实现施工作业的专业化等，是装饰装修工程的发展方向。

1. 抹灰工程

抹灰工程是用灰浆涂抹在房屋建筑的墙、地、顶棚表面上的一种传统做法的装饰工程。一般由底层、中层和面层组成；底层主要起与基层（基体）黏结作用，中层主要起找平作用，面层主要起装饰美化作用。抹灰工程按使用的材料及其装饰效果可分为一般抹灰和装饰抹灰。

（1）一般抹灰。一般抹灰所使用的材料有石灰砂浆、水泥混合砂浆、水泥砂浆、聚合物水泥砂浆、麻刀灰、纸筋石灰、粉刷石膏等；按建筑物的标准，一般抹灰分为高级抹灰和普通抹灰两个级别。

抹灰工程应在屋面防水工程完工后，且无后续工程损坏和沾污的情况下进行。抹灰工程的一般顺序为先外墙面后内墙面，先上后下，先房间（顶棚→墙面→地面）后走廊、楼梯、门厅。

墙面抹灰的工艺顺序一般为：基层处理→浇水湿润基层→找规矩、做灰饼、标筋→抹底灰、中灰→抹面灰。

顶棚抹灰的工艺顺序一般为：弹水平线→洒水湿润→刷结合层（仅适用于混凝土基层）→抹底灰、中灰→抹面灰。

（2）装饰抹灰。装饰抹灰是指通过操作工艺及选用材料等方面的改进，使抹灰更富于装饰效果。装饰抹灰主要有水刷石、斩假石、干粘石、假面砖等。装饰抹灰与一般抹灰的区别在于两者具有不同的装饰面层，其底层和中层的做法与一般抹灰基本相同。

2. 饰面工程

饰面工程是在墙柱表面镶铁或安装具有保护和装饰功能的块料而形成的饰面层；块料

的种类：饰面板和饰面砖；饰面板有石材饰面板（包括天然石材和人造石材）、金属饰面板、塑料饰面板、镜面玻璃饰面板等；饰面砖有釉面瓷砖、外墙面砖、陶瓷锦砖和玻璃马赛克等。

（1）饰面板施工。

1）小规格石材饰面板（边长小于400mm）镶贴。小规格块材（大理石、磨光花岗石、预制水磨石饰面板）的工艺流程为：基层处理→吊垂直、套方、找规矩、贴灰饼→抹底层砂浆→弹线分格→排块材→浸块材→镶贴块材→表面勾缝与擦缝。

2）大规格石材饰面板（边长大于400mm）安装。

①湿作业安装法（亦称挂装灌浆法）。湿作业安装法的施工工艺流程为：基体处理→绑扎钢筋网→预拼→固定不锈钢丝→板块就位→固定→灌浆→清理→嵌缝。

②干挂法。石材干挂法施工主要采用扣件固定的方法，如图4-7所示。石材干挂法的施工工艺流程是：墙面修整、弹线、打孔→固定连接件→安装板块→调整固定→嵌缝→清理。大理石、花岗岩干挂施工的关键部件是耐腐蚀的螺栓和耐腐蚀的柔性连接件。干挂法施工的优点是在风力和地震力的作用下允许产生适量的变位，可适当的抵抗风载和地震力；免除了灌浆工序，可缩短施工周期；消除灌浆中的盐碱等色素对石材的渗透污染。因此，干挂法施工得到了越来越广泛的应用。

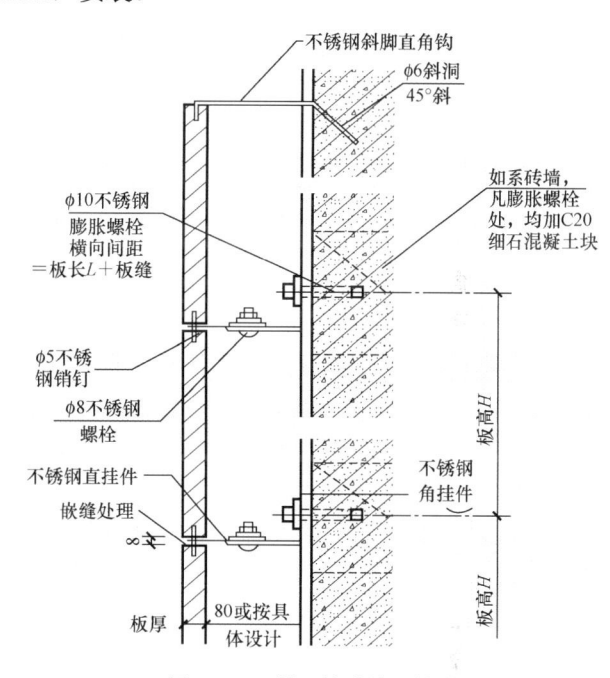

图4-7 石材干挂法施工做法

（2）饰面砖施工。

1）内墙釉面砖。釉面砖应经挑选，使规格、颜色一致，并在清水中浸泡（以瓷砖吸足水不冒泡为止）后，阴干备用。对镶贴基层应找好规矩，弹出横、竖控制线，按砖实际尺寸进行预排。

镶贴前先浇水湿润基层，根据弹线稳好底部尺板，作为镶贴第一皮瓷砖的依据。铺贴应从阳角开始，由下往上逐层粘贴，使不成整块的留在阴角。镶贴时，应将黏结砂浆均匀刮抹在瓷砖背面，逐块进行粘贴。釉面砖铺贴后，用棉纱蘸水将表面灰浆拭净，并用与面砖颜色相同的嵌缝剂或侧面蘸稀水泥浆嵌缝，作到密实、无气孔和砂眼。嵌缝后用棉纱擦拭干净。如砖面污染严重，可用稀盐酸刷洗并用清水冲洗干净。

2）外墙面砖。外墙面砖的施工工艺流程为：施工准备→基层处理→排砖→拉通线、找规矩、做标志→刮糙找平→弹线分格→固定底尺→镶贴→起出分格条→勾缝→清洗。

（3）楼地面工程。

1）整体面层施工。水泥砂浆楼地面施工的工艺流程一般为：清扫、清洗基层→弹面层线、做灰饼、标筋→润湿基层→扫水泥素浆→铺水泥砂浆→木杠压实、刮平→木抹子压实、搓平→铁抹子压光（三遍）→覆盖、浇水养护。

2）板块面层施工。大理石、花岗石及碎拼大理石地面施工流程一般为：基层处理→试拼→弹线→试排→刷水泥素浆及铺砂浆结合层→铺砌板块→灌缝、擦缝→养护→打蜡。

（4）涂料工程。涂料工程的施工流程一般为：清理基层→找补腻子（砂浆基层应增加满刮腻子工序）并用砂纸磨平→刷第一遍涂料（油漆）→找补腻子，并用砂纸磨平→刷第二遍涂料（油漆）→刷第三遍涂料（油漆）。各种建筑涂料的施工过程大同小异，大致上包括基层处理、刮腻子与磨平、涂料施涂三个阶段工作。涂料的施涂方法有刷涂、滚涂、喷涂、刮涂和弹涂等。

1）刷涂。刷涂是用油漆刷、排笔等将涂料刷涂在物体表面上的一种施工方法。此法操作方便，适应性广，除极少数流平性较差或干燥太快的涂料不宜采用外，大部分薄涂料或云母片状厚质涂料均可采用。刷涂顺序是先左后右、先上后下、先过后面、先难后易。

2）滚涂（或称辊涂）。滚涂是利用滚筒（或称辊筒，涂料辊）蘸取涂料并将其涂布到物体表面上的一种施工方法。滚筒表面有的是粘贴合成纤维长毛绒，也有的是粘贴橡胶（称之为橡胶压辊），当绒面压花滚筒或橡胶压花压辊表面为凸出的花纹图案时，即可在涂层上滚压出相应的花纹。

3）喷涂。它是利用压力或压缩空气将涂料涂布于物体表面的一种施工方法。涂料在高速喷射的空气流带动下，呈雾状小液滴喷到基层表面上形成涂层。喷涂的涂层较均匀，颜色也较均匀，施工效率高，适用于大面积施工。可使用各种涂料进行喷涂，尤其是外墙涂料用得较多。

4）刮涂。它是利用刮板将涂料厚浆均匀地批刮于饰涂面上，形成厚度为1~2mm的厚涂层。常用于地面厚层涂料的施涂。

5）弹涂。它是利用弹涂器通过转动的弹棒将涂料以圆点形状弹到被涂面上的一种施工方法。若分数次弹涂，每次用不同颜色的涂料，被涂面由不同色点的涂料装饰，相互衬托，可使饰面增加装饰效果。

（5）门窗工程。门窗施工包括门窗制作和门窗安装两部分。大部分门窗是由工厂生产的产品，施工时只需安装即可。

门窗在运输和存放时，底部均需垫200mm×200mm的方枕（木材或混凝构件均可），门窗露天存放时，要用苫布遮盖。金属门窗的存放处不得有酸碱等杂物，特别是易挥发性酸，如盐酸、硝酸等，并要求有良好的通风条件。塑料门窗在运输和存放时，不能平堆码放，应竖直排放，樘与樘之间用非金属软质材料（如玻璃丝毡片、粗麻编织物、泡沫塑料等）隔开，并固定牢靠；存放处应远离热源2m以上。要注意保护铝合金门窗和涂色镀锌钢板门窗的表面。塑料门窗在搬、吊、运时，应用非金属软制材料的衬垫和非金属绳索捆扎。

为了保证安装质量和使用效果，金属门窗和塑料门窗的安装，必须采用后塞口法，即预留洞口后安装的方法，严禁采用边安装边砌口或先安装后砌口的做法。门窗安装的工艺流程为：放线→安装门窗框→嵌填门窗框与墙体的缝隙→安装门窗扇。门窗框固定可采用焊接、膨胀螺栓或射钉等方式，但砖墙严禁用射钉固定。门框扇安装后应暂时取下门扇，编号单独保管。门窗洞口粉刷时，应将门窗表面贴纸保护。粉刷完毕，应及时清除玻璃槽口内的渣灰。门窗表面如沾上砂浆或密封膏液，应及时用软料抹布或棉丝清理干净，切勿使用金属工具擦刮。

第二节 建筑工程测量

一、建筑工程测量的任务

1. 测量学的内容

测量学是一门研究地球表面的形状和大小、确定地面点之间相对位置的科学。测量学的发展大致经历了 17 世纪以前的精密机械测绘阶段、17~20 世纪 60 年代末的光学测绘阶段和 20 世纪 70 年代至今的电子测绘阶段三个阶段。测量的基本工作是高差测量、水平角测量和水平距离测量。测量学的内容包括测定和测设两部分。

（1）测定。测定是指使用测量仪器和工具，通过测量和计算，得到一系列测量数据，或将地球表面的地物和地貌缩绘成地形图，供规划设计和科学研究等使用。

（2）测设。测设是指用一定的测量仪器、工具和方法，将设计图样上规划设计好的建（构）筑物位置，在实地标定出来，作为施工的依据。

2. 建筑工程测量的任务

建筑工程测量是测量学的一个组成部分。它是研究建筑物在勘测设计、施工和运营管理阶段所进行的各种测量工作的理论、技术和方法的学科，它的主要任务是：

（1）测绘大比例尺地形图。把工程建设区域内的各种地面物体位置、形状以及地面的起伏状态，依照规定的符号和比例尺绘成地形图，为工程建设的规划设计提供必要的图样和资料。

（2）建筑物的施工测量。把图样上已设计好的建（构）筑物，按设计要求在现场标定出来，作为施工的依据；配合建筑施工，进行各种测量工作，以保证施工质量；开展竣工测量，为工程验收、日后扩建和维修管理提供资料。

（3）建筑物的变形观测。对于一些重要的建（构）筑物，在施工和运营期间，为了确保安全，应定期对建（构）筑物进行变形观测。

总之，测量工作贯穿于工程建设的整个过程，测量工作的质量直接关系到工程建设的速度和质量。因此，任何从事工程建设的人员，都必须掌握必要的测量知识和技能。

二、基本概念及常用的测量仪器

1. 基本概念

（1）水准面和水平面。人们设想以一个静止不动的海水面延伸穿越陆地，形成一个闭合的曲面包围了整个地球，这个闭合曲面称为水准面。水准面的特点是水准面上任意一点的铅垂线都垂直于该点的曲面，与水准面相切的平面，称为水平面。

（2）大地水准面。事实上，海水受潮汐及风浪的影响，时高时低，所以水准面有无数个，其中与平均海水面相吻合的水准面称为大地水准面，它是测量工作的基准面。由大地水准面所包围的形体，称为大地体。它代表了地球的自然形状和大小，作为高程基准面（地面点高程的起算面）。

（3）地面点的高程。

1）绝对高程。地面点到大地水准面的铅垂距离，称为该点的绝对高程，简称高程。

2）相对高程。个别地区采用绝对高程有困难时，也可以假定一个水准面作为高程起算基准面，这个水准面称为假定水准面。地面点到假定水准面的铅垂距离，称为该点的相对高程或假定高程。

3）高差。地面两点间的高程之差，称为高差，用 h 表示。

（4）坐标轴系。坐标轴系的类型及其用途，见表 4-5。

表 4-5　　坐标轴系的类型及其用途

名　称	定　义	方　式	用　途
地理坐标	用经纬度表示地面点位的球面坐标	由子午面向东、向西 0°～180° 为东经、西经；由赤道面向北、向南 0°～90° 为北纬、南纬	适用于全球性的球面坐标系；确定点的绝对位置
平面直角坐标	用平面上的长度值表示地面点位的直角坐标	以南北方向为 X 轴，自坐标原点向北为正，向南为负。以东西方向为 Y 轴，自坐标原点向东为正，向西为负。象限按顺时针编号	适用于小范围的平面直角坐标系；确定点的相对位置

（5）误差及原因分析。测量工作的实践表明，不论是测量距离还是观测角度或高差，尽管采用精密仪器，合理的观测方法，认真负责的态度，但在相同的条件下，对同一量的多次观测，各个测值之间往往存在着差异。在测量工作中经常而又普遍发生的这种差异现象，是由于观测值中含有测量误差的缘故。

测量误差的产生，主要有仪器误差、人为误差、外界条件等三个方面的原因。这些原因通常称为观测条件。

（6）控制测量。测量工作必须遵循"从整体到局部，先控制后碎部"原则。因此，必须首先进行控制测量，然后以控制测量为基础开展碎部测量和测设工作。控制测量的目的在于提供统一的参考框架，以便在给定区域内协调各种测量工作。控制测量由平面控制测量和高程控制测量两部分组成。选定测区内具有控制意义的点位，并使用一定的标志固定下来，精确地测定其位置，作为低等测量的依据，这样的点称为控制点。测定控制点的平面位置（x，y）的测量工作，称为平面控制测量；而测定控制点高程（H）的测量工作，称为高程控制测量。由控制点构成互相连接的图形，称为控制网。控制网分为平面控制网和高程控制网两种。

在全国范围内建立的控制网，称为国家基本控制网。国家基本控制网按其精度的不同，分为一、二、三、四等四个等级的国家平面控制网和国家高程控制网。高等控制网是低等控制网的骨架，由高等向低等逐级加密建网，国家平面控制网和国家高程控制网覆盖了整个国土。这些国家基本控制点统称为大地点，它是测绘各种国家基本比例尺地图的依据，并为研究地球的形状、大小和地壳形变提供资料。

在城市或大型工矿地区，以上述国家基本控制点为基础，根据测区的大小和施工测量的要求，布设不同等级的城市平面控制网和城市高程控制网，以作为地形测图和施工放样的依据。城市和大型工矿地区的平面控制网，一般采用三角网作为基本控制，下设导线测量作为加密控制。

（7）地形图相关概念。

1）地形是地物和地貌的总称。

2）地物是地面上天然的或人工形成的各种固定物体，如河流、森林、树木、房屋、道路、农田等。

3）地貌是指地球表面高低起伏的自然形态。如高山、丘陵、平原、洼地、山脊、山谷、悬崖、鞍部等。

4）地形图是普通地图的一种。按一定比例尺，采用规定的符号和表示方法，表示地面的地物、地貌、平面位置与高程的正射投影图，称为地形图，如图4-8所示。

5）等高线就是地面上高程相等的相邻各点连成的闭合曲线，即水平面与地面相交的曲线。地形图上，显示地貌的方法很多，目前常用的是等高线法，等高线不仅能真实反映地貌形态和地面高低起伏，而且还能科学地表示出地面的坡度和地面点的高程。

2. 常用的测量仪器

（1）水准仪。水准测量所用的仪器为水准仪，工具有水准尺和尺垫。水准仪主要由望远镜、水准器和基座组成。水准仪按其精度分有 DS_{05}；DS_1；DS_3；DS_{10} 等不同精度的仪器。D、S 分别为"大地测量"和"水准仪"的汉语拼音第一个字母，下标数字05、1、3、10 表示精度，即每千米水准测量高差中数偶然中误差。下标数字越小精度越高。DS_{05}、DS_1 属精密水准仪，DS_3、DS_{10} 属普通水准仪。在建筑工程测量、地形测量和国家三四等水准测量中，一般多使用 DS_3 型水准仪。

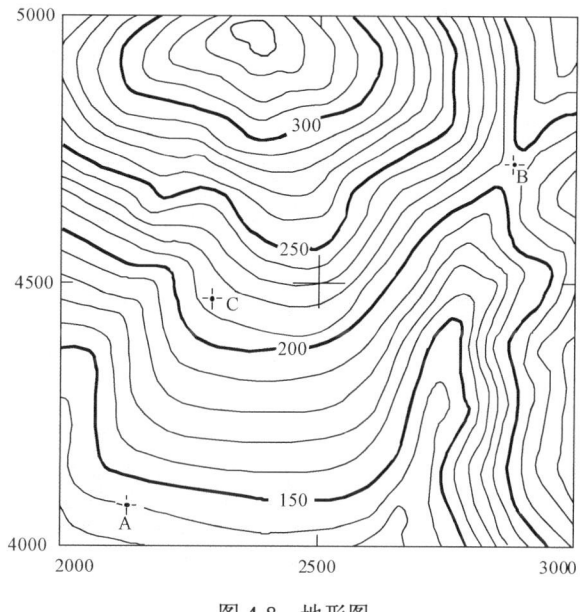

图 4-8 地形图

水准测量的基本思路是：利用水准仪的一水平视线来测定地面上两点之间的高差，再用其中一个已知点的高程和测定的高差，求出另一个待测点的高程。利用视距测量原理还可以测量两点间的水平距离。

（2）经纬仪。经纬仪由照准部、水平度盘和基座三部分组成，是常用的测角仪器。角度测量是确定地面点位的基本测量工作之一，它分为水平角测量和竖直角测量。测量水平角是为了确定地面点的平面位置；测量竖直角是为了确定地面点的高程。经纬仪主要测量水平角。

经纬仪按其精度指标编制了系列标准，分为 DJ_{07}；DJ_1；DJ_2；DJ_6；DJ_{15}；DJ_{60} 等级别。其中，D、J 分别为"大地测量"和"经纬仪"的汉语拼音第一个字母，07、1、2、6、15、60 等下标数字，表示该仪器所能达到的精度指标。如 DJ_6 级表示，一测回方向中误差不超过±6″的大地测量经纬仪，DJ_6 亦可简称为 J_6。

经纬仪按其读数系统可分为光学经纬仪和电子经纬仪等。当前在工程建设中使用最广泛的一般是 DJ_6 级光学经纬仪，因为它具有精度高、体积小、重量轻、密封性能好和使用方便等优点。

（3）全站仪。

1）全站仪的组成：

①为采集数据而设置的专用设备：电子经纬仪、光电测距仪和数据记录装置等。

②过程控制机：有序地控制上述每一专用设备的功能，并控制与测量数据相连接的外围设备及进行计算、产生指令等。

2）全站仪的功能。全站仪在测站上一经观测，必要的观测数据如斜距、天顶距（竖直角）、水平角等均能自动显示，而且几乎是在同一瞬间内得到平距、高差、点的坐标和高程。如果通过传输接口把全站仪野外采集的数据终端与计算机、绘图机连接起来，配以数据处理软件和绘图软件，即可实现测图的自动化。

3）全站仪的使用特点：

①所有观测工作可以在一个测站全部完成，自动显示观测数据。

②内置软件功能强大，很多计算自动完成，可直接显示点的坐标和高程。

③与计算机连接，或通过内置高级应用软件，很多测量工作可实现自动化。

④作业人员劳动强度降低，工作效率提高。

三、施工测量

各种工程在施工阶段所进行的测量工作，称为施工测量。

施工测量的基本任务是把设计图纸上按规定设计的建筑物、构筑物的平面位置和高程，按设计要求，使用测量仪器，根据测量的基本原理和方法，以一定的精度测设（放样）到地面上，并设置标志，作为施工的依据；同时在施工过程中进行一系列的测量工作，以衔接和指导各工序间的施工。施工测量与施工配合紧密、精度要求较高，测量人员应灵活地选择适当的测量放线方法，配备功能相适应的仪器，在整个施工的各个阶段和各主要部位做好验线工作，仔细检查每一个环节。

1. 施工测量的内容

施工测量贯穿于施工的全过程，其内容包括：

（1）施工前的施工控制网的建立。

（2）建筑物定位和基础放线。

（3）工程施工中各道工序的细部测设，如基础模板的测设、工程砌筑、构件和设备安装等。

（4）工程竣工后，为了便于管理、维修和扩建，还必须编绘竣工图。

（5）施工和运营期间对高大或特殊的建（构）筑物进行变形观测。

2. 施工测量的基本原则

（1）从整体到局部，先控制后碎部。先在施工现场建立统一的平面控制网和高程控制网，然后以此为基础，测设出各个建筑物和构筑物的位置。

（2）逐步检查。施工测量过程中，必须严格执行"逐步检查"的原则，采用各种不同的方法加强外业和内业的检核工作，随时检查观测数据、放样定线的可靠程度以及施工测量成果所具有的精度，前一步工作未作检核不得进行下一步工作。

（3）记录准确。测量记录应做到：原始、正确、完整、工整、及时计算、随时校核、妥善保管。

3. 施工测量的基本工作

测设的基本工作包括已知水平距离测设、已知水平角测设和已知高程测设。

（1）已知水平距离测设。距离的测设，是从地面上一个已知点出发，沿给定的方向，量出已知（设计）的水平距离，在地面上定出另一端点的位置。量距的工具有传统工具（钢尺、测杆、测钎、锤球等）、光电测距仪、全站仪三种。已知距离的测设方法有钢尺测设法和光电测距仪测设法。

（2）已知水平角测设。相交于一点的两方向线在水平面上的垂直投影所形成的夹角，称为水平角。已知水平角测设的工具一般采用经纬仪、测杆或测钎等。已知水平角测设的方法有方向观测法（盘左、盘右分中法）和测回法等。

（3）已知高程测设。高程的测设是利用水准测量的方法，根据附近已知水准点，将设计高程测设到地面上。水准测量是指利用水准仪提供的水平视线，借助于带有分划的水准尺，直接测定地面上两点间的高差，然后根据已知点高程和测得的高差，推算出未知点高程。

（4）地面点的平面位置的测设。地面点平面位置的测设方法有直角坐标法、极坐标法、角度交会法、距离交会法。

4. 测设前的准备工作

（1）熟悉设计图纸。设计图纸是施工测量的主要依据，在测设前，应熟悉建筑物的设计图纸，了解施工建筑物与相邻地物的相互关系，以及建筑物的尺寸和施工的要求等，并仔细核对各设计图纸的有关尺寸。测设时必须具备下列图纸资料：

1）总平面图。从总平面图上，可以查取或计算设计建筑物与原有建筑物或测量控制点之间的平面尺寸和高差，作为测设建筑物总体位置（定位）的依据。

2）建筑平面图。从建筑平面图中，可以查取建筑物的总尺寸，以及内部各定位轴线之间的关系尺寸，这是施工测设（放线）的基本资料。

3）基础平面图。从基础平面图上，可以查取基础边线与定位轴线的平面尺寸，这是测设基础轴线（放线）的必要数据。

4）基础详图。从基础详图中，可以查取基础立面尺寸和设计标高，这是基础高程测设的依据。

5）建筑物的立面图和剖面图。从建筑物的立面图和剖面图中，可以查取基础、地坪、门窗、楼板、屋架和屋面等设计高程，这是高程测设的主要依据。

（2）现场踏勘。全面了解现场情况，对施工场地上的平面控制点和水准点进行检核。

（3）施工场地整理。平整和清理施工场地，以便进行测设工作。

（4）制定测设方案。根据设计要求、定位条件、现场地形和施工方案等因素，制定测设方案，包括测设方法、测设数据计算和绘制测设略图。

（5）检验、校正仪器和工具。使用前要对仪器和工具进行检验、校正。

5. 施工控制网的建立

施工控制网分为平面控制网和高程控制网两种。

平面控制网可根据建筑总平面图、建筑场地的大小和地形、施工方案等因素布设成导线网、建筑基线、建筑方格网等形式。建筑基线是根据建筑物的分布、场地地形等因素，布设成一条或几条轴线，以此作为施工控制测量的基准线。建筑基线可根据建筑红线或建筑控制点进行测设。建筑方格网的测设一般分两步走，先进行主轴线的测设，然后是方格网的测设。测设时须控制测角和测距的精度。

在一般情况下，建筑基线点、建筑方格网点以及导线点也可兼作高程控制点。只要在平面控制点桩面上中心点旁边，设置一个突出的半球状标志即可。为了便于检核和提高测量精度，施工场地高程控制网应布设成闭合水准路线、附合水准路线或结点网形，测量精度不宜低于三等水准测量的精度，测设前应对已知高程控制点进行认真检核。高程控制网可分为首级网和加密网，相应的水准点称为基本水准点和施工水准点。

6. 民用建筑物的定位

民用建筑物的定位是指将建筑物的外廓（墙）轴线交点（简称角桩）测设到地面上，从而为建筑物的放线及细部放样提供依据的工作。

民用建筑物的定位方法有根据与现有建筑物的关系定位、根据建筑方格网（或建筑基线）定位、根据已有控制点定位三种，如图4-9所示。

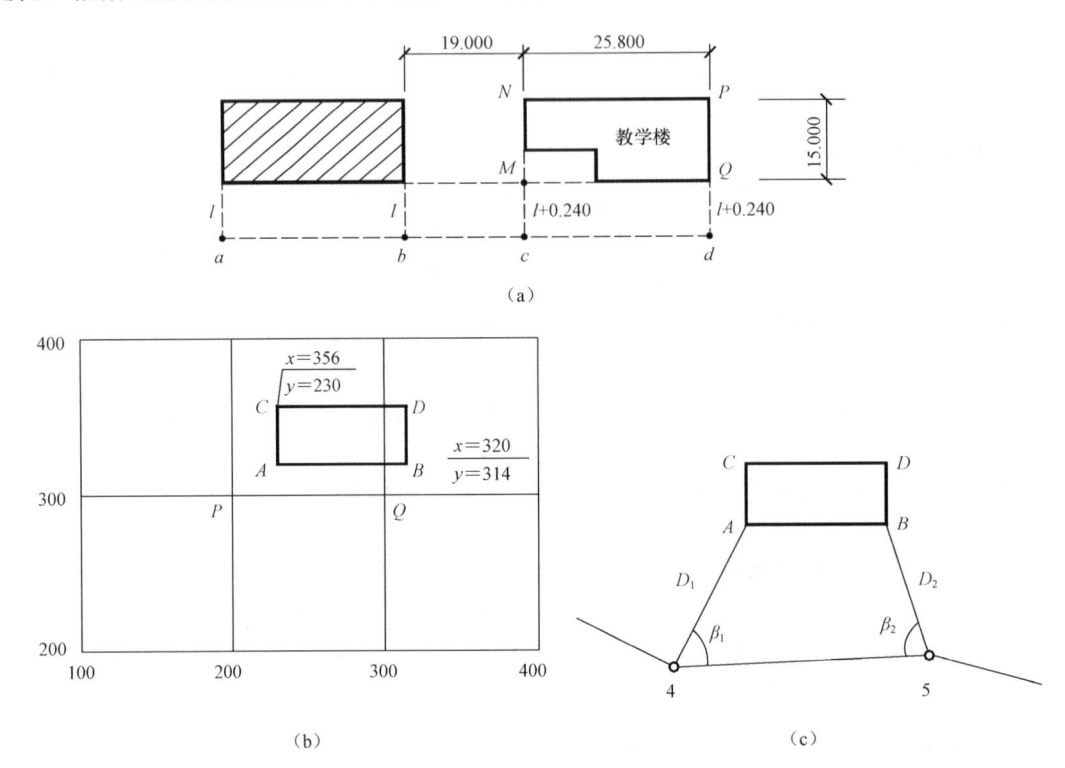

图 4-9 民用建筑物的定位方法

(a) 根据与现有建筑物的关系定位；(b) 根据建筑方格网定位；(c) 根据已有控制点定位

当有建筑基线、建筑方格网、导线或控制点时，一般采用直角坐标法或极坐标法定位；当没有控制网时，一般根据已有建筑物或规划道路红线，采用延长直线法或直角坐标法定位。

7. 建筑物的放线

建筑物的放线是指根据已定位出的建筑物主轴线（即角桩）详细测设建筑物其他各轴线交点桩（桩顶钉小钉，简称中心桩），再根据角桩、中心桩的位置，用白灰撒出基槽边界线。

民用建筑物放线的内容包括：

（1）定中心桩。根据定位出的角桩，来详细测设建筑物各轴线的交点桩（中心桩）。

（2）建筑物轴线控制。延长轴线，撒出基槽开挖白灰线。延长轴线的方法有龙门板法和引桩法。龙门板法适用小型民用建筑。引桩法（轴线控制桩法）适用大型民用建筑。

8. 基础、墙体的施工测量工作

基础的施工测量工作包括确定开挖边线和控制开挖深度。基槽开挖要求不得超挖，当基槽挖到离槽底0.3～0.5m时，应用高程放样的方法在槽壁上钉水平控制桩。

砌体结构墙体使用皮数杆进行标高控制。如是框架或钢筋混凝土柱间墙时，每层皮数杆可直接画在构件上。

9. 建筑物的轴线投测与高程传递

在多层建筑墙身砌筑过程中,为了保证建筑物轴线位置正确,可用吊锤球法或经纬仪投测法将轴线投测到各层楼板边缘或柱顶上。

在多层建筑施工中,要由下层向上层传递高程,以便楼板、门窗口等的标高符合设计要求。高程传递的方法有利用皮数杆传递高程法、利用钢尺直接丈量法、吊钢尺法。

第三节 建筑施工组织

建筑施工是一个工期长、工作量大、资源消耗多、涉及面广的过程,建筑施工组织是建筑施工过程中各生产要素(劳动力、建筑材料、施工机具、施工方法、资金等)之间的合理组织工作,建筑施工组织工作非常艰巨和复杂。为了保证整个施工活动从施工准备到竣工验收顺利进行,在施工准备阶段必须做好施工组织设计的编制和审批工作,在具体的施工过程中必须做好施工组织设计的贯彻执行工作。

施工组织设计是用来指导拟建工程施工全过程中各项活动的技术、经济和组织的综合性文件。施工组织设计,按编制的目的与阶段可分为标前施工组织设计和标后施工组织设计;按编制对象的范围可分为施工组织总设计、单位工程施工组织设计、部分项工程施工组织设计。施工组织总设计是以一个建筑群或一个建设项目(如工矿企业、学校等)为编制对象,一般在初步设计或扩大初步设计被批准之后,由总承包企业的总工程师领导下进行编制。单位工程施工组织设计是以一个单位工程(如一幢建筑物中的土建工程、卫暖工程等)为编制对象,在拟建工程开工之前,由工程项目部的技术负责人负责编制。分部分项工程施工组织设计是以分部分项工程(如土建工程中的地基基础工程、屋面工程、装饰工程等)为编制对象,由单位工程的技术人员负责编制。本文主要叙述标后单位工程施工组织设计的编制内容和方法。

一、单位工程施工组织设计的编制

单位工程施工组织设计是基层施工单位编制季度、月度、旬施工作业计划、分部分项工程作业设计及劳动力、材料、预制构件、施工机具等供应计划的主要依据,也是建筑施工企业加强生产管理的一项重要工作。

单位工程施工组织设计一般在工程开工前由施工单位的工程项目主管工程师负责编制,并报公司总工程师审批或备案。经该工程监理单位的总监理工程师批准后,单位工程施工组织设计方可实施。

单位工程施工组织设计的编制依据主要包括:主管部门的批示文件及有关要求、经过会审的施工图、施工企业年度施工计划、施工组织总设计、工程预算文件及有关定额、建设单位对工程施工可能提供的条件、施工条件、施工现场的勘察资料、有关的规范、规程和标准、有关的参考资料及施工组织设计实例。

单位工程施工组织设计的编制程序一般为:熟悉、审查施工图纸,进行调查研究→计算工程量→编制施工进度计划→编制资源需用量计划→确定临时设施→确定临时管线→编制施工准备工作计划→编制施工平面布置图→计算技术经济指标→审批。

单位工程施工组织设计的内容主要包括:

1. 工程概况及施工特点分析

工程概况及施工特点分析包括工程建设概况、工程建设地点特征、建筑结构设计概况、施工条件和工程施工特点分析五方面内容。

2. 施工方案

施工方案包括确定各分部分项工程的施工顺序；确定主要分部分项工程的施工方法和选择适用的施工机械；制订主要技术组织措施；组织流水施工。

3. 单位工程施工进度计划表

单位工程施工进度计划是在施工方案的基础上，根据规定工期和技术物资供应条件，遵循工程的施工顺序，用图表形式（横道图或网络图）表示各分部分项工程搭接关系及工程开竣工时间的一种计划安排。编制施工进度计划的步骤主要包括划分施工过程、计算工程量、套用施工定额、计算劳动量及机械台班量、确定施工过程的延续时间、初排施工进度计划、检查与调整施工进度计划。单位工程施工进度计划编制确定以后，便可编制劳动力需要量计划；编制主要材料、预制构件、门窗等的需用量和加工计划；编制施工机具及周转材料的需用量和进场计划。

4. 单位工程施工平面图

单位工程施工平面图主要包括确定起重、垂直运输机械、搅拌站、临时设施、材料及预制构件堆场布置，运输道路布置，临时供水、供电管线的布置等内容。

5. 主要技术经济指标

主要技术经济指标主要包括工期指标、工程质量指标、安全指标、降低成本指标等内容。

施工方案、施工进度表、施工平面图，简称为"一案一表一图"，是单位工程施工组织设计的核心内容。

二、各分部分项工程的施工顺序

1. 确定施工顺序的基本原则

施工顺序是指工程开工后各分部分项工程施工的先后次序。一般情况下，确定施工顺序应遵循的基本原则是：

（1）先地下，后地上。它指的是地上工程开始之前，把管道、线路等地下设施、土方工程和基础工程全部完成或基本完成。地下工程施工时应做到先深后浅。

（2）先主体，后围护。它指的是框架结构建筑和装配式单层工业厂房施工中，先进行主体结构，后完成围护工程。同时框架主体结构与围护工程在总的施工顺序上要合理搭接，一般来说，多层建筑以少搭接为宜，高层建筑则应尽量搭接施工，以缩短施工工期；而装配式单层工业厂房主体结构与围护工程一般不搭接。

（3）先结构，后装修。对一般情况而言，先结构，后装修有时为了缩短施工工期，也可以有部分合理的搭接。

（4）先土建，后设备。不论是民用建筑还是工业建筑，一般来说，土建施工应先于水、暖、煤、卫、电等建筑设备的施工。但它们之间更多的是穿插配合关系，尤其在装修阶段，要从保证施工质量、降低成本的角度，处理好相互之间的关系。

2. 确定施工顺序的基本要求

确定施工顺序的基本要求是：施工顺序必须符合施工工艺的要求，必须与施工方法协调一致，必须考虑施工组织的要求，必须考虑施工质量的要求，必须考虑当地的气候条件，必须考虑安全施工的要求。

3. 多层民用混合结构房屋的施工顺序

多层混合结构民用房屋的施工，按照房屋结构各部位不同的施工特点，可分为基础工程、主体工程、屋面及装修工程三个施工阶段，如图4-10所示。

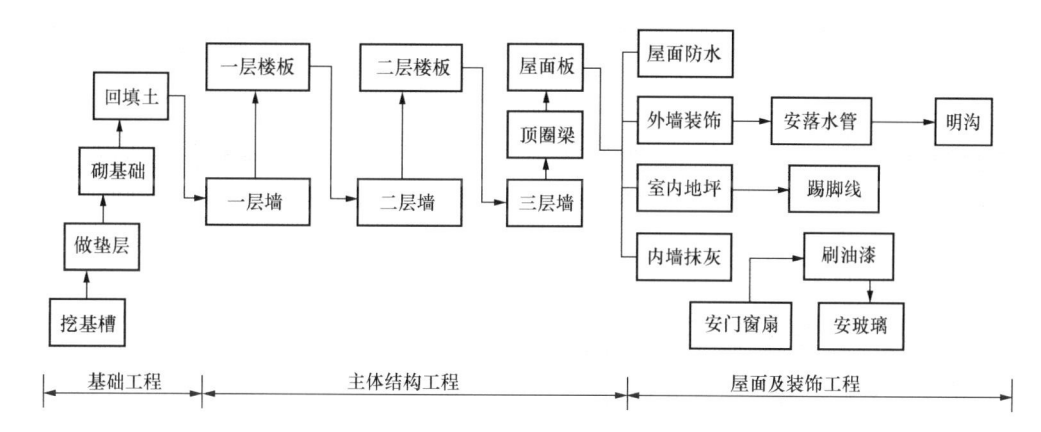

图4-10 多层混合结构民用房屋的施工顺序

（1）基础工程阶段施工顺序。基础工程是指室内地面以下的工程。基础工程施工阶段的施工顺序比较容易确定，一般是挖基槽→做垫层→砌基础→回填土。具体内容视工程设计而定。如有桩的基础工程，应另列桩基础工程。如有地下室则施工过程和施工顺序一般是：挖土方→垫层→地下室底板→地下室墙、柱结构→地下室顶板→防水层及保护层→回填土，但由于地下室结构、构造不同，有些施工内容应有一定的配合和交叉。

在基础工程施工阶段，挖土方与做垫层这两道工序，在施工安排上要紧凑，时间间隔不宜太长，必要时可将挖土方与做垫层合并为一个施工过程。在施工中，可以采取集中兵力，分段流水进行施工，以避免基槽（坑）土方开挖后，垫层施工未能及时进行，使基槽（坑）浸水或受冻害，从而使地基承载力下降，造成工程质量事故或引起工程量、劳动力、机械等资源的增加。还应注意混凝土垫层施工后必须有一定的技术间歇时间，使之具有一定的强度后再进行下道工序的施工。各种管沟的挖土、铺设等施工过程，应尽可能与基础工程施工配合，采取平行搭接施工。回填土一般在基础工程完工后一次性分层、对称夯填，以避免基础浸泡和为后道工序施工创造条件。当回填土工程量较大且工期较紧时，也可将回填土分段与主体结构搭接进行，室内回填土可安排在室内装修施工前进行。

（2）主体结构工程阶段施工顺序。主体工程是指基础工程以上，屋面板以下的所有工程。这一施工阶段的施工过程主要包括：安装起重垂直运输机械设备，搭设脚手架，墙体砌筑，现浇柱、梁、板、雨篷、阳台、楼梯等施工内容。

其中砌墙和现浇楼板是主体工程阶段施工的主导施工过程。两者在各楼层中交替进行，应注意使它们在施工中保持均衡、连续、有节奏地进行。并以它们为主组织流水施工，根据每个施工段的砌墙和现浇楼板工程量、工人人数、吊装机械的效率、施工组织的安排等计算确定流水节拍大小，而其他施工过程则应配合砌墙和现浇楼板组织流水，搭接进行施工。如脚手架搭设应配合砌墙和现浇楼板逐段逐层进行；其他现浇钢筋混凝土构件的支模、扎筋可安排在现浇楼板的同时或墙体砌筑的最后一步插入，要及时做好模板、钢筋的加工制作工作，以免影响后续工程的按期投入。

钢筋混凝土框架结构房屋在主体工程施工时施工顺序与混合结构房屋有所区别，即框架柱框架梁板交替进行，也采用框架柱梁板同时进行，墙体工程则与框架柱梁板搭接施工。

（3）屋面及装饰工程施工顺序。屋面工程的施工，应根据屋面的设计要求逐层进行。例柔性屋面的施工顺序按照找平层→保温层→找平层→柔性防水层→保护隔热层依次进行。刚性屋面按照找平层→保温层→找平层→刚性防水层→隔热层施工顺序依次进行，其中细石混凝土防水层、分仓缝施工应在主体结构完成后开始并尽快完成，以便为顺利进行室内装修创造条件。屋面工程施工在一般情况下不划分流水段，它可以和装修工程搭接施工。

（4）装修装饰工程。装修工程的施工可分为室外装修（檐沟、女儿墙、外墙、勒脚、散水、台阶、明沟、水落管等）和室内装修（天棚、墙面、楼地面、踢脚线、楼梯、门窗、五金及木作、油漆及玻璃等）两个方面的内容。根据装修工程的质量、工期、施工安全以及施工条件，其施工顺序一般有以下几种：

1）外装修工程。室外装修工程一般采用自上而下的施工顺序，即在屋面工程全部完工后室外抹灰从顶层至底层依次逐层向下进行。采用这种顺序方案的优点是：可以使房屋在主体结构完成后，有足够的沉降和收缩期，从而可以保证装修工程质量，同时便于脚手架的及时拆除。

2）内装修工程。

①室内装修的流向有：自上而下、自下而上、自下而中再自上而中三种。

室内装修整体顺序自上而下的施工顺序是指主体工程及屋面防水层完工后，室内抹灰从顶层往底层依次逐层向下进行。其施工流向又可分为水平向下和垂直向下两种，通常采用水平向下的施工流向。采用自上而下施工顺序的优点是：可以使房屋主体结构完成后，有足够的沉降和收缩期，沉降变化趋向稳定，这样可保证屋面防水工程质量，不易产生屋面渗漏水，也能保证室内装修质量，可以减少或避免各工种操作互相交叉，便于组织施工，有利于施工安全，而且楼层清理也很方便。其缺点是：不能与主体及屋面工程施工搭接，故总工期相应拖长。室内装修自下而上的施工顺序是指主体结构施工到三层以上时（有两层楼板，以确保底层施工安全），室内抹灰从底层开始逐层向上进行，一般与主体结构平行。其施工流向又可分为水平向上和垂直向上两种，通常采用水平向上的施工流向。为了防止雨水或施工用水从上层楼板渗漏，而影响装修质量，应先做好上层楼板的面层，再进行本层天棚、墙面、楼地面的饰面。采用自下而上施工顺序的优点是：可以与主体结构平行搭接施工，可以缩短工期。其缺点是：同时施工的工序多、人员多、工序间交叉作业多，要采取必要的安全措施；材料供应集中，施工机具负担重，现场施工组织和管理比较复杂。因此只有当工期紧迫时室内装修才考虑采取自下而上的施工顺序。

②室内装修在同一楼层内天棚、墙面、楼地面之间的施工顺序。室内装修的单元顺序即在同一楼层内天棚、墙面、楼地面之间的施工顺序一般有两种：楼地面→天棚→墙面，天棚→墙面→楼地面。这两种施工顺序各有利弊。前者便于清理地面基层，楼地面质量易保证，而且便于收集墙面和天棚的落地灰，从而节约材料，但要注意楼地面成品保护，否则后道工序不能及时进行。

后者则在楼地面施工之前，必须将落地灰清扫干净，否则会影响面层与结构层间的黏结，引起楼地面起壳，而且楼地面施工用水的渗漏可能影响下层墙面、天棚的施工质量。底层地面通常在最后进行。

楼梯间和楼梯踏步,由于在施工期间易受损坏,为了保证装修工程质量,楼梯间和踏步装修往往安排在整个室内其他装修完工之后,自上而下统一进行。门窗的安装可在抹灰之前或之后进行,主要视气候和施工条件而定,但通常是安排在抹灰之后进行的。而油漆和安装玻璃次序是应先油漆门窗扇,后安装玻璃,以免油漆时弄脏玻璃,塑钢及铝合金门窗不受此限制。

在装修工程阶段,还需考虑室内装修与室外装修的先后顺序,这与施工条件和天气变化有关。通常有先内后外,先外后内,内外同时进行这三种施工顺序。

当室内有水磨石楼面时,应先做水磨石楼面,再做室外装修,以免施工时渗漏水影响室外装修质量;当采用单排脚手架砌墙时,由于留有脚手眼需要填补,应先做室外装修,拆除脚手架,同时填补脚手眼,再做室内装修;当装饰工人较少时,则不宜采用内外同时施工的施工顺序。一般说来,采用先外后内的施工顺序较为有利。

三、流水施工原理

组织施工的方式有依次施工、平行施工和流水施工三种。

依次施工是按照一定的施工顺序,前一个施工过程完成后,后一个施工过程开始施工;或先按一定的施工顺序完成前一个施工段上的全部施工过程后再进行下一个施工段的施工,直到完成所有的施工段。当工程规模比较小,施工工作面又有限时,依次施工是适用的,也是常见的。

平行施工是全部工程任务的各施工段同时开工、同时完成的一种施工组织方式。平行施工一般适用于工期要求紧,大规模的建筑群及分批分期组织施工的工程任务。该方式只有在各方面的资源供应有保障的前提下,才是合理的。

流水施工就是指所有的施工过程按一定的时间间隔依次投入施工,各个施工过程陆续开工、陆续竣工,使同一施工过程的施工队组保持连续、均衡施工,不同的施工过程尽可能平行搭接施工的组织方式。建筑工程的"流水施工"来源于工业生产中的"流水作业"。流水作业是一种先进的生产组织方式,即把整个的加工过程划分成若干个不同的工序,按照一定的顺序像流水似地进行生产。与工业生产中的"流水作业"不同的是,在建筑工程中的流水施工是建筑产品的位置固定不动,由生产工人带着材料和机具等在建筑物的空间上从前一段到后一段进行移动生产形成的。流水施工是在依次施工和平行施工的基础上产生的,它既克服了依次施工和平行施工的缺点,又具有它们两者的优点。它的特点是施工的连续性和均衡性,使各种物资资源可以均衡地使用,使施工企业的生产能力可以充分地发挥,劳动力得到了合理的安排和使用,从而带来了较好的技术经济效果。流水施工是目前广泛使用的组织施工方式。

组织流水施工必须具备划分分部分项工程、划分施工段、每个施工过程组织独立的施工队组、主要施工过程必须连续均衡地施工、不同的施工过程尽可能组织平行搭接施工等五个方面的条件。

流水施工基本参数包括工艺、空间和时间三个参数。其中,工艺参数包括施工过程数和流水强度两种,空间参数包括工作面、施工段数和施工层数三种,时间参数包括流水节拍、流水步距、平行搭接时间、技术与组织间歇时间、工期等。施工过程数是指参与一组流水的施工过程数目,以符号 n 表示。施工段数是指工程对象在组织流水施工中所划分的施工区段数目,用符号 m 表示。每层的施工段数必须大于或等于其施工过程数,即 $m \geq n$。流水节拍是指从事某一施工过程的施工队组在一个施工段上完成施工任务所需的时间,用符号 t_i 表示($i=1,2\cdots$)。流水步距是指两个相邻的施工过程的施工队组相继进入同一施工段开始施工的最小时间间隔(不包括技术与组织间歇时间),用符号 $k_{i,i+1}$ 表示(i 表示前一个施工过程,$i+1$ 表示后一个施工过程)。

流水施工的等级根据组织流水施工的工程对象的范围大小,通常可分为分项工程流水施工、分部工程流水施工、单位工程流水施工和群体工程流水施工。流水施工的表达方式有横道图和网络图两种。横道图是结合时间坐标,用一系列的水平线段分别表示各施工过程施工起止时间及先后顺序的图表,如图 4-11 所示。网络图是指由箭线和节点组成的,用来表示工作流程的有向、有序的网状图形,如图 4-12 所示。

施工过程	班组人数	施工进度(天)
基槽挖土	16	
混凝土垫层	30	
砖砌基础	20	
基槽回填土	10	

图 4-11 横道图

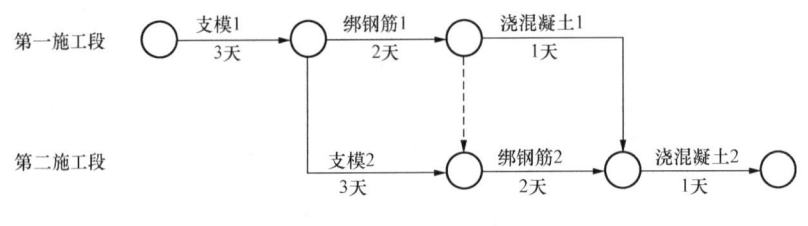

图 4-12 网络图

流水施工的基本组织方式,根据流水施工节奏特征的不同分为有节奏流水施工和无节奏流水施工两大类。有节奏流水是指同一施工过程在各施工段上的流水节拍都相等的一种流水施工方式。当各施工段劳动量大致相等时,即可组织有节奏流水施工。根据不同施工过程之间的流水节拍是否相等,有节奏流水又分为等节奏(全等节拍)流水施工和异节奏流水施工两大类。异节奏流水是指同一施工过程在各施工段上的流水节拍都相等,不同施工过程之间的流水节拍不一定相等的流水施工方式。异节奏流水又可分为等步距异节拍(成倍节拍)流水施工和异步距异节拍流水施工。

1. 等节奏流水施工

等节奏流水是指同一施工过程在各施工段上的流水节拍都相等,并且不同施工过程之间的流水节拍也相等的一种流水施工方式。即各施工过程的流水节拍均为常数,故也称为全等节拍流水或固定节拍流水。

它的基本特点是：流水节拍均相等；流水步距相等，且等于流水节拍；每个专业工作队都能够连续施工，施工段没有空闲时间；专业工作队数 n_1 等于施工过程数 n。

等节奏流水施工的组织方法是：首先划分施工过程，将劳动量小的施工过程合并到相邻施工过程中去，以使各流水节拍相符；其次确定主要施工过程的施工队组人数，计算其流水节拍；最后根据已定的流水节拍，确定其他施工过程的施工队组人数及其组成。

等节奏流水施工常用于组织一个分部工程的流水施工。对于工程规模较小，建筑结构比较简单，施工过程不多的房屋或某些构筑物，也可以采用等节奏流水施工。

2. 等步距异节拍流水施工

等步距异节拍流水施工亦称成倍节拍流水，是指同一施工过程在各个施工段上的流水节拍相等，不同施工过程之间的流水节拍不完全相等，但各个施工过程的流水节拍均为其中最小流水节拍的整数倍，即各个流水节拍之间存在一个最大公约数。为加快流水施工进度，按最大公约数的倍数组建每个施工过程的施工队组，以形成类似于等节奏流水的等步距异节奏流水施工方式。

它的基本特点是：同一施工过程流水节拍相等，不同施工过程流水节拍之间存在整数倍或公约数关系；流水步距彼此相等，且等于流水节拍的最大公约数；每个专业施工队都够连续工作，施工段没有空闲；施工队组数 n_1 大于施工过程数 n，即 $n_1 > n$。

等步距异节拍流水施工的组织方法是：根据施工对象和施工要求，划分若干个施工过程；其次计算每个施工段所需的劳动量，确定劳动量最少的施工过程的流水节拍；最后确定其他劳动量较大的施工过程的流水节拍，并使所有施工过程的流水节拍值之间存在一个最大公约数。

成倍节拍流水施工比较适用于一般房屋建筑工程的施工，也适用于线性工程（如道路、管道等）的施工。

3. 异步距异节拍流水施工

在组织流水施工时，如果同一个施工过程在各个施工段上的流水节拍相等，不同施工过程之间的流水节拍不一定相等，这种流水施工方式称为异步距异节拍流水施工。

它的基本特点是：同一施工过程流水节拍相等，不同施工过程流水节拍不一定相等；相邻施工过程的流水步距不一定相等；每个专业队都能够连续施工，施工段可能有空闲时间；专业工作队数 n_1 等于施工过程数 n，即 $n_1 = n$。

组织异步距异节拍流水施工的基本要求是：各施工队组尽可能依次在各施工段上连续施工，允许有些施工段出现空闲，但不允许多个施工班组在同一施工段交叉作业，更不允许发生工艺顺序颠倒的现象。

异步距异节拍流水施工适用于施工段大小相等的分部工程和单位工程的流水施工，它在进度安排上比全等节拍流水灵活，实际应用范围较广泛。

4. 无节奏流水施工

无节奏流水施工是指同一施工过程在各个施工段上流水节拍不完全相等的一种流水施工方式。

它的基本特点是：每个施工过程在各个施工段上的流水节拍不尽相等；各施工过程之间的流水步距不完全相等且差异较大；各施工作业队能够在施工段上连续作业，但有的施工段之间可能有空闲时间；施工队组数 n_1 等于施工过程数 n，即 $n_1 = n$。

组织无节奏流水施工的基本要求与异步距异节拍流水相同，即保证各施工过程的工艺顺序合理和各施工队组尽可能依次在各施工段上连续施工。

无节奏流水施工不像有节奏流水施工那样有一定的时间规律约束，在进度安排上比较灵活、自由，适用于分部工程和单位工程及大型建筑群的流水施工，是实际工程中普遍采用的一种流水施工方式。

四、网络计划技术

我国长期以来一直是采用横道图的形式来编制工程项目施工进度计划的。但它在表现内容上有许多不足，而且这些不足从根本上限制了横道图进度计划的适应范围。网络图是由箭头和节点组成的，用来表示工作流程有向、有序的网状图。在网络图上加注工作时间参数而编成的进度计划，称为网络计划。用网络计划对任务的工作进度进行安排和控制，以保证实现预定目标的科学的计划管理技术，称为网络计划技术。网络计划技术是通过网络图的制作，进行计划的优化，通过其关键线路，实现管理者对工程项目的进度控制。在建筑施工中，网络计划技术广泛用来编制工程项目施工的进度计划和建筑施工企业的生产计划，并通过对计划的优化、调整和控制，达到缩短工期，提高效率、节约劳力、降低消耗的项目施工目标。

网络计划技术的基本原理是：首先应用网络图形来表达一项计划（或工程）中各项工作的开展顺序及其相互间的关系；然后通过计算找出计划中的关键工作及关键线路；继而通过不断改进网络计划，寻求最优方案，并付诸实施；最后在执行过程中进行有效的控制和监督。

与 20 世纪 20 年代美国人甘特提出的甘特图（横道图）相比，20 世纪 50 年代开始采用的网络计划技术更加显现出其优越性。其主要优点有：

（1）能够全面反映各工作之间的相互制约、相互依赖和相反衔接的逻辑关系。

（2）能够通过时间参数计算找到关键线路，确定关键工作，有利于项目管理者抓住项目实施中的关键环节。

（3）能够利用计算机技术编程上机，并能够对计划的执行过程进行有效地监督与控制。

（4）能够进行网络计划的优化，确定出适合项目的最优方案。

但是，网络计划技术也存在一些欠缺，例如绘制相对烦琐；不如横道图简单易懂，表达不够直观；不能清晰反映流水作业情况；对使用者素质要求较高等。

根据计划的工程对象不同和使用范围大小，网络计划可分为局部网络计划、单位工程网络计划和综合网络计划。

按绘图符号的不同，网络计划可分为双代号网络计划和单代号网络计划。双代号的网络计划，即用双代号网络图表示的网络计划。双代号网络图是以箭线及其两端节点的编号表示工作的网络图。单代号网络计划，即用单代号网络图表示的网络计划。单代号网络图是以节点及其编号表示工作，以箭线表示工作之间逻辑关系的网络图。

根据计划时间的表达不同，网络计划可分为时标网络计划和非时标网络计划。双代号网络计划（特指双代号非时标网络计划）、双代号时标网络计划是建筑施工中最常用的网络计划。

（一）双代号网络计划

1. 双代号网络图的基本符号

双代号网络图的基本符号是箭线、节点及节点编号。

(1) 箭线。网络图中一端带箭头的线即为箭线。箭线可以画成直线、折线和斜线。在双代号网络图中，它与其两端的节点表示一项工作或一个施工过程。一项工作所消耗的时间和资源，分别用数字标注在箭线的下方和上方。在无时间坐标的网络图中，箭线的长度不代表时间的长短。在有时间坐标的网络图中，其箭线的长度必须根据完成该项工作所需时间长短按比例绘制。箭线的方向表示工作进行的方向和前进的路线，箭线的箭尾表示工作的开始，箭线的箭头表示工作的结束。

(2) 节点。网络图中箭线端部的圆圈或其他形状的封闭图形就是节点。在双代号网络图中，它表示工作之间的逻辑关系，表示前面工作结束和后面工作开始的瞬间，箭线的箭尾节点表示该工作的开始，箭线的箭头节点表示该工作的结束。根据节点在网络图中的位置不同可以分为起点节点、终点节点和中间节点。

(3) 节点编号。网络图中的每个节点都有自己的编号。节点编号的基本规则是：箭头节点编号大于箭尾节点编号；在一个网络图中，所有节点不能出现重复编号；编号的号码可以按自然数顺序进行，也可以非连续编号。节点编号的方法有水平编号法和垂直编号法两种。

2. 双代号网络图的基本术语

(1) 逻辑关系。工作之间相互制约或依赖的关系称为逻辑关系。工作之间的逻辑关系包括工艺关系和组织关系。工艺关系是指生产工艺上客观存在的先后顺序关系，或者是非生产性工作之间由工作程序决定的先后顺序关系。组织关系是指在不违反工艺关系的前提下，人为安排的工作的先后顺序关系。

(2) 紧前工作、紧后工作、平行工作。紧排在本工作之前的工作称为本工作的紧前工作。紧排在本工作之后的工作称为本工作的紧后工作。可与本工作同时进行称为本工作的平行工作。

(3) 内向箭线和外向箭线。指向某个节点的箭线称为该节点的内向箭线。从某节点引出的箭线称为该节点的外向箭线。

(4) 虚工作。双代号网络计划中，只表示前后相邻工作之间的逻辑关系，既不占用时间，也不耗用资源的虚拟的工作称为虚工作。虚工作用虚箭线表示，其表达形式可垂直向上或向下，也可水平方向向右。虚工作起着联系、区分、断路三个作用。

(5) 工作持续时间、工期。工作持续时间是指一项工作从开始到完成的时间，用 D_{i-j} 表示。虚工作的持续时间视为零。工期是指完成一项任务所需要的时间，一般有计算工期、要求工期和计划工期三种。

(6) 节点时间参数、工作时间参数。

1) 节点时间参数。节点时间参数有两个：节点最早时间和节点最迟时间。

双代号网络计划中，以该节点为开始节点的各项工作的最早开始时间，称为节点最早时间。其计算程序为：自起点节点开始，顺着箭线方向，用累加的方法计算到终点节点。

双代号网络计划中，以该节点为完成节点的各项工作的最迟完成时间，称为节点的最迟时间。其计算程序为：自终点节点开始，逆着箭线方向，用累减的方法计算到起点节点。

2) 工作时间参数。工作时间参数有六个：最早开始时间、最早完成时间、最迟完成时间、最迟开始时间、总时差、自由时差。

最早开始时间是指各紧前工作全部完成后，本工作有可能开始的最早时刻。最早完成时间是指各紧前工作全部完成后，本工作有可能完成的最早时刻。各项工作的最早完成时间等于其最早开始时间加上工作持续时间。最早开始时间和最早完成时间的计算程序为：自起点节点开始，顺着箭线方向，用累加的方法计算到终点节点。

最迟完成时间是指在不影响整个任务按期完成的前提下，工作必须完成的最迟时刻。最迟开始时间是指在不影响整个任务按期完成的前提下，工作必须开始的最迟时刻。各工作的最迟开始时间等于其最迟完成时间减去工作持续时间。最迟完成时间和最迟开始时间的计算程序为：自终点节点开始，逆着箭线方向，用累减的方法计算到起点节点。

总时差是指在不影响总工期的前提下，本工作可以利用的机动时间。自由时差是指在不影响其紧后工作最早开始时间的前提下，本工作可以利用的机动时间。工作的总时差等于该工作的最迟开始时间减去最早开始时间。工作的自由时差等于紧后工作的最迟开始时间减去本工作的最早完成时间。

（7）线路、关键线路、关键工作。网络图中从起点节点开始，沿箭头方向顺序通过一系列箭线与节点，最后达到终点节点的通路称为线路。一个网络图中，从起点节点到终点节点，一般都存在着许多条线路，每条线路都包含若干项工作，这些工作的持续时间之和就是该线路的时间长度，即线路上总的工作持续时间。

自始至终全部由关键工作组成或线路上总的工作持续时间最长的线路称为关键线路。其余线路称为非关键线路。总时差最小或者位于关键线路上的工作称为关键工作。关键工作完成快慢直接影响整个计划工期的实现。一般来说，一个网络图中至少有一条关键线路。关键线路也不是一成不变的，在一定的条件下，关键线路和非关键线路会相互转化。自始至终全部由关键工作组成的线路或线路上总的工作持续时间最长的线路应为关键线路。关键线路一般用粗箭线、双箭线或彩色箭线标注。

3. 双代号网络计划的绘制、计算、优化和控制

双代号网络计划的绘制规则，一般应遵循《工程网络计划技术规程》（JGJ/T 121—1999）中的有关规定，绘制方法一般采用按逻辑草稿法。

双代号网络计划时间参数计算的目的在于通过计算各项工作的时间参数，确定网络计划的关键工作、关键线路和计算工期，为网络计划的优化、调整和执行提供明确的时间参数。双代号网络计划时间参数的计算方法很多，一般常用的有工作计算法、节点计算法、表上计算法、图上计算法和电算法等。

双代号网络计划的优化，按优化达到的目的不同，一般分为工期优化、费用优化、资源优化。

双代号网络计划的控制主要包括网络计划的检查和调整两个方面。

（二）双代号时标网络计划

双代号网络计划的缺点是它不像横道图那么直观明了。但是，双代号时标网络计划可以弥补其不足。双代号时标网络计划是综合应用横道图的时间坐标和网络计划的原理，是在横道图基础上引入网络计划中各工作之间逻辑关系的表达方法。这样既解决了横道计划中各施工过程关系表达不明确，又解决了网络计划时间表达不直观的问题。常见的时标网络计划为双代号时标网络计划。

1. 时标网络计划的特点、适用范围

双代号时标网络计划，简称时标网络计划，它是以水平时间坐标为尺度表示工作持续时间的网络计划。它的时间单位是根据网络计划需要确定的，可以是天、周、月、旬、季等。

时标网络计划应以实箭线表示工作，以虚箭线表示虚工作，以波形线表示工作的自由时

差。时标网络计划中所有符号在时间坐标上的水平投影位置，都必须与其时间参数相对应；节点中心必须对准相应的时标位置；虚工作必须以垂直方向的虚箭线表示；有自由时差时加波形线表示。

时标网络计划是目前普遍受欢迎的计划表示形式。它的主要特点是：

（1）时标网络计划中，箭线的长短与时间有关。

（2）可直接显示各工作的时间参数和关键线路，而不必计算。

（3）由于受到时间坐标的限制，所以时标网络计划不会产生闭合回路。

（4）可以直接在时标网络图的下方绘出资源动态曲线，便于分析，平衡调度。

（5）由于箭线的长度和位置受时间坐标的限制，因而调整和修改不太方便。

实践证明，时标网络计划对以下两种情况比较适用：

（1）编制工作项目较少并且工艺过程较简单的建筑施工计划。它能迅速地边绘、边算、边调整。对于工作项目较多，并且工艺复杂的工程仍以采用常用的网络计划为宜。

（2）将已编制并计算好的网络计划再复制成时标网络计划，以便在图上直接表示各项工作的进程。目前我国已编出相应的程序，可应用计算机来完成这项工作，并已经用于生产实际。

2. 时标网络计划的绘制

时标网络图的箭线宜用水平箭线或由水平段和垂直段所组成的箭线，不宜用斜箭线，虚工作也如此，但虚工作的水平段应绘成波形线。而所有符号在时间坐标上的水平位置及其水平投影，都必须与其所代表的时间值相对应，且节点的中心必须对准时标的刻度线。

时标网络计划一般按工作的最早开始时间绘制。其绘制方法有间接绘制法和直接绘制法两种。间接绘制法是先绘制一般网络图，算出时间参数，确定关键线路，然后依次绘制出时标、关键线路、非关键线路等时标网络计划组成要素的绘制方法。直接绘制法是不计算网络计划时间参数，直接在时间坐标上进行绘制的方法。其绘制步骤和方法可归纳为如下绘图口诀："时间长短坐标限，曲直斜平利相连；箭线到齐画节点，画完节点补波线；零线尽量拉垂直，否则安排有缺陷。"

3. 关键线路和时间参数的确定

（1）关键线路的确定。自终点节点逆箭线方向朝起点节点观察，自始至终不出现波形线的线路为关键线路。时标网络计划的计算工期，应是其终点节点与起点节点所在位置的时标值之差。

（2）时间参数的确定。

1）最早开始时间。箭尾节点所对应的时标值即为最早开始时间。

2）最早完成时间。

①若实箭线抵达箭头节点，则最早完成时间就是箭头节点时标值。

②若实箭线未抵达箭头节点，则其最早完成时间为实箭线末端所对应的时标值。

3）自由时差。波形线的水平投影长度即为该工作的自由时差。

4）总时差。自右向左进行，其值等于诸紧后工作的总时差的最小值与本工作的自由时差之和。

5）最迟开始时间和最迟完成时间。

本工作的最迟开始时间＝本工作的最早开始时间＋本工作的总时差

本工作的最迟完成时间＝本工作的最早完成时间＋本工作的总时差

五、施工平面图设计

单位工程施工平面图，是对拟建工程的施工现场，根据施工需要的有关内容，按一定的规则而做出的平面和空间的规划。它是单位工程施工组织设计的重要组成部分。

(一) 单位工程施工平面图设计的意义和内容

组织拟建工程的施工，施工现场必须具备一定的施工条件，除了做好必要的"三通一平"（指水通、路通、电通、场地平整）工作之外，还应布置施工机械、临时堆场、仓库、办公室等生产性和非生产性临时设施，这些设施均应按照一定的原则，结合拟建工程的施工特点和施工现场的具体条件，做出一个合理、适用、经济的平面布置和空间规划方案。对于规模不大的混合结构和框架结构工程，由于工期不长，施工也不复杂。因此，这些工程往往只要反映其主要施工阶段的现场平面规划布置，一般是考虑主体结构施工阶段的施工平面布置，当然也要兼顾其他施工阶段的需要。如混合结构工程的施工，在主体结构施工阶段要反映在施工平面图上的内容最多，但随着主体结构施工的结束，现场砌块、构件等的堆场将空出来，某些大型施工机械将拆除退场，施工现场也就变得宽松了，但应注意是否增加砂浆搅拌机的数量和相应堆场的面积。

单位工程施工平面图一般包括以下内容：

(1) 单位工程施工区域范围内，将已建的和拟建的地上的、地下的建筑物及构筑物的平面尺寸、位置标注出来，并标注出河流、湖泊等的位置和尺寸以及指北针、风向玫瑰图等。

(2) 拟建工程所需的起重机械、垂直运输设备、搅拌机械及其他机械的布置位置，起重机械开行的线路及方向等。

(3) 施工道路的布置、现场出入口位置等。

(4) 各种预制构件堆放及预制场地所需面积、布置位置；大宗材料堆场的面积、位置确定；仓库的面积和位置确定；装配式结构构件的就位位置确定。

(5) 生产性及非生产性临时设施的名称、面积、位置的确定。

(6) 临时供电、供水、供热等管线的布置；水源、电源、变压器位置确定；现场排水沟渠及排水方向的考虑。

(7) 土方工程的弃土及取土地点等有关说明。

(8) 劳动保护、安全、防火及防洪设施布置以及其他需要的布置内容。

(二) 单位工程施工平面图设计依据和原则

在设计施工平面图之前，必须熟悉施工现场与周围的地理环境；调查研究，收集有关技术经济资料；对拟建工程的工程概况、施工方案、施工进度及有关要求进行分析研究。只有这样，才能使施工平面图设计的内容与施工现场及工程施工的实际情况相符合。

1. 单位工程施工平面图设计主要依据

(1) 自然条件调查资料。

(2) 技术经济条件调查资料。

(3) 拟建工程施工图纸及有关资料。

(4) 一切已有和拟建的地上、地下的管道位置。

(5) 建筑区域的竖向设计资料和土方平衡图。这对布置水、电管线、安排土方的挖填及确定取土、弃土地点很重要。

（6）施工方案与进度计划。

（7）根据各种主要材料、半成品、预制构件加工生产计划、需要量计划及施工进度要求等资料，设计材料堆场、仓库等的面积和位置。

（8）建设单位能提供的已建房屋及其他生活设施的面积等有关情况，以便决定施工现场临时设施的搭设数量。

（9）现场必须搭建的有关生产作业场所的规模要求，以便确定其面积和位置。

（10）其他需要掌握的有关资料和特殊要求。

2. 单位工程施工平面图设计原则

（1）在确保安全施工以及使现场施工能比较顺利进行的条件下，要布置紧凑，少占或不占农田，尽可能减少施工占地面积。

（2）最大限度缩短场内运距，尽可能减少二次搬运。

（3）在保证工程施工顺利进行的条件下，尽量减少临时设施的搭设。

（4）各项布置内容，应符合劳动保护、技术安全、防火和防洪的要求。

根据上述原则及施工现场的实际情况，尽可能进行多方案施工平面图设计。并从满足施工要求的程度；施工占地面积及利用率；各种临时设施的数量、面积、所需费用；场内各种主要材料、半成品（混凝土、砂浆等）、构件的运距和运量大小；各种水电管线的敷设长度；施工道路的长度、宽度；安全及劳动保护是否符合要求等进行分析比较，选择出合理、安全、经济、可行的布置方案。

（三）单位工程施工平面设计步骤

1. 确定起重机械的位置

起重机械的位置直接影响仓库、堆场、砂浆和混凝土制备站的位置，以及道路和水、电线路的布置等。因此应予以首先考虑。

布置固定式垂直运输设备，例井架、龙门架、施工电梯等，主要根据机械性能、建筑物的平面和大小、施工段的划分、材料进场方向和道路情况而定。其目的是充分发挥起重机械的能力并使地面和楼面上的水平运距最小。一般说来，当建筑物各部位的高度相同时，尽量布置在建筑物的中部，但不要放在出入口的位置；当建筑物各部位的高度不同时，布置在高的一侧。若有可能，井架、龙门架、施工电梯的位置，以布置在建筑的窗口处为宜，以避免砌墙留槎和减少井架拆除后的修补工作。固定式起重运输设备中卷扬机的位置不应距离起重机过近，以便司机的视线能够看到起重机的整个升降过程。

建筑物的平面应尽可能处于吊臂回转半径之内，以便直接将材料和构件运至任何施工地点，尽量避免出现"死角"。塔式起重机的安装位置，主要取决于建筑物的平面布置、形状、高度和吊装方法等。塔吊离建筑物的距离（B）应该考虑脚手架的宽度、建筑物悬挑部位的宽度、安全距离、回转半径（R）等内容。

2. 确定搅拌站、仓库和材料、构件堆场以及工厂的位置

（1）搅拌站、仓库和材料、构件堆场的位置。应尽量靠近使用地点或在起重机起重能力范围内，并考虑到运输和装卸的方便。

1）建筑物基础和第一施工层所用的材料，应该布置在建筑物的四周。材料堆放位置应与基槽边缘保持一定的安全距离，以免造成基槽土壁的塌方事故。

2）第二施工层以上所用的材料，应布置在起重机附近。

3）砂、砾石等大宗材料应尽量布置在搅拌站附近。

4）当多种材料同时布置时,对大宗的、重大的和先期使用的材料,应尽量在起重机附近布置;少量的、轻的和后期使用的材料,则可布置的稍远一些。

5）根据不同的施工阶段使用不同材料的特点,在同一位置上可先后布置不同的材料。

(2) 根据起重机械的类型,搅拌站、仓库和堆场位置确定布置方式。

1）当采用固定式垂直运输设备时,须经起重机运送的材料和构件堆场位置,以及仓库和搅拌站的位置应尽量靠近起重机布置,以缩短运距或减少二次搬运。

2）当采用塔式起重机进行垂直运输时,材料和构件堆场的位置,以及仓库和搅拌站出料口的位置,应布置在塔式起重机的有效起重半径内。

3）当采用无轨自行式起重机进行水平和垂直运输时,材料、构件堆场、仓库和搅拌站等应沿起重机运行路线布置。且其位置应在起重臂的最大外伸长度范围内。

木工棚和钢筋加工棚的位置可考虑布置在建筑物四周以外的地方,但应有一定的场地堆放木材、钢筋和成品。石灰仓库和淋灰池的位置要接近砂浆搅拌站并在下风向;沥青堆场及熬制锅的位置要离开易燃仓库或堆场,并布置在下风向。

3. 运输道路的布置

运输道路的布置主要解决运输和消防两个问题。现场主要道路应尽可能利用永久性道路的路面或路基,以节约费用。现场道路布置时要保证行驶畅通,使运输工具有回转的可能性。因此,运输线路最好绕建筑物布置成环形道路。道路宽度应大于 3.5m。

4. 临时设施的布置

(1) 临时设施分类、内容。施工现场的临时设施可分为生产性与非生产性两大类。

1）生产性临时设施内容包括:在现场制作加工的作业棚,如木工棚、钢筋加工棚、白铁加工棚;各种材料库、棚,如水泥库、油料库、卷材库、沥青棚、石灰棚;各种机械操作棚,如搅拌机棚、卷扬机棚、电焊机棚;各种生产性用房,如锅炉房、烘炉房、机修房、水泵房、空气压缩机房等;其他设施,如变压器等。

2）非生产性临时设施内容包括:各种生产管理办公用房、会议室、文化文娱室、福利性用房、医务、宿舍、食堂、浴室、开水房,警卫传达室、厕所等。

(2) 单位工程临时设施布置。布置临时设施,应遵循使用方便、有利施工、尽量合并搭建、符合防火安全的原则; 同时结合现场地形和条件、施工道路的规划等因素分析考虑它们的布置。各种临时设施均不能布置在拟建工程(或后续开工工程)、拟建地下管沟、取土、弃土等地点。

一般全工地性行政管理用房宜设在工地入口处,以便对外联系;也可设在工地中间,便于工地管理。工人用的福利设施应设置在工人较集中的地方,或工人必经之处。生活区应设在场外,距工地 500~1000m 为宜。食堂可布置在工地内部或工地与生活区之间。临时设施的设计,应以经济、适用、拆装方便为原则,并根据当地的气候条件、工期长短确定其结构形式。各种临时设施尽可能采用活动式、装拆式结构或就地取材。施工现场范围应设置临时围墙、围网或围笆。

5. 布置水电管网

(1) 施工用临时给水管。一般由建设单位的干管或施工用干管接到用水地点。布置有枝状、环状和混合状等方式,应根据工程实际情况从经济和保证供水两个方面去考虑其布置方式。管径的大小、龙头数目根据工程规模由计算确定。管道可埋置于地下，也可铺设在地面上，视气温情况和使用期限而定。过冬的临时水管须埋在冰冻线以下或采取保温措施。消防栓应设置在易燃建筑物附近，并有通畅的出口和车道，其宽度不小于6m，与拟建房屋的距离不得大于25m，也不得小于5m，消防栓间距不应大于100m，到路边的距离不应大于2m。条件允许时，可利用城市或建设单位的永久消防设施。有时，为了防止供水的意外中断，可在建筑物附近设置简易蓄水池，储存一定数量的生产和消防用。如果水压不足时，尚应设置高压水泵。

（2）排除地面水和地下水。为了便于排除地面水和地下水，要及时修通永久性下水道，并结合现场地形在建筑物四周设置排泄地面水和地下水的沟渠。

（3）施工中的临时供电。应在全工地性施工总平面图中一并考虑。只有独立的单位工程施工时才根据计算出的现场用电量选用变压器或由业主原有变压器供电。变压器的位置应布置在现场边缘高压线接入处，但不宜布置在交通要道口处。临时配电线路布置与供水管网相似。工地电力网，一般3～10kV的高压线采用环状，沿主干道布置；380/220V低压线采用枝状布置。通常采用电缆布置或绝缘线架空布置，架空电线距路面或建筑物不小于6m。

上述布置应采用标准图例绘制在总平面图上，图幅可选用1～2号图纸，比例为1:1000或1:2000。在进行各项布置后，经分析比较，调整修改，形成施工总平面图，并作必要的文字说明，标上图例、比例、指北针等。完成的施工总平面图比例要正确，图例要规范，线条粗细分明，字迹端正，图面整洁美观。

上述各设计步骤不是完全独立的，而是相互联系、相互制约的，需要综合考虑、反复修正才能确定下来。若有几种方案时，应进行方案比较。

第四节 建筑工程计量与计价

一、概述

1. 建筑工程计量与计价的概念和作用

根据拟建工程的设计文件、建筑工程计量与计价定额、费用定额、建筑材料的预算价格以及与其配套使用的有关文件等，预先计算和确定每一个建设项目、单项工程或单位工程的建设费用，这个建设费用就是相应建设项目、单项工程单位工程的计划价格。建筑工程计量与计价包括设计概算和施工图预算，它们是建设项目在不同实施阶段的技术经济文件，在实际工程中通常称为工程计量与计价。

建筑工程计量与计价是编制固定资产投资计划，确定和控制投资，计算和确定单位工程造价，签定贷款合同、办理工程结算和竣工决算，衡量设计方案技术经济合理性，选择最佳方案，考核建设项目投资效果的依据；是建设单位编制工程标底的依据，是建筑承包企业投标报价的基础。

2. 建筑工程费用的基本组成

我国现行建筑工程费用由直接费、间接费、利润和税金四部分组成。

直接费由直接工程费和措施费组成。直接工程费包括人工费、材料费和施工机械使用费三部分。措施费包括脚手架费、已完工程及设备保护费、施工排水、降水费等。

间接费由规费、企业管理费组成。规费包括工程排污费、工程定额测定费和社会保障费。

企业管理费包括管理人员工资、办公费、差旅交通费等。

3. 建筑工程造价的计价特点和计价过程

建筑工程造价的计价特点主要表现为：单件性计价、多次性计价和组合性计价。

建筑工程造价的计价过程可以用图 4-13 表示。从投资估算、设计概算、施工图预算到招标投标合同价，再到各项工程的结算价和最后的竣工决算，整个计价过程是一个由粗到细、由浅到深，最后确定实际造价的过程。计价过程各环节之间相互衔接，前者制约后者，后者补充前者。

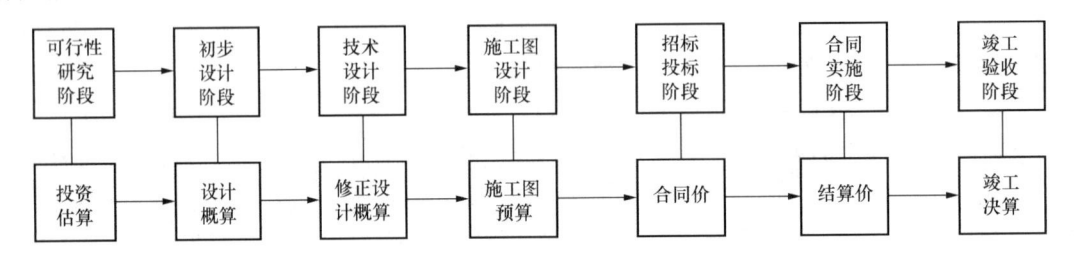

图 4-13 建筑工程造价计价过程示意图

4. 建筑工程造价的计价模式

（1）预算定额计价。在我国，长期以来建筑工程造价采用定额计价模式。定额计价的基本过程为：按预算定额规定的分部分项子目，逐项计算工程量，套用预算定额单价（或单位估价表）确定直接费，再按规定的取费标准计算间接费及有关费用，最终确定工程的概算造价或预算造价，并在竣工后编制结、决算造价，经审核后的即为工程的最终造价。其中，工程量是指以自然计量单位（如套、组等）或物理计量单位（如米、平方米等）所表示各分项工程或结构、构件的实物数量。

（2）工程量清单计价。工程量清单是表现拟建工程的分部分项工程项目、措施项目、其他项目名称和相应数量的明细清单。工程量清单包括工程量清单说明和工程量清单表两部分。工程量清单计价是指以招标人提供的工程量清单为平台，投标人根据自身的技术、财务、管理能力进行投标报价，招标人根据具体的评标细则进行优选的计价方式。这种计价方式是市场定价体系的具体表现形式，是改革和完善工程价格管理体制的一个重要组成部分。工程量清单计价的基本过程为：在统一的工程量清单计量规则的基础上，制定工程量清单项目设置规则，根据具体工程的施工图纸计算出各个清单项目的工程量，再根据各种渠道所获得的工程造价信息和经验数据计算得到工程造价（图 4-14）。

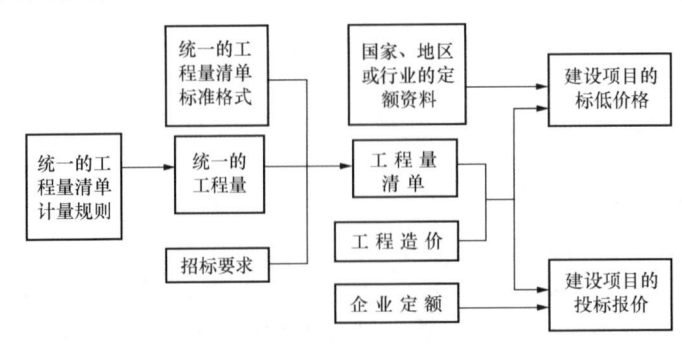

图 4-14 工程量清单计价过程示意图

二、建筑工程定额

建筑工程定额是指在正常的施工条件下，完成一定计量单位的合格产品所必须的劳动力、材料、机械台班和资金消耗的标准数量。建筑工程定额既具有可靠的科学性和指导性，又具有一定的时效性和地区性。建筑工程定额是确定建筑工程造价、编制工程计划、组织和管理施工、实行经济责任制、进行经济分析及编制招标标底和投标报价的重要依据。

建筑工程定额，按生产要素可分为劳动定额（即人工消耗定额）、材料消费定额、机械台班使用定额（即机械台班消耗定额）；按定额的适用范围可分为国家定额、行业定额、地区定额和企业定额；按用途可分为施工定额、预算定额、概算定额和估算指标。

（一）施工定额编制方法及应用

1. 施工定额的组成

施工定额是企业内部用于建筑施工管理的一种定额，是以同一施工过程或工序为测定对象，确定建筑工程在正常的施工条件下，为完成一定计量单位的某一施工过程或工序所需人工、材料和机械台班等消耗的数量标准。根据施工定额可以直接计算出不同工程项目的人工、材料和机械台班的需要量，它是编制施工预算、编制施工组织设计以及施工队向工人班组签发施工任务单和限额领料卡的重要依据，是建筑施工企业进行科学管理的基础。另外，它也是编制预算定额的基础。施工定额是由劳动定额、材料消费定额、机械台班使用定额三个相对独立的部分组成。

（1）劳动定额。劳动定额，又称人工定额，是指在正常施工技术条件和合理劳动组织条件下，为完成单位合格的建筑安装工程产品所需消耗生产工人的人工工日的数量标准。劳动定额从表达形式上可分为时间定额和产量定额两种。

时间定额就是完成单位质量合格产品所必须消耗的工时。时间定额以工日为单位，每一工日按 8 小时计算。时间定额便于综合，一般用于计算劳动量。

产量定额是指在正常条件下，规定某一技术等级工人（或班组）在单位时间（一个工日）内，完成质量合格产品的数量。产量定额以产品的单位为计量单位，如立方米、吨等。产量定额具有形象化的特点，一般用于分配任务。时间定额与产量定额互为倒数关系。

劳动定额的编制依据有国家有关的经济政策和劳动制度、技术测定和统计资料及国家现行的各类规范、规程和标准等。

劳动定额的编制方法有经验估计法、统计分析法、比较类推法和技术测定法四种。劳动定额表的格式有单式和复式两种。

（2）材料消耗量定额。材料消耗量定额是指在合理使用材料的条件下，完成单位合格的建筑产品所需消耗的一定品种、一定规格的建筑材料的数量标准。

材料消耗量定额是建筑企业确定材料需要量和储备量的依据；是建筑企业编制材料计划，进行单位工程核算的基础；是工人班组签发限额领料单的依据，也是考核、分析班组材料使用情况的依据；是推行经济承包制，促进企业合理用料的重要手段。

工程施工中所消耗的材料可以分成一次使用性材料和周转使用性材料两种类型。一次使用性材料是指在施工中一次性消耗掉构成了工程的实体，也称为实体性材料，如砖、水泥等。周转性材料是指在施工过程中能多次周转使用，经过修理、补充而逐渐消耗尽的材料，如脚手架、模板等。

一次性使用材料的总消耗量由材料净耗量和不可避免的损耗量构成。材料的净耗量是指直接用到工程上构成工程实体的材料消耗量。材料损耗量是不可避免的损耗，主要包括施工操作中的损耗量和运输及堆放损耗量。

周转性材料的定额消耗量是指每使用一次摊销的数量，也称摊销量。周转性材料的损耗率、周转次数可用观察法、统计分析法测定。

材料消耗量定额的测定方法有现场技术测定、实验室试验、现场统计和理论计算等方法。

（3）施工机械台班使用定额。机械台班使用定额是指在正常施工条件条件下，某种专业、某种等级的工人班组使用机械完成单位合格产品所需的定额时间或在单位时间内应该完成的产品数量。

机械台班使用定额的表现形式分为机械时间定额和机械台班产量定额。机械时间定额是指在正常的施工条件下，某种机械生产合格单位产品所必须消耗的台班数量。以台班为单位。机械台班产量定额是指某种机械在合理的施工组织和正常施工的条件下，单位时间内完成合格产品的数量。以米、根、块、吨为单位。

2. 施工定额的编制

（1）施工定额的编制原则。施工定额的编制原则是：平均先进水平原则；简明适用原则；独立自主原则；专业人员与群众结合，以专业人员为主的原则。

（2）施工定额的编制方法：

1）实物法，施工定额由劳动定额、材料消耗定额和机械台班消耗定额三部分组成。

2）实物单价法，即由劳动消耗定额、材料消耗定额和机械台班消耗定额，分别乘以相应单价并汇总得出单位总价。

3. 施工定额的应用

在使用施工定额时，如果设计要求与施工定额的工作内容完全一致，直接套用施工定额；否则要按照附注等有关说明及规定换算后再使用施工定额子目录。

（二）预算定额编制方法及应用

1. 预算定额的概念和作用

预算定额（基础定额）是以分部分项工程为研究对象，在正常的施工技术和合理的劳动组织条件下，完成单位合格产品，所需要消耗的人工、材料、机械台班及货币的数量标准。它是以施工定额为基础编制的，是施工定额的综合与扩大。施工定额不是计价定额，而预算定额是一种具有广泛用途的计价定额。

预算定额是编制概算定额、概算指标，编制标底，投标报价的基础；是编制施工图预算，确定和控制工程造价，进行工程结算的依据；同时也是施工企业编制施工组织设计、进行经济活动分析，决策单位对设计方案、施工方案进行技术经济评价的依据。

2. 预算定额编制的原则、依据、方法和步骤

（1）预算定额的编制原则。预算定额的编制原则包括：按社会平均水平确定预算定额的原则、简明适用原则、坚持统一性和差别性相结合原则和专家编审责任制原则。

（2）预算定额的编制依据：

1）现行全国统一劳动定额、材料消耗定额、机械台班使用定额。

2）现行的设计规范、施工及验收规范、质量评定标准和安全操作规程。

3）通用的标准图集和定型设计图纸，以及有代表性的典型设计图纸和图集。

4）新技术、新工艺、新结构、新材料和先进的施工经验。

5）有关科学试验、技术测定、统计资料和经验数据。
6）现行的人工工资标准、材料预算价格和施工机械台班预算价格。
（3）预算定额的编制步骤：
1）准备阶段。主要任务是成立编制机构，拟订编制方案，划分编制小组和综合组。
2）收集资料阶段。收集现行规定、规范和政策法规资料及定额管理部门积累的资料。
3）编制初稿阶段。按编制方案中确定的项目和有关图纸资料逐项计算工程量，并分别计算出人工、材料、机械台班消耗量和定额基价，编制定额项目表，拟定文字说明。
4）审查定稿阶段。报送主管机关审批。
（4）预算定额的编制方法：
1）划分定额项目，确定工程的工作内容及施工方法。
2）确定预算定额的计量单位和计算精度。在预算定额项目表中，采用扩大的计量单位。
3）确定人工、材料、机械台班消耗量的指标。
4）确定定额基价。计算出各分项工程的人工费、材料费、机械费及其汇总的定额基价。
3．预算定额的应用
在编制施工图预算应用定额时，通常用三种方法：定额的直接使用、定额的换算使用和缺项定额的补充使用。
（1）定额的直接使用。根据施工图纸，当分项工程设计要求、结构特征、施工方法等与定额项目的内容完全相符时，则可以直接套用定额，计算该分项工程的综合基价费及人工、材料、机械需用量。
（2）定额基价换算。当分项工程设计要求与定额的工作内容、材料规格、施工方法等条件不完全相符时，则不能直接套用定额，必须根据总说明、分部工程说明、附注等有关规定，在定额范围内加以换算。经过换算的子目定额编号在下端应写个"换"字，以示区别。换算的主要内容有：系数换算；标号换算；断面换算；重量换算等。
（3）人工、材料及机械分析。工料分析是按照分部分项工程项目计算各工种用工数量和各种材料的消耗量。它是根据定额中的定额人工消耗量和材料消耗量分别乘以各个分部分项工程的实际工程量，求出各个分部分项工程的各工种用工数量和各种材料的数量，从而反映出单位工程中全部分项工程的人工和各种材料的预算用量。

工料分析是施工企业编制劳动力计划和材料需用量计划的依据；是进行"两算"对比和进行成本分析、降低成本的依据；是向工人班组签发工程任务书、限额领料单、对工人班组进行核算的依据；是施工单位和建设单位材料结算和调整材料价差的主要依据。

工料分析的方法是在套定额单价时，同时查出各项目单位定额用工用料量，用工程量分别与其定额用量相乘，即可得到每一分项的用工量和各材料的消耗数量，并填入相应的栏内，最后逐项分别加以汇总。在进行材料分析时，应用换算后的混凝土或砂浆标号的配合比进行计算。
（三）概算定额
1．概算定额的概念、作用
概算定额是以扩大结构构件、分部工程或扩大分项工程为研究对象，以预算定额为基础，确定完成一定计量单位的合格产品，所需人工、材料、机械台班等消耗量的数量标准。

概算定额是编制建设项目设计概算，进行设计方案比较的依据；是编制建筑工程的标底和报价的依据；是编制投资估算指标的基础。

2. 概算定额的编制和应用

概算定额的编制应该贯彻社会平均水平和简明适用的原则。

概算定额的编制依据包括：现行的设计标准、规范，和施工、验收规范；现行建筑和安装工程预算定额；标准设计图集和有代表性的设计图纸；现行的概算定额及其编制资料；编制期人工工资标准、材料预算价格、机械台班单价等。

概算定额的编制一般分为三个阶段：准备阶段、编制阶段、审查报批阶段。概算定额的内容包括文字说明、定额项目表格和附录等，定额项目表是概算定额的核心。

概算定额的应用分为定额的直接使用、换算使用和补充使用三种情况。

（四）概算指标与投资估算指标

1. 概算指标的概念、作用和编制

概算指标是以整个建筑物和构筑物为对象，以建筑面积（m^2）、体积（m^3）为计量单位，规定的人工、材料和机械台班的消耗量标准和造价指标。

概算指标是编制投资估算、基本建设投资计划、确定投资额的依据；也是设计单位进行方案比较和优选的依据；概算指标中的主要材料指标可作为计算主要材料用量的依据。

概算指标的编制原则包括：按平均水平确定概算指标；概算指标的表现形式要简明适用；概算指标的编制依据必须具有代表性。

概算指标由文字说明和列表形式的指标以及必要的附录组成。按具体内容和表示方法的不同，概算指标一般有综合指标和单项指标两种形式。

单项指标的编制方法较为简单，一般为首先按具体的施工图纸和预算定额编制施工图预算书，算出工程造价及资源消耗量，然后再除以建筑面积即得单项指标。

2. 投资估算指标的概念、作用和编制

工程建设投资估算指标是编制建设项目建议书、可行性研究报告等前期工作阶段投资估算的依据，也可以作为编制固定资产长远规划投资额的参考。

投资估算指标是编制投资估算，对建设项目进行评估决策，制订资源使用计划，考核投资效果的依据。

投资估算指标的编制除了应遵循一般定额的编制原则外，还必须坚持下述原则：

（1）应考虑以后编制建设项目建议书和可行性研究报告投资估算的需要。

（2）要结合各专业的特点，并且要与项目建议书、可行性研究报告的编制深度相适应。

（3）必须遵循国家的有关建设方针政策，符合国家技术发展方向。

（4）要贯彻静态和动态相结合的原则。

投资估算指标的内容可分为建设项目综合指标、单项工程指标和单位工程指标三个层次。建设项目综合指标一般以项目的综合生产能力单位投资或以使用功能表示。单项工程指标一般以单项工程生产能力单位投资表示。单位工程指标，包括构成该单位工程的全部建筑安装工程费用。

三、建筑工程预算的编制

（一）施工图预算的编制方法及步骤

1. 施工图预算的概念

施工图预算即单位工程预算书，是在施工图设计完成之后，工程开工之前，根据已经批准的施工图纸，在施工方案或施工组织设计已经确定的前提下，按照国家或省市颁发的现行预算定额、费用标准、材料预算价格等有关规定，进行逐项计算工程量、套用相应定额、进行工料分析、计算直接费、并计取间接费、利润和税金等费用，确定单位工程造价的技术经济文件。

2. 施工图预算的作用

（1）施工图预算是确定工程造价的依据。
（2）施工图预算是建筑工程预算包干和签定施工合同的依据。
（3）施工图预算是施工企业与建设单位进行结算的依据。
（4）施工图预算是施工企业安排调配施工力量，组织材料供应的依据。
（5）施工图预算是建筑安装企业实行经济核算和进行成本管理的依据。

3. 施工图预算的编制依据

（1）经过审批后的施工图纸和说明书。
（2）现行预算定额或地区单位估价表。
（3）施工组织设计或施工方案。
（4）地区取费标准（或间接费定额）和有关动态调价文件。
（5）招标文件。
（6）材料预算价格。
（7）预算工作手册。
（8）其他资料。

4. 施工图预算的编制方法和步骤

（1）施工图预算的编制方法。施工图预算是由单位工程施工图预算、单项工程施工图预算和建设项目施工图预算三级逐级综合汇总而成的。

施工图预算的编制方法有单价法和实物法两种。

1）单价法。用单价法编制施工图预算，就是利用各地区、各部门编制的建筑安装工程单位估价表或预算定额基价，根据施工图计算出的各分项工程量，分别乘以相应单价或预算定额基价并求和，得到直接工程费，再加上措施费，即为该工程的直接费；再以直接费或其中的人工费为计算基础，按有关部门规定的各项取费费率，求出该工程的间接费、利润及税金等费用；最后将上述各项费用汇总即为一般建筑单位工程施工图预算造价。

2）实物法。用实物法编制建筑单位工程施工图预算，就是根据施工图计算的各分项工程量分别乘以人工、材料、施工机械台班的定额消耗量，分类汇总得出该单位工程所需的全部人工、材料、施工机械台班消耗数量，然后再乘以当时、当地人工工日单价、各种材料单价、施工机械台班单价，求出相应的人工费、材料费、机械使用费，再加上措施费，就可以求出该工程的直接费。间接费、利润及税金等费用计取方法与单位估价法相同。

实物法的优点是能比较及时地将反映各种材料、人工、机械的当时单价计入预算价格，不需调价，反映当时的工程价格水平。

（2）施工图预算的编制步骤：

1）收集基础资料，作好准备。主要收集编制施工图预算的编制依据，包括施工图纸、有关的通用标准图、图纸会审记录、设计变更通知、施工组织设计、预算定额、取费标准及市场材料价格等资料。

2）熟悉施工图等基础资料。编制施工图预算前，应熟悉并检查施工图纸是否齐全、尺寸是否清楚，了解设计意图，掌握工程全貌。另外，针对要编制预算的工程内容搜集有关资料，包括熟悉并掌握预算定额的使用范围、工程内容及工程量计算规则等。

3）了解施工组织设计和施工现场情况。编制施工图预算前，应了解施工组织设计中影响工程造价的有关内容。例如，各分部分项工程的施工方法，土方工程中余土外运使用的工具、运距，施工平面图对建筑材料、构件等堆放点到施工操作地点的距离等，以便能正确计算工程量和正确套用或确定某些分项工程的基价。这对于正确计算工程造价，提高施工图预算质量，有着重要意义。

4）计算工程量。工程量计算应严格按照图纸尺寸和现行定额规定的工程量计算规则，遵循一定的顺序逐项计算分部分项工程子目的工程量。计算各分部分项工程量前，最好先列项。也就是按照分部工程中各分项子目的顺序，先列出单位工程中所有分项子目的名称，然后再逐个计算其工程量。这样，可以避免工程量计算中，出现盲目、凌乱的状况，使工程量计算工作有条不紊地进行，也可以避免漏项和重项。

5）汇总工程量，套预算定额基价（预算单价）。各分项工程量计算完毕，并经复核无误后，按预算定额手册规定的分部分项工程顺序逐项汇总，然后将汇总后的工程量抄入工程预算表内，并把计算项目的相应定额编号、计量单位、预算定额基价以及其中的人工费、材料费、机械台班使用费填入工程预算表内。

6）进行工料分析。计算出该单位工程所需要的各种材料用量和人工工日总数，并填入材料汇总表中。这一步骤通常与套定额单价同时进行，以避免二次翻阅定额。

7）价差调整。目前，预算定额基价中的材料费是根据编制定额所在地区的省会所在地的材料预算价格计算。由于地区材料预算价格随着时间的变化而发生变化，其他地区使用该预算定额时材料预算价格也会发生变化，所以，用单位估价法计算定额直接费后，一般还要根据工程所在地区的材料预算价格调整材料价差。

8）计算工程直接费。计算各分项工程直接费并汇总，即为建筑单位工程直接工程费，再以此为基数计算措施费，求和得到工程直接费。

9）计取各项费用。按取费标准（或间接费定额）计算间接费、利润、税金等费用，求和得出工程预算造价，并填入预算费用汇总表中。同时计算技术经济指标，如单方造价等。

10）编制说明。编制说明一般包括以下几项内容：
①编制预算时所采用的施工图名称、工程编号、标准图集以及设计变更情况。
②采用的预算定额及名称。
③间接费定额或地区发布的动态调价文件等资料。
④钢筋、铁件是否已经过调整。
⑤其他有关说明。通常是指在施工图预算中无法表示，需要用文字补充说明的。例如，分项工程定额中需要的材料无货，用其他材料代替，其价格待结算时另行调整，就需要用文字补充说明。

11）填写封面、装订成册、签字盖章。施工图预算书封面通常需要填写的内容有：工程编号及名称、建筑结构形式、建筑面积、层数、工程造价、技术经济指标、编制单位、编制人员及编制日期等。

最后，把封面、编制说明、费用计算表、工程预算表、工程量计算表、工料分析表等，按以上顺序编排并装订成册，编制人员签字盖章，有关单位审阅、签字并加盖单位公章后，便完成了该项目建筑单位工程施工图预算的编制工作。

(二)工程量计算的原则及方法

在工程预算造价工作中,工程量计算的成果是编制预算造价的原始数据,繁杂且量大。工程量计算的精度和快慢,都直接影响着预算造价的编制质量与速度。工程量计算的依据是施工图纸及有关图集、施工组织设计、建筑与装饰工程计价表以及有关的工程量计算规则。

1. 工程量计算的原则

为了准确计算工程量,防止错算、漏算和重复计算,通常要遵循以下原则:

(1)原始数据必须和设计图纸相一致。工程量是按每一分项工程根据设计图纸进行计算的,计算时所采用的原始数据都必须以施工图纸所表示的尺寸或能读出的尺寸为准,不得任意加大或缩小各部位尺寸。特别对工程量有重大影响的尺寸(如建筑物外包尺寸、轴线尺寸等),以及价值较大的分项工程(如钢筋混凝土工程等)的尺寸,其数据的取定必须与图纸所注尺寸线及其尺寸数字相一致。

(2)工程量计算口径必须与预算定额相一致。计算工程量时,施工图纸列出的工程子目的口径(指工程子目所包括的工作内容),必须与预算定额中相应的工程子目的口径相一致。不能将定额子目中已包含的工作内容拿出来另列子目计算。

(3)计算单位必须与预算定额单位相一致。计算工程量时,所计算工程子目的工程量单位必须与预算定额中相应子目的单位相一致。如果预算定额是以立方米为单位的,所计算的工程量也必须以立方米作单位;定额中若用扩大计量单位(如 10m、100m^2、10m^3 等)来计量时,计算工程量也必须调整成扩大单位。

(4)工程量计算规则必须与预算定额相一致。工程量计算必须与定额中规定的工程量计算规则相一致,以符合定额的要求。在预算定额中对分项工程的工程量计算规则和计算方法都做了具体规定,计算时必须严格按规定执行。

(5)工程量计算精度要统一。工程量的数字计算要准确,一般应精确到小数点后 3 位。汇总时,其精度(准确度)取值要达到:计量单位为立方米(m^3)、平方米(m^2)及米(m)的数值,取两位小数;计量单位为吨(t)的数值,取三位小数;计量单位为千克(kg)、件的数值,取整数。

(6)按照施工图纸,结合建筑物的具体情况进行计算。按照图纸,一般应做到:主体结构分层计算,内装修按分层分房间计算,外装修分立面计算或按施工方案的要求分段计算。由几种类型组成的建筑,就要按不同结构类型分别计算;比较大的、由几段组成的组合体建筑,应分段进行计算。

2. 工程量计算的方法、步骤

(1)工程量计算的方法。计算工程量通常采用的方法是按照施工顺序或定额顺序逐项进行计算。这种计算方法虽然可以避免漏项,但对稍复杂的工程,就显得很烦琐,造成大量的重复计算。

为了简化烦琐的计算手续、提高工效,实际工作中通常在分部分项工程量计算之前,首先计算出"三线一面"这四个在计算分项工程量时多次重复利用的基数,然后算出与它有关的分项工程量。"三线"是指建筑平面图上所标示的外墙中心线、外墙外边线和内墙净长线。"面"是指建筑平面图上所标示的底层建筑面积。与"外墙中心线"有关的分项工程有外墙基挖地槽、基础垫层、基础砌筑、墙基防潮层、基础梁、圈梁、墙身砌筑等。与"外墙外边线"

有关的分项工程有勒脚、腰线、勾缝、抹灰、散水等。与"内墙净长线"有关的分项工程有内墙基挖地槽、基础垫层、基础砌筑、墙基防潮层、基础梁、圈梁、墙身砌筑、墙身抹灰等。与"面"有关的计算项目有平整场地、地面、楼面、屋面、顶棚等分项工程。

在实际工作中，除了采用上述"利用基数连续计算"的方法外，还经常采用分段计算法、分层法、分块法、补减计算法、平衡法和近似法等计算方法。

（2）工程量计算的步骤。工程量计算实际上就是填写工程量计算表的过程，其步骤如下。

1）列项。注明该分部分项工程的主要做法及所用材料的品种、规格等内容。

2）确定填写计量单位。

3）填列计算式。为了便于计算和复核，对计算式中某些数据来源和计算方法加括号简要说明，并尽可能分段分步列出计算式。

4）计算结果，根据所列计算式计算数量并汇总。

3．工程量计算的顺序

如何科学地确定分部工程量和分项工程量的计算顺序，是能否快速而准确计算工程量的关键。

（1）分部工程量的计算顺序。对于一般土建工程，确定分部工程量计算顺序的目的是为了方便计算。其一般顺序如图4-15所示。

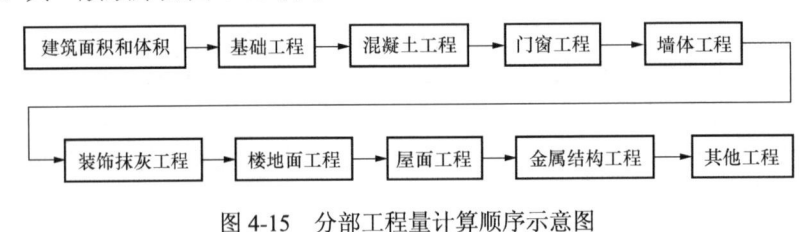

建筑面积和体积 → 基础工程 → 混凝土工程 → 门窗工程 → 墙体工程 → 装饰抹灰工程 → 楼地面工程 → 屋面工程 → 金属结构工程 → 其他工程

图4-15 分部工程量计算顺序示意图

（2）分项工程量的计算顺序。同一分部工程内部各个不同分项工程之间的计算顺序，一般按定额编排顺序或按施工顺序计算。

在同一分项工程内部各个组成部分之间，为避免漏算或防止重算，宜采用以下工程量计算顺序：

1）按顺时针方向计算。从图纸的左上方一点开始，自左而右的环绕一周后，再回到左上方这一点。这种方法一般适用于计算外墙、地面、楼面面层、顶棚等。

2）按先横后竖、先上后下、先左后右的顺序计算。这种方法适用于内墙、内墙基础、内墙装饰、隔墙等工程。

3）轴线编号顺序计算。这种方法适用于挖地槽、基础、墙体砌筑、墙体装饰等工程。

4）按构件编号顺序计算。这种方法适用于门、窗、混凝土构件、屋架等工程。

四、建筑工程预算审查

工程预算编完之后，需要认真进行审查。通过审查，可以提高工程预算的准确性，对合理控制工程造价、节约投资、合理使用人力、物力、财力都起着十分重要的作用，同时也有利于提高设计水平；有利于加强固定资产投资管理，节约建设资金；有利于施工承包合同价的合理确定和控制。

工程预算审查的依据主要有工程施工图纸、工程承发包合同或意向协议书、预算定额和费用定额、施工组织设计或技术措施方案、有关技术规范和规程及文件规定等。工程预算审查的形式一般采用会审或单审。

工程预算审查的步骤是：

(1) 做好审查前的准备工作，收集并研究预算审查的必备资料。

(2) 选择合适的审查方法，按相应内容审查。

(3) 综合整理审查资料，并与编制单位交换意见，定案后编制调整预算。

(一) 审查预算的一般方法

审查施工图预算的方法较多，主要有标准预算审查法、全面审查法、对比审查法、分组计算审查法、筛选审查法、重点抽查法、分解对比审查法和利用手册审查法等8种。

1. 标准预算审查法

对于利用标准图纸或通用图纸施工的工程，先集中力量，编制标准预算，以此为标准审查预算的方法。这种方法适用范围小，只适应按标准图纸设计的工程。

2. 全面审查法

全面审查又称逐项审查法，就是按照设计图纸的要求，结合预算定额、承包合同及有关等价计算的规定和文件，对各个分项逐项进行审查的方法。对于一些工程量比较小、工艺比较简单的工程，编制工程预算的技术力量又比较薄弱，可采用全面审查法。

3. 对比审查法

对比审查法是指用已建成工程的预算或虽未建成但已经审查修正的工程预算对比审查拟建的类似工程预算的一种方法。对比审查法，应根据工程的不同条件，区别对待。

4. 分组计算审查法

分组计算审查法是一种快速审查工程量的方法，是把预算中的项目划分为若干组，并把相邻且有一定内在联系的项目编为一组，审查或计算同一组中某个分项工程量，利用工程量间具有相同或相似计算基础的关系，判断同组中其他几个分项工程量计算的准确程度的方法。

5. 筛选审查法

筛选法是统筹法的一种，也是一种对比方法。建筑工程虽然有建筑面积和高度的不同，但是它们的各个分部分项工程的工程量、造价、用工量在每个单位面积上的数值变化不大，把这些数据加以汇集、优选，归纳为工程量、造价（价值）、用工三个单方基本值表，并注明其适用的建筑标准。这些基本值犹如"筛子孔"，用来筛选各分部分项工程，筛下去的就不审查了，没有筛下去的就意味着此分部分项的单位建筑面积数值不在基本值范围之内，应对该分部分项工程详细审查。当所审查的预算的建筑面积标准与"基本值"所适用的标准不同，就不要对其进行调整。筛选法一般适用于住宅工程或不具备全面审查条件的工程。

6. 重点审查法

重点审查就是抓住工程预算中的重点项目有针对性地进行审查。如对那些工程量大、造价高的项目进行重点审查等。

7. 分解对比审查法

将一个单位工程费用进行分解，然后再把费用按工种和分部工程进行分解，分别与审定的标准预算或地区综合预算指标进行对比分析的方法，称为分解对比审查法。

8. 利用手册审查法

利用手册审查法是指把工程中常用的构件、配件事先整理成预算手册，按手册对照审查的方法。如工程常用的预制构配件洗脸池、坐便器等,几乎每个工程都有,把这些按标准图集计算出工程量,套单价,编制成预算手册使用,可大大简化预结算的编审工作。

(二) 审查内容

审查施工图预算的重点,应该放在列项、工程量计算、预算单价套用、设备材料预算价格取定、直接费计算以及取费标准是否正确、各项费用标准是否符合现行规定等方面。

1. 审查列项

工程造价准确与否,首要的一点就是列项要准确,既不能多列项、重列项,也不能漏列项,否则即使其他步骤都正确,预算造价也不正确。因此,审查预算造价时一定要根据设计图纸和定额来重点审查预算的列项。

2. 审查工程量

审查工程量是审查预算造价工作的一项重要内容,对已算出的工程量进行审查,主要是审查工程是否有漏算、多算和错算。审查时要抓住重点部分和容易出错的分项工程进行详细计算和校对,对于其他分项工程可作一般审查,并应注意计算工程量的尺寸数据来源和计算方法等是否正确。

3. 审查预算价格

(1) 审查预算书中的单价是否正确。着重审查预算书上所列的工程名称、种类、规格、计量单位,与预算定额或计价表上所列的内容是否一致。

(2) 审查换算单价。预算定额规定允许换算部分的分项工程单价,应根据定额中的分部分项说明、附注和有关规定进行换算;预算定额中规定不允许换算的分项工程单价,则不得强调工程特殊或其他原因,任意加以换算。

(3) 审查补充单价。对于某些采用新结构、新技术、新材料的工程,定额中缺少这些项目而编制补充单价的,应审查其分项工程的项目和工程量是否属实,补充的单价是否合理、准确,补充单价的工料分析是根据工程测算数据还是估算数据确定的。

4. 审查费用标准、直接费、间接费

根据各地区费用标准,主要审查建筑工程的类别、施工企业的经济性质与资质等级、各项取费标准、计费基础、外调增的材料差价、与利润和税金有关的计费基础和费率、施工合同和招标文件中某些定额外的措施性费用以及有无巧立名目等。

审查直接费就是审查直接费部分的整个预算表,即根据已经审查的分项工程和预算定额单价,看其套用和计算是否有误。

审查间接费时,一般先审核费用定额是否与工程性质相符,再重点审查所使用费率与工程类别、企业等级等规定是否相符,最后审查计费基础和工程造价计算程序是否正确。

5. 审查总造价

审查总造价主要是审查总造价的计算程序和方法是否有误以及审查各项数据计算是否正确。

复习思考题

1. 混凝土工程的施工过程是什么?
2. 施工测量的内容有哪些?

3. 单位工程施工组织设计的内容主要包括有哪些?
4. 单位工程施工平面设计步骤是什么?
5. 工程量计算的原则有哪些?
6. 施工图预算的编制步骤有哪些?

实践技能训练

通过考察施工现场,了解建筑物定位放线的方法和步骤,了解各工种的施工方法和过程,了解施工员、预算员等技术管理人员的工作内容,写出一份关于建筑工程施工的报告。

第五章 建筑工程管理

我国在土木建筑工程建设管理方面实行"三方"管理体制，即在政府有关部门的监督管理之下，由建筑项目法人、承建商、监理单位直接参加的管理体制。政府有关部门包括建设主管部门、规划部门、质量监督、卫生、消防、劳动、环保等。承建商包括勘察设计单位、施工安装企业、材料、设备等物资供应单位。我国目前在工程建设领域实行项目法人责任制、招标投标制、工程建设监理制、工程承包合同制、工程质量责任制等五项基本制度。

第一节 建设法规与建筑技术政策

一、建设法规

（一）建设法规的概念和调整对象

1. 建设法规的概念

建设法规是指国家立法机关或其授权的行政机关制定的，旨在调整国家及其有关机构、企事业单位、社会团体、公民之间在建设活动中或建设行政管理活动中发生的各种社会关系的法律、法规的统称。

建设法规主要是以特定的活动或行业为规范内容构成的，表现为建设法律、建设行政法规和部门规章，以及地方性建设法规、规章。建设法律或法规是内容集中的或专门的规范性文件，是我国建设法规主要的来源。此外，宪法、经济法、民法、刑法等各部门法律中有关建设活动及其建设关系的法律调整，也是建设法规的来源。

2. 建设法规的调整对象

建设法规调整对象就是发生在各种建设活动中的各种社会关系。它包括建设活动中所发生的行政管理关系、经济协作关系及其相关的民事关系。

（1）建设活动中的行政管理关系。建设活动是社会经济发展中的重大活动，国家对此类活动必然要实行全面的严格管理。包括对建设工程的立项、计划、资金筹集、设计、施工、验收等进行严格的监督管理。这就形成了建设活动中的行政管理关系。

建设活动中的行政管理关系，是国家及其建设行政主管部门同建设单位、设计单位、施工单位及有关单位之间发生的相应的管理与被管理关系。它包括两个相互关联的方面：一方面是规划、指导、协调与服务；另一方面是检查、监督、控制与调节。这其中不但要明确各种建设行政管理部门相互间及内部各方面的责权利关系，而且还要科学地建立建设行政管理部门同各类建设活动主体及中介服务机构之间规范的管理关系。这些都必须纳入法律调整范围，由有关的建设法规来承担。

（2）建设活动中的经济协作关系。在各项建设活动中，各种经济主体为了自身的生产和生活需要，或者为了实现一定的经济利益或目的，必然寻求协作伙伴，这就发生相互间的建设协作经济关系。如投资主体同勘察设计单位的勘察设计关系，同建筑安装施工单位的施工关系等。

建设活动中的协作关系是一种平等自愿、互利互惠的横向协作关系。一般以合同的形式确定双方的协作关系。与一般合同不同的是，建设活动的合同关系大多具有较强的计划性。这是由建设关系自身的特点所决定的。

（3）建设活动中的民事关系。民事关系是指因从事建设活动而产生的国家、单位法人、公民之间的民事权利、民事义务关系。主要包括：在建设活动中发生的有关自然人的损害、侵权、赔偿关系；建设领域从业人员的人身和经济权利保护关系；房地产交易中买卖、租赁、产权关系；土地征用、房屋拆迁导致的拆迁安置关系等。

建设活动中的民事关系既涉及国家社会利益，又关系着个人的权益和自由，因此必须按照民法和建设法规中的民事法律规范予以调控。

应当指出的是，建设法规的三种具体调整对象，既彼此互相联系，又各具自身属性。它们都是因从事建设活动所形成的社会关系，都必须以建设法规来加以规范和调整。不能或不应当撇开建设法规来处理建设活动中所发生的各种关系。这是其共同点或相关联之处；同时这三种调整对象的形成条件；处理关系的原则、适用规范的法律后果不完全相同。因此它们又是三种并行的社会关系，既不能混同，也不能相互取代。在承认建设法规统一调整的前提下，应当侧重使用它们各自所属的调整规范。

（二）建设法规立法的基本原则

建设法规立法的基本原则，是指建设立法时所必须遵循的基本准则及要求，主要有：

1. 遵循市场经济规律原则

市场经济，是指价值规律对资源配置起基础性作用的经济体制。社会主义市场经济，是指与社会主义基本制度相结合、市场在国家宏观调控下对资源配置起基础性作用的经济体制。建设法规的建立必须遵循市场经济规律，才能真正使建设法规服务于建设活动，发挥它的作用。

2. 法制统一原则

所有法律都有着统一的内在联系，并在此基础上构成国家的法律体系。建设法规体系是我国法律体系中的一个组成部分。组成本体系的每一个法律都必须符合宪法的精神与要求。该法律体系与其他法律体系也不能冲突。建设行政法规和部门规章以及地方性建设法规、规章必须遵循基本法的有关规定，地位同等的法律、法规所确立的有关内容应相互协调而不应相互矛盾。建设法规系统内部高层次的法律、法规对低层次的法规、规章具有制约性和指导性。

3. 责权利相一致原则

责权利相一致是对建设行为主体的权利、义务、责任在建设立法上提出的一项基本要求。具体表现在：

（1）建设法规主体享有的权利和履行的义务是统一的。

（2）建设行政主管部门行使行政管理权既是其权利，也是其责任、义务。权利、义务和责任彼此相互结合。

（三）建设法规的法律地位、作用

1. 法律地位

法律地位指法律在整个法律体系中所处的状态，具体指法律属于哪一个部门、居于何等层次。确定建设法规的法律地位，就是确定建设法规属于哪一个部门法。部门法的划分是以某一类社会关系为共同的调整对象作为标准的。

建设法规主要调整建设活动中的行政管理关系、经济关系和民事关系。对于行政管理关系的调整采取的是行政手段的方式；对于经济关系的调整采取的是行政的、经济的、民事的多种手段相结合的方式；对于民事关系的调整主要是采取民事手段的方式。这表明建设法规是运用综合的手段对行政的、经济的、民事的社会关系加以规范调整的法规。但就建设法规主要的法律规范性质来说，多数属于行政法或经济法调整的范围。

2. 建设法规的作用

（1）规范指导建设行为。建设活动应该遵循一定的行为规范即建设法律规范。建设法规对人们建设行为的规范性表现在：必须进行的一定的建设行为，如建设项目的立项申报、建设过程中各种强制性法规的执行；禁止进行的一定的建设行为，如违法分包、投标过程中的违法行为等。

（2）保护合法建设行为。建设法规的作用不仅在于对建设主体的行为加以规范和指导，还应对所有符合法规的建设行为给予确认和保护。这种确认和保护性规定一般是通过建设法规的原则规定反映的。

（3）处罚违法建设行为。建设法规要实现对建设行为的规范和指导作用，除了保护合法的建设行为，还必须对违法建设行为给予应有的处罚。一般的建设法规都有对违法建设行为的处罚规定。如建设部1999年2月3日发布的《建设部建设行政处罚程序暂行规定》就是为了保障和监督建设行政执法机关有效实施行政管理，保护公民、法人和其他组织的合法权益，促进建设行政执法工作程序化、规范化制定的。

（四）建设法规的实施

建设法规的实施，指国家机关及其公务员、社会团体、公民实现建设法律规范的活动，包括建设法规的执法、司法和守法三个方面。建设法规的司法又包括行政司法和专门机关司法两方面。

1. 建设行政执法

建设行政执法指建设行政主管部门和被授权或被委托的单位，依法对各项建设活动和建设行为进行检查监督，并对违法行为执行行政处罚的行为，具体包括：建设行政决定、建设行政检查、建设行政处罚、建设行政强制执行。

2. 建设行政司法

建设行政司法指建设行政机关依据法定的权限和法定的程序进行行政调解、行政复议和行政仲裁，以解决相应争议的行政行为。

3. 专门机关司法

专门机关司法指国家司法机关主要指人民法院依照诉讼程序对建设活动中的争议与违法建设行为作出的审理判决活动。

4. 建设法规的遵守

建设法规的遵守指从事建设活动的单位与个人，按照建设法律、法规等规范的要求实施建设行为，不得违反。

（五）建设法规体系

1. 建设法规体系概念

法规体系是指由一个国家的全部现行法律规范分类组合为不同的法律部门而形成的有机

联系的统一整体。

建设法规体系是指把已经制定和需要制定的建设法律、建设行政法规和建设部门规章衔接起来，形成一个相互联系、相互补充、相互协调的完整统一的体系。就广义的建设法规体系而言，还应包括地方性法规和规章。

建设法规体系是国家法律体系的重要组成部分。同时，建设法规体系又相对自成体系，具有相对独立性。根据法制统一原则，建设单位面的法律必须与宪法和相关的法律保持一致，建设行政法规、部门规章和地方性法规、规章不得与宪法、法律以及上一层次的法规相抵触。另外，建设法规应能覆盖建设事业的各个行业、各个领域以及建设行政管理的全过程，使建设活动的各个方面都有法可依、有章可循，使建设行政管理的每一个环节都纳入法制轨道。在建设法规体系内部，纵向不同层次的法规之间，应当相互衔接，不能抵触；横向同层次的法规之间，也应协调配套，不能互相矛盾，重复或者留有"空白"。

2. 建设法规体系的构成

建设法规体系是由很多不同层次的法规组成的，它的结构形式一般有宝塔形和梯形两种；我国建设法规体系采用的是梯形结构形式。

根据《中华人民共和国立法法》有关立法权限的规定，我国建设法规体系由五个层次组成：

（1）建设法律。建设法律指由全国人民代表大会及其常务委员会审议发布的属于建设行政主管部门主管业务范围的各项法律，它是建设法律体系的核心和基础。如1997年11月1日第八届全国人民代表大会常务委员会第二十八次会议通过的《中华人民共和国建筑法》是国务院建设行政主管部门对全国的建筑活动实施统一监督管理的法律。

（2）建设行政法规。建设行政法规指国务院依法制定并颁布的属于建设部主管业务范围内的各项法规。如2000年1月30日国务院为了加强对建设工程质量的管理，保证建设工程质量，保护人民生命和财产安全，根据《中华人民共和国建筑法》制定的《建设工程质量管理条例》。

（3）建设部门规章。建设部门规章指建设部根据国务院规定的职责范围，依法制定并颁布的各项规章，或由建设部与国务院有关部门联合制定并发布的规章。这类部门规章主要是针对各部门行为，实施范围有一定的局限性。如建设部发布的《建设工程勘察质量管理办法》、《房屋建筑工程质量保修办法》、交通部发布的《公路工程质量管理办法》等。

（4）地方性建设法规。它是在不与宪法、法律、行政法规相抵触的前提下，由省、自治区、直辖市人人及其常委会制定并发布的建设单位面的法规，包括省会城市和经国务院批准的较大的市人大及其常委会制定的，报经省、自治区人大或其常委会批准的各种法规。

（5）地方建设规章。地方建设规章指由省、自治区、直辖市以及省会城市和经国务院批准市人民政府，根据法律和国务院的行政法规制定并颁布的建设单位面的规章。

其中，建设法律的法律效力最高，层次越往下的法规的法律效力越低。法律效力低的建设法规不得与比其法律效力高的建设法规相抵触，否则，其相应的规定将被视为无效。此外，与建设活动关系密切的相关的法律、行政法规和部门规章，也起着调整一部分建设活动的作用。其所包含的内容或某些规定，也构成建设法规体系的内容。

我国建设法规体系，是以建设法律为龙头，建设行政法规为主干，建设部门规章和地方法规、规章为枝干而构成的。建设部1991年印发的《建设法律体系规划方案》使我国建设立法走上了系统化、科学化的健康发展之路。

我国的建设法规体系由城市规划法、市政公用事业法、村镇建设法、风景名胜区法、工程勘察设计法、建筑法、城市房地产管理法、住宅法等 8 部关于专项业务的法律构成我国建设法规体系的顶层，并由城市规划法实施条例等 38 部行政法规对这些法律加以细化和补充，根据具体问题和各地不同情况，建设行政主管部门和各省人大及人民政府还可以制定颁行相应的建设规章及法规，从而形成一个完整的建设法规体系。当然，随着社会发展和经济形势的变化，一些社会关系也会发生变化，由此也会产生对新的建设法律或行政法规的需求，我国的建设法规体现也会随着变化，这是社会发展的必然。

二、建筑技术政策

建筑业是我国国民经济的支柱产业之一，对我国国民经济快速持续增长、拉动与促进相关行业的发展发挥了重要作用。近年来，我国经济建设发展迅速。至 2012 年底，我国的城镇化率已达 52.6%；我国的建筑施工企业为 74042 家，从业人员达 3689 万人；勘察设计单位约 16000 家，从业人员达 198 万人；工程监理单位约 6700 家，从业人员达 84 万人。今后几年，城镇化率预计将以每年 1% 以上的速度增长，这为我国建筑业的持续发展提供了良好的机遇。

但是，我国的建筑技术水平与发达国家相比还有一定差距。因此，必须坚持国家中长期科技发展规划提出的"自主创新、重点跨越、支撑发展、引领未来"的科技工作方针，加快建设以企业为主体、市场为导向、产学研相结合的建设领域科技创新体系，重点在节能减排、绿色建筑、防灾减灾、保障房建设、既有建筑改造、建筑施工技术、信息化应用、高强钢筋应用等领域加大科技创新与应用研发力度。通过科技创新全面提升建筑业科技含量，促进建筑行业产业结构优化与转型，提高勘察设计及建筑施工技术水平，实现我国建筑业的可持续发展。

中国建筑技术政策集中反映了我国建筑业、勘察设计咨询业在"十二五"期间的技术进步要求，确定了我国新时期建筑技术发展的主要任务和目标、具体的技术政策要求与需采取的主要措施，是住房城乡建设部在新时期指导我国建筑科学技术进步和建筑业发展的宏观性技术政策。

建筑技术政策分"建筑技术政策纲要"与"各领域建筑技术政策"两大部分。"建筑技术政策纲要"对建筑技术发展作了综述，提纲挈领并高度总结了各领域建筑技术政策，以期指导我国建设行业今后 5 年的建筑技术发展。"各领域建筑技术政策"涵盖了建筑设计、建筑勘察、城市建筑综合防灾、建筑节能、绿色与可持续发展、既有建筑改造、建筑结构、建筑地基基础与地下空间开发利用、建筑材料与制品、建筑设备、建筑机械、建筑施工、建筑业信息化、城市轨道交通地下工程，14 个领域的建筑技术政策。各领域的技术政策，分别包括"任务和目标"、"技术政策"、"主要措施"三方面内容。在"任务和目标"中列出了今后 5 年本领域要开展的主要工作与目标；在"技术政策"中给出了今后本领域要研发与推广应用的主要技术内容；在"主要措施"中详细提出了实现本技术政策目标与要求的保障条件与措施。由于建筑技术政策的内容较多，现将部分主要内容介绍如下。

（一）全力做好建筑节能，实现建筑业的节能减排目标

1. 在建筑设计中注重节能，严格控制建筑能耗指标

建筑设计要注重降低建筑物的采暖、空调、通风和照明的负荷，提高采暖、空调等设备和系统的能源使用效率。应按照建筑用途、所处的地区和气候，严格执行建筑节能设计标准，

充分考虑建筑的朝向和体形,采用新型节能材料,配置高效的采暖、空调和照明系统,确保单位建筑面积能耗指标控制在标准要求之内。

2. 依据地域差异,因地制宜降低建筑能耗

建筑节能工作要充分考虑我国各地的气候特点,严寒和寒冷地区要提高建筑物的保温性能,尽可能采用较小体型系数的建筑设计,降低围护结构能耗;夏热冬冷地区要兼顾建筑物的保温、隔热性能;夏热冬暖地区要尽量利用自然通风、注重遮阳,并采取有效措施改善建筑物隔热性能。

3. 重视居住小区环境设计,提高建筑环境品质

要重视居住小区的规划与环境设计,为住户创造良好的日照与通风条件,发展小区与庭院绿化,为建筑节能创造有利的室外环境。住宅建筑可开启外窗的面积不应低于有关规定,在室外环境适宜时,采用开窗通风维持室内的热湿环境和空气质量。

4. 加强围护结构节能技术的研发,有效降低建筑的采暖空调负荷

积极采用新型保温隔热墙体与材料,在严寒地区淘汰外墙内保温技术;积极开发利用高效安全的屋面保温材料,加强屋面保温;合理控制建筑物的窗墙比,改善窗户的保温与气密性能,使用中空、镀膜等节能玻璃,推广各种节能型窗户,在夏热冬冷和夏热冬暖地区推广使用窗户外遮阳;要有条件地控制玻璃幕墙的使用,降低玻璃幕墙能耗;积极开发和推广节能与结构一体化的围护结构体系。

5. 加强采暖、空调节能技术的研发,提高系统的能源利用效率

对于严寒和寒冷地区,发展以集中供热为主导、多种方式相结合的城镇供热采暖节能技术。重视系统能源优化,发展低温热源和高温冷源的采暖空调末端装置和相应系统,重视集中供热管网的水力平衡,推广变频技术。研究开发集中供热末端室温调节和热费分摊技术与装置。提倡蓄冷、蓄热空调技术,提倡和发展能够实现室内"部分时间、部分空间"控制调节冷热的系统和方式。研发各种高效的空气能量回收技术与装置,提倡充分利用室外空气的自然冷却能力转移建筑内热量。

发展利用自然通风技术,合理组织室内气流路径,开发住宅用手动或自动调节进风量的通风器。

6. 重视采光和照明节能技术,节约照明用电

要充分利用自然光,减少建筑物白天的人工照明。积极采用照明节能技术,逐步用节能灯代替白炽灯。在条件具备时,适当发展高效的 LED 光源及相应的照明技术。

7. 开发利用可再生能源,提高可再生能源应用比例

发展太阳能供热水、太阳能利用设备与建筑一体化技术。因地制宜合理发展地源、水源、空气源热泵技术和污水源热泵技术。在农村研发应用生物质能源和可再生能源。

8. 研发建筑节能检测技术,完善建筑节能评价体系

研究开发建筑节能检测评价方法和能耗快速检测设备,建立健全建筑节能评价指标体系,科学评估建筑节能效果。

(二)开展绿色建筑研究与工程应用,建设环保生态城市

1. 按绿色建筑要求,做好建筑节能工作

因地制宜开发利用可再生能源。积极研发与应用高效安全的保温材料,确保有机保温材料的阻燃性能,确保建筑围护结构的节能效果与防火安全。地下空间要适当利用通风孔、高

窗等手段降低通风与照明的能耗。高层建筑应逐步提高节能电梯应用比例。

2. 合理控制容积率与开发利用地下空间，提高土地利用率

在保障安全、满足使用功能和生产生活条件、保证健康卫生和符合节能及采光标准的前提下，合理确定公共建筑、工业建筑和居住建筑的容积率。合理规划和优化居住区布局，注重开发利用地下空间。

3. 做好节水工作，实现水资源合理优化利用

要全面推广生活节水设施，因地制宜选择利用雨水收集系统进行回渗、回收和绿化灌溉，有条件的居住区，应建中水利用设施。关注施工过程中混凝土养护、洗车、洗路及基坑降水等的用水管理。

4. 倡导建筑节材，减小建筑工程的资源消耗

采用资源消耗和环境影响小的建筑结构体系，建筑设计造型简约。积极采用高强钢筋与高性能混凝土。倡导采用建筑工业化的预制结构体系，推广土建与装修一体化。充分利用地方材料，尽量采用可再利用与可再循环材料。

5. 加强建设和施工过程的环境保护，实现可持续发展

在施工过程中，要制定并实施保护环境的具体措施，控制由于施工引起的扬尘、渣土遗撒、噪声、光污染以及对场地周边区域的影响。提高建筑废弃物的再利用水平，新建工程的建筑垃圾应低于 $300t/万 m^2$。

（三）开展建筑结构新技术研究，不断提高技术水平

1. 大力发展钢结构，实现节材、保护环境的目的

在超高层公共建筑中倡导采用钢—混凝土混合结构或钢结构；在大型公共建筑屋盖中采用空间钢结构；在工业建筑中采用钢排架加钢屋架或轻钢门式刚架等；在住宅结构中研发并推广钢结构。钢结构提倡采用 Q345 钢。

2. 以建筑工业化为目标，积极研发新型预制装配结构体系

顺应建筑工业化、住宅产业化的发展趋势，积极支持研发预制装配整体式建筑体系，重点开展混凝土预制装配整体式住宅的研发与工程应用，解决预制装配整体结构的节点连接技术，提高预制装配整体式建筑的抗震性能。研发应用结构与保温一体化建筑体系。

3. 积极应用高强钢筋与高效预应力技术，促进建筑行业低碳发展

混凝土结构中应优先使用 400MPa 级高强钢筋，积极推广 500MPa 级高强钢筋。研究应用 500MPa 级高强钢筋混凝土构件的抗震性能，研发与推广 500MPa 级钢筋的机械连接技术。着力研发、应用高效预应力结构技术，在大型公共建筑中积极应用大柱网、大跨度预应力楼盖与预应力无梁楼盖技术，在住宅中推广大开间无黏结预应力楼板技术。

4. 研发高层建筑抗震新技术，提高建筑抗震性能

要积极开展高层建筑抗震新技术的研究，包括：混凝土核心筒+钢框架混合结构抗震性能研究、钢板剪力墙抗震性能研究、建筑隔震技术研究、耗能支撑抗震性能研究、超高层建筑的弹塑性时程分析、建筑抗震性能化设计、大型复杂结构的地震振动台模型试验等。

5. 开展建筑风工程技术研究，确保建筑物抗风性能

积极支持超高层建筑、大跨度公共建筑及轻钢房屋的风荷载研究，重点解决大跨度公共建筑的风振性能研究。倡导数值风工程（CFD）与风洞试验相结合，进行建筑风荷载与建筑风环境的研究。有条件时，开展建筑物风荷载实测。

6. 结构设计要坚持原则，保证结构的安全与合理

结构设计要与建筑协调统一，注重结构体系与布置的合理性，强调结构的概念设计与整体稳固性。在满足建筑与使用功能的前提下精心设计，确保结构的安全性、合理性和耐久性。

（四）关注建筑地基基础新技术，着重抓好地下空间开发利用

1. 研发复杂地基处理方法，提高废弃土地利用率

研究开发减少环境影响的大面积堆填地基、填海工程的软基处理新技术与新方法，工业、矿山废渣填埋场的地基处理技术，快速高效的软土地基处理技术。

2. 发展大吨位、高性能桩基技术，提高桩基技术水平

研发应用大直径高承载力灌注桩、地下连续墙的成桩成槽技术与检测技术，大力推广高效、减少泥浆污染的钻孔压灌桩新技术，发展变形控制的复合桩基、疏桩等桩基技术。

3. 重视基础与上部结构共同作用，确保结构安全

研究开发复杂体型、大底盘基础与多塔楼共同作用的基础设计计算方法，研究土层变形参数的现场测试技术与变形控制设计理论和方法，研究超深、超大基础工程的回弹再压缩变形计算方法。

4. 加强既有建筑地基承载力研究，为既有建筑改造提供技术支撑

开展既有建筑地基承载力评价方法研究，完善既有建筑地基基础的增层、补强、移位技术，完善相应的设计和施工标准。

5. 研究基坑工程水资源保护，实现节水与环境保护要求

开展基坑工程保护水资源的降水、回灌及基坑截水、隔水技术的研究，推广集挡土、截水于一体的型钢水泥土搅拌墙复合结构支护技术，推广集挡土、截水、结构外墙于一体的地下连续墙技术。

6. 开展地下空间施工技术研究，抓好地下空间开发利用

研究暗挖法、盖挖法、盾构法施工引起的环境影响及保护措施，研究超深、超大地下工程设计与施工方法，研究地下车库、地下商场与地铁车站连接的相关技术，研究超大规模地下结构裂缝控制的施工方法及防渗、堵漏新技术。

（五）开发新型建材与制品，全面实现"四节一环保"

1. 提高建筑钢筋、钢材强度等级，减小材料消耗

在混凝土结构用钢筋中，以400MPa级钢筋作为主力配筋，积极推广500MPa级钢筋，用HPB300钢筋取代HPB235钢筋，淘汰大直径HRB335钢筋。在预应力混凝土结构中推广高强度、高性能预应力钢绞线与钢丝，在混凝土楼板结构中推广钢筋网片。加快开发高强度、耐火、耐候等多功能建筑用型钢。

2. 大力发展高性能水泥，提高原材料利用效率

鼓励生产42.5级以上的较高强度水泥，提高高强度水泥的产量和用量，研发具有低热、低碱、高流变等特性的新型高性能水泥。继续大力推广散装水泥供应方式，加强建立农村散装水泥供应链。

3. 加强高性能混凝土的研发与应用，实现节材降耗

加大高性能混凝土的应用，研发推广应用聚羧酸减水剂等高性能外加剂，合理使用粉煤灰，以高性能外加剂促进高性能混凝土的发展。适当提高混凝土强度等级，并重视各环境类别对混凝土耐久性的影响。

4. 积极利用各种工业废弃物，做好环境保护

进一步提高粉煤灰等常规工业固体废弃物的深加工工艺与技术水平，加强磷渣、钢渣、脱硫石膏等工业废料在水泥或混凝土中的应用技术研究。加强人造轻骨料节能降耗生产工艺研究及轻骨料工程应用研究，利用河道淤泥、城市污泥等生产墙体材料与高品质人造轻骨料，节约天然资源。加强建筑废弃物再生建材利用，提高混凝土再生骨料性能和应用技术水平，在有条件的地区建立再生骨料生产基地，研究制定再生骨料相关标准规范。

5. 完善预拌砂浆设备与技术，加速推广预拌砂浆应用

提高预拌砂浆设备技术水平，开发可满足不同生产规模的系列化成套设备，完善预拌砂浆产业链，加速推广预拌砂浆。

6. 推广新型建筑板材产品，提高房屋建筑节材代木技术水平

大力发展与国际市场接轨的低毒胶系列人造板（E-1、E-0级）、难燃型板、轻质和超轻质板材，大力推进环保型板材开发和城市木质废料的回收利用。继续大力发展轻质墙板制品，提高轻质墙板制品生产线的机械化、自动化水平。

7. 推广应用砌块技术，减少烧结黏土砖的应用

因地制宜发展适应当地建筑体系的砌块材料，包括普通混凝土及轻骨料混凝土空心砌块、加气混凝土砌块、烧结空心砌块、新型夹芯保温砌块，发展以有机泡沫等绝热材料填充孔洞的自保温空心砖。砌块应向高空心化、高强轻质和功能复合化、装饰化、系列化方向发展。

8. 积极推广应用化学建材及制品，提高房屋建筑使用功能

继续大力推广各种高性能塑料管材、管件与配件的应用。研发无公害、防污染、防开裂、防脱落等高性能的建筑涂料，大力推广高质量的改性沥青防水卷材和高分子防水卷材。加强改性聚合物及新型高性能密封胶开发，进一步推进建筑密封胶新技术发展。

（六）提升我国建筑机械技术水平，确保安全、提高效率

1. 研发基础施工机械，提高我国地基基础施工水平

结合新的施工工艺、工法，重点研发和推广旋挖钻机、地下连续墙施工用液压冲击抓斗、双轮铣槽机等低噪声的节能型基础施工机械。

2. 开发高性能起重升降机械，实现节能与安全要求

开发大吨位、大高度、高速度的起重机与升降机，要重点开发和推广使用具有能量反馈的节能型起重、升降设备，实现节能10%~20%。要重点开发和推广使用起重机安全监控信息化管理系统，对新制造的起重机、升降机安装率要达到100%，并对目前在用的起重机、升降机进行技术改造，从根本上解决长期存在的起重机、升降机安全事故多发的问题。

3. 研发砂浆机械，提高施工效率

研发和推广使用干混砂浆机械，重点开发砂浆储运、连续搅拌、输送、喷射上墙、摊平抹光设备，实现抹灰作业机械化，节约砂浆20%以上，并降低工程造价，提高施工效益。

4. 研发推广钢筋加工机械，实现钢筋产品商业配送

研发推广钢筋自动化、智能化、高效成套加工机械与设备，以市场化手段，实现钢筋产品的专业化加工与商品化配送。

5. 研发废旧混凝土处理机械，探索再生混凝土应用新技术

研发和推广既有建筑拆除中对钢筋混凝土的破碎、分类成套设备，回收混凝土骨料，最

大限度地减少建筑垃圾。

6. 开发和推广使用环保型混凝土机械，保护环境、减少污染

研发和普及低排放量的混凝土搅拌机械与设备，做好搅拌站混凝土剩余料的回收利用，并实现搅拌操作用水的零排放。

7. 应用建筑机械信息化管理技术，提高设备的安全运行性能

开发和推广应用于大中型机械和危险性较大设备的无线远程监测信息化实时管理系统，提高管理水平，确保大型设备的安全运行性能。

（七）加强建筑施工新技术研发，振兴我国建筑业

大力推广应用建筑业10项新技术，强调绿色施工技术，实施节能减排，依托技术进步和科学管理，提高工程质量和安全，全面提升我国建筑业技术水平。

1. 积极研发地下工程施工技术，减少对地面环境的影响

在地基基础与地下空间工程施工中，优先采用暗挖施工方法，推广逆作法和半逆作法施工技术，采用地下降水回灌与再利用技术。积极采用机械顶管、盾构等地下管线非开挖施工技术。

2. 研发推广预制装配技术，提高建筑工业化水平

研发推广结构构件工厂化预制生产技术，研发混凝土及预应力混凝土梁、板、墙、柱等构件预制装配施工技术，发展预制清水混凝土装饰面板、混凝土保温外墙板制作及安装技术，完善建筑配件整体配套及安装技术，提高建筑工业化水平。

3. 应用工具式模板脚手架，提高施工工效和安全性

发展插接式、盘销式脚手架技术，推广金属框竹或木胶合模板技术、大模板技术、新型定性塑料模板技术，积极采用附着式自动升降脚手架技术、高层和超高层整体自动升降作业平台技术，开展大型施工平台的安全监测、报警技术的研究，确保施工安全。

4. 应用大型结构整体安装技术，提高施工技术水平

认真做好钢结构加工制作的深化设计，推广应用计算机模拟仿真安装技术，积极采用整体滑移技术、顶升和提升技术，发展由计算机控制的集群千斤顶同步控制技术。

5. 加强安全质量体系建设，推进安全质量技术进步

施工企业必须建立安全质量组织保障体系、安全生产责任体系与监督检查体系，健全安全质量管理制度，强化项目安全质量管理策划，对重大工程项目配备可视化监控系统，实现施工现场监控。

进一步加强安全、质量技术研究，特别要加大对混凝土配备、搅拌、浇筑、养护和工作状态等全过程裂缝控制技术研究；开展防止建筑工程地基超预期不均匀沉降、脚手架及各种临时支撑结构安全与质量控制、深基坑施工过程安全与质量保障、施工现场安全防火等技术的研究。

6. 推广应用绿色施工技术，实现"四节一环保"

全面研究和推进绿色施工技术，实施施工过程中的节能、节地、节水、节材与环境保护。大力推进节能环保型建筑施工方法，包括：推广应用现场雨水、废水回收及再利用技术，低噪降尘施工技术，减少施工现场光污染技术，建筑垃圾处理与再利用技术，工业废料、废液、废渣利用技术，预拌砂浆技术等。注重施工临时用房的可重复利用技术。有条件地区倡导使用工地生活用太阳能热水系统，努力降低施工能耗。

7. 全面推动建筑行业信息化进程，提升管理水平

推动企业建立应用协同办公与数据库系统，鼓励建立国际化采购平台、设计—施工—采购一体化管理平台、企业专业化电子数据库、项目多方协同管理信息化技术，加强虚拟仿真施工技术、工程远程验收技术、施工图深化设计技术、数据交换共享与系统集成技术研究，提高工程项目信息化管理水平。

8. 推广总承包管理技术模式，提高国际化竞争能力

采用EPC总承包管理技术，推广设计—采购—施工总承包一体化的国际总承包管理模式。积极将中国标准国际化，同时在对外承包工程中积极采用国际标准，提高国际市场竞争能力。

（八）快速发展信息化技术，全面提高我国建筑业技术水平

1. 加速行业电子政务系统升级，进一步提升行业管理水平和效率

发展行业电子政务信息共享技术与标准，提升目前在用的电子政务系统功能与信息共享能力，研发工作流支撑平台和管理平台支撑技术。发展基于工程多维信息模型的工程安全与质量监管数字化技术，提升对工程项目的安全与质量监管能力。

2. 开发推广信息化关键技术和产品，提升企业创新能力

研究推广建筑信息模型（BIM）技术、协同工作技术、三维技术、仿真模拟技术与产品。建立并完善基于建筑信息模型（BIM）技术的协同工作模式、工作流程、管理机制和相关技术标准，逐步整合与提升项目管理和文档管理系统。研究推广勘察、设计与施工成果电子交付与存档技术，提高工程项目全生命期管理水平。研究材料控制与采购管理系统的集成技术与可视化技术，实现承包商、业主及项目分包商的有效沟通，优化材料供销过程。

3. 加强企业资源数据库建设，强化信息资源整合

建立企业资源数据库。研究制定勘察设计与工程施工企业资源数据库相关标准，包括资料信息数据标准、三维模型数据标准、工程图档信息标准等，为行业数据共享创造条件。强化对勘察设计与工程施工信息资源的管理和保护，实现信息资源的深度开发、实时处理、安全保存、快速流动和有效利用。

4. 发展自主知识产权的软件系统，加速国产软件的产业化进程

研究开发具有自主版权的图形平台，研发仿真与虚拟现实软件产品，促进国产软件产业化。开发建筑风环境、工程能耗与建筑日照等仿真系统，推动绿色建筑与生态环境建设。研究适用于不同地域特性的复杂地基基础工程、地下空间开发利用工程、地质工程和岩土环境工程等专业分析软件。

5. 完善建筑业信息化标准体系，保障信息化建设有序发展

加强建筑业与勘察设计咨询业信息化标准研究，建立与完善建筑业与勘察设计咨询业信息化标准体系，为实现全行业"统一标准，互联互通，资源共享"奠定基础。

第二节 建筑工程项目管理

一、工程项目管理的概念、职能和类型

工程项目管理是以工程项目为管理对象，在既定的约束条件下，为最优地实现项目目标，根据工程项目的内在规律，对工程项目寿命周期全过程进行有效地计划、组织、指挥、控制和协调的系统管理活动。

工程项目管理的职能包括：策划职能、决策职能、计划职能、组织职能、控制职能、协调职能、指挥职能、监督职能。

根据管理主体、管理对象、管理范围的不同，工程项目管理可分为建设项目管理、设计项目管理、施工项目管理、咨询项目管理、监理项目管理等。

二、工程项目管理的特点

近代项目管理学科源于20世纪50年代，从20世纪60年代起，国际上许多人对项目管理产生了浓厚的兴趣。工程项目管理是特定的一次性任务的管理，它能够使工程项目取得成功，是其职能和特点决定的。工程项目管理的特点如下：

（1）管理目标明确。
（2）以项目经理为中心的系统的动态的管理。
（3）项目管理理论、方法、手段的科学化。

1）现代管理方法的应用。如预测技术、决策技术、数学分析方法、数理统计方法、模糊数学、线性规划、网络技术、图论、排队论等。

2）管理手段的信息化。21世纪的项目管理将更多的依靠计算机技术和网络技术，新世纪的项目管理必将成为信息化管理。

3）现代管理理论的应用。如系统论、信息论、控制论、行为科学等在项目管理中的应用。
（4）项目管理的社会化、专业化。
（5）项目管理的标准化和规范化。
（6）项目管理国际化。

三、工程项目管理的框架体系

1. 主要特征

动态管理、优化配置、目标控制和节点考核。

2. 运行机制

总部宏观调控、项目委托管理、专业施工保障和施工力量协调。

3. 组织结构

"两层分离，三层关系"，即管理层与作业层分离；项目层次与企业层次的关系、项目经理与企业法人代表的关系、项目经理部与劳务作业层的关系。

4. 推行主体

"两制建设，三个升级"，即项目经理责任制和项目成本核算制；技术进步、科学管理升级，总承包管理能力升级，智力结构、资本运营升级。

5. 基本内容

"四控制，三管理，一协调"，即进度、质量、成本、安全控制，现场（要素）、信息、合同管理，组织协调。

6. 管理目标

"四个一"，即一套新方法，一支新队伍，一代新技术，一批好工程。

四、工程项目管理的内容和程序

1. 工程项目管理的内容

项目管理的目标是通过项目管理工作实现的。为了实现项目管理目标，必须对项目进行全过程的、多方面的管理。项目管理的内容如下：

(1) 建立项目管理组织。项目经理部是由项目经理在企业的支持下组建并领导项目管理的一次性组织机构,一般由项目经理、项目副经理以及其他技术人员和管理人员组成。一般项目可设技术员、施工员、预算员、计划统计员、成本员、材料员、质量安全员等职能岗位。建筑工程项目管理的组织形式有直线职能式、事业部式、矩阵式等。

(2) 编制项目管理规划。项目管理规划是对项目管理目标、组织、内容、方法、步骤、重点等进行预测和决策,做出具体安排的文件。项目管理规划分为项目管理规划大纲和项目管理实施规划两类。

(3) 进行项目的目标控制。项目的目标有阶段性目标和最终目标,实现各项目标是项目管理的目的所在。项目的控制目标有进度控制目标、质量控制目标、成本控制目标和安全控制目标。

由于在项目目标的控制过程中,会不断受到各种客观因素的干扰,各种风险因素有随时发生的可能性,故应通过组织协调和风险管理,对项目目标进行动态控制。

(4) 对项目现场的生产要素进行优化配置和动态管理。项目的生产要素是项目目标得以实现的保证,主要包括人力资源、材料、设备、资金和技术(即5M)。

(5) 项目的合同管理。项目管理是在市场条件下进行的特殊交易活动的管理,这种交易活动从招投标开始,贯穿项目管理的全过程,必须依法签订合同,进行履约经营。

(6) 项目的信息管理。项目的信息管理是指对信息的收集、整理、处理、储存、传递与应用等一系列工作的总称。信息管理的目的就是通过有组织的信息流动,使决策者能及时、准确地获得相应的信息。

(7) 组织协调。组织协调是指以一定的组织形式、手段和方法,对项目管理中产生的关系不畅进行疏通,对产生的干扰和障碍予以排除的活动。

2. 工程项目管理的程序

项目管理的各种职能及各管理部门在项目过程中形成的关系,有工作过程的联系(工作流),也有信息联系(信息流),构成了一个项目管理的整体。项目管理的各种职能及各管理部门在项目过程中形成的关系(工作流),也有信息联系(信息流),构成了一个项目管理的整体运作的基本逻辑关系。工程项目管理的程序如下:

(1) 编制项目管理规划大纲。
(2) 编制投标书并进行投标。
(3) 签订施工合同。
(4) 选定项目经理。
(5) 项目经理接受企业法定代表人的委托组建项目经理部。
(6) 企业法定代表人与项目经理签订"项目管理目标责任书"。
(7) 项目经理部编制"项目管理实施规划"。
(8) 进行项目开工前的准备。
(9) 施工期间按"项目管理实施规划"进行管理。
(10) 在项目竣工验收阶段,进行竣工结算,清理各种债权债务,移交资料和工程。
(11) 进行经济分析,做出项目管理总结报告并送企业管理层有关职能部门。
(12) 企业管理层组织考核委员会对项目管理工作进行考核评价并兑现"项目管理目标责任书"中的奖罚承诺。

(13) 项目经理部解体。

(14) 保修期满前,企业管理层根据"工程质量保修书"和相关约定进行项目回访保修。

五、工程项目管理的主要方法

1. 工程项目管理方法的分类

按管理目标分类,项目管理方法有进度管理方法、质量管理方法、成本管理方法和安全管理方法。

按管理方法的量性分类,项目管理方法有定性方法、定量方法和综合管理方法。按管理方法的专业性质分类,项目管理方法有行政管理方法、经济管理方法、技术管理方法和法律管理方法等。

2. 项目管理的主要方法

项目管理的基本方法是目标管理方法,而各项目目标的实现还有其适用的主要专业方法。例如,进度目标控制的主要方法是网络计划方法、质量目标控制的主要方法是全面质量管理方法、成本目标控制的主要方法是可控责任成本方法、安全目标控制的主要方法是安全责任制等。

施工项目管理的任务集中在实现质量、进度、成本和安全等具体目标上。这几个目标的特点不一样,必须有针对性地采用相应的管理方法。质量目标控制的主要方法是"全面质量管理",进度目标控制的主要方法是"网络计划管理",成本目标控制的主要方法是"可控责任成本",安全目标控制的主要方法是"安全生产责任制"。

六、工程项目管理的组织

组织是指:

(1) 组织机构,即按一定的领导体制、部门设置、层次划分、职责分工、规章制度和信息系统等构成的人的结合体。

(2) 指组织行为,即通过一定权利和影响力,对所需资源进行合理配置,以实现一定的目标。

组织的基本内容包括组织设计、组织关系、组织运行和组织调整。组织构成的要素有合理的管理层次、合理的管理跨度、合理划分部门、合理确定职责等。组织活动的基本原理有要素有用性原理、动态相关性原理、主观能动性原理以及规律效应性原理。

(一) 工程项目组织管理模式

1. 总承包模式

将工程项目全过程或其中某个阶段(如设计或施工)的全部工作发包给一家资质条件符合要求的承包单位,由该承包单位再将若干专业性较强的部分工程任务发包给不同的专业承包单位去完成,并统一协调和监督各分包单位的工作。业主只与总包单位发生直接关系,而不与各专业分包单位发生关系。总承包模式特点如下:

(1) 有利于项目的组织管理。

(2) 有利于控制工程造价。

(3) 有利于控制工程质量。

(4) 有利于缩短建设工期。

(5) 招标发包工作难度大。

(6) 对总承包商而言,责任重、风险大、获得高额利润的潜力也比较大。

2. 平行承包模式

业主将工程项目的设计、施工以及设备和材料采购的任务分别发包给多个设计单位、施工单位和设备材料供应商，并分别与各承包商签定合同。平行承包模式的特点如下：

（1）有利于业主择优选择承包商。

（2）有利于控制工程质量。

（3）有利于缩短建设工期。

（4）组织管理和协调工作量大。

（5）工程造价控制难度大。

（6）相对于总承包模式而言，平行承包模式不利于发挥那些技术水平高、综合管理能力强的承包商的综合优势。

3. 联合体承包模式

由几家公司联合起来成立联合体去竞争承揽工程建设任务，以联合体的名义与业主签订工程承包合同。联合体承包模式的特点如下：

（1）业主的合同结构简单，组织协调工作量小，有利于工程造价和建设工期的控制。

（2）联合体的各成员单位增强了竞争能力和抗风险能力。

4. 合作体承包模式

几家公司自愿结成合作伙伴，成立一个合作体，以合作体的名义与业主签订工程承包意向合同，达成协议后，各公司再分别与业主签订工程承包合同，并在合作体的统一计划、指挥和协调下完成承包任务。合作体承包模式的特点如下：

（1）业主的组织协调工作量小，但风险较大。

（2）各承包商之间既有合作的愿望，又不愿意组成联合体。

5. EPC 承包模式

EPC 承包模式也称为项目总承包，是指一家总承包商或承包商联合体对整个工程的设计、材料设备采购、工程施工实行全面、全过程的"交钥匙"承包。EPC 承包模式的特点如下：

（1）业主的组织协调工作量小，但合同管理难度大。

（2）有利于控制工程造价。

（3）有利于缩短工期。

（4）对总承包商而言，责任重、风险大、获得高额利润的潜力也比较大。

6. CM 承包模式

由业主委托一家 CM 单位承担项目管理工作，该 CM 单位以承包商的身份进行施工管理，并在一定程度上影响工程设计活动，组织快速路径的生产方式，使工程项目实现有条件的"边设计、边施工"。CM 承包模式的特点如下：

（1）采用快速路径法施工。

（2）CM 单位有代理型（Agency）和非代理型（Non-Agency）两种。

（3）CM 合同采用成本加酬金方式。

实施 CM 承包模式的价值包括工程质量控制方面的价值、工程进度控制方面的价值和工程造价控制方面的价值。

7. Partnering 承包模式

Partnering 承包模式的组成要素有长期协议；资源共享、风险共担；相互信任；共同的目

标;合作。Partnering 承包模式的特点如下:

(1) 出于自愿。

(2) 高层管理的参与。

(3) Partnering 协议不是法律意义上的合同。

(4) 信息的开放性。

(二) 工程项目管理组织机构形式

1. 直线制

各种职位均按直线排列,项目经理直接进行单线领导。

优点:结构简单、权利集中、易于统一指挥、隶属关系明确、职责分明、决策迅速。

缺点:要求领导者通晓各种业务,成为"全能式"人才。无法实现管理工作专业化,不利于项目管理水平的提高。

2. 职能制

在各管理层次之间设置职能部门,各职能部门分别从职能角度对下级执行者进行业务管理。在职能制组织机构中,各级领导不直接指挥下级,而是指挥职能部门。各职能部门可以在上级领导的授权范围内,就其所辖业务范围向下级执行者发布命令和指标。

优点:强调管理业务的专门化,注意发挥各类专家在项目管理中的作用。易于提高工作质量,同时可以减轻领导者的负担。

缺点:没有处理好管理层次和管理部门的关系,形成多头领导,使下级执行者接受多方指令,容易造成职责不清。

3. 直线职能制

在各管理层次之间设置职能部门,但职能部门只作为本层次领导的参谋,在其所辖业务范围内从事管理工作,不直接指挥下级,和下一层次的职能部门构成业务指导关系。职能部门的指令,必须经过同层次的领导的批准才能下达。各管理层次之间按直线制的原理构成直接上下级关系。

优点:既保持了直线制统一指挥的特点,又满足了职能制对管理工作专业化分工的要求。其主要优点是集中领导、职责清楚,有利于提高管理效率。

缺点:各职能部门之间的横向联系差,信息传递路线长,职能部门与指挥部门之间容易产生矛盾。

当大型经营性企业远离公司本部承包工程时,直线职能制常演变为事业部制。

4. 矩阵制

按职能划分的部门和按工程项目(或产品)设立的管理机构,依照矩阵方式有机的结合起来的一种组织机构形式。

优点:能根据工程任务的实际情况灵活地组建与之相适应的管理机构,具有较大的机动性和灵活性。它实现了集权与分权的最优结合,有利于调动各类人员的工作积极性,使工程项目管理工作顺利进行。

缺点:矩阵制组织机构经常变动,稳定性差,尤其是业务人员的工作岗位频繁调动。此外,矩阵中的每一个成员都受项目经理和职能部门经理的双重领导,如果处理不当,会造成矛盾,产生扯皮现象。

第三节 建筑工程监理

一、概述

（一）建设工程监理的概念

工程建设监理是指监理单位受项目法人的委托，依据国家批准的工程项目建设文件、有关工程建设的法律、法规和工程建设监理合同及其他工程建设合同，对工程建设实施的监督管理。实行建设工程建设监理制，目的在于提高工程建设的投资效益和社会效益。

从事建设工程监理活动，应当遵循"守法、诚信、公正、科学"的准则。

（二）建设工程监理的范围

根据工程建设监理有关规定，建筑工程实施强制监理的范围包括：

(1) 国家重点建设工程。
(2) 大中型公用事业工程。
(3) 成片开发建设的住宅小区工程。
(4) 利用外国政府或者国际组织贷款、援助资金的工程。
(5) 国家规定必须实行监理的其他工程。

省、自治区、直辖市的政府和建设行政主管部门根据本地区的情况，对建设工程监理范围还有补充规定的，按补充规定执行。

（三）建设工程监理的依据

根据《建筑法》和建设监理的有关规定，建设监理的依据有以下几点：

(1) 国家法律、行政法规。
(2) 国家现行的技术规范、技术标准。
(3) 建设文件、设计文件和设计图纸。
(4) 依法签订的各类工程合同文件等。

（四）建设工程监理的任务

工程建设监理的主要任务是控制工程建设投资、建设工期和工程质量，即为三大控制；进行工程建设合同管理及信息管理；协调与有关单位的工作关系。用六个字概括就是"协调"、"管理"与"控制"。工程建设监理的协调、管理、控制三大任务中，控制是核心，协调与管理是为控制服务，监理的最终目的是使工程项目投资省、质量高、按期或提前完工。

（五）建设工程监理的内容

建设工程监理分为建设前期阶段、勘察设计阶段、施工招标阶段、施工阶段和保修阶段的监理。在一般的情况下，各阶段监理工作的主要业务包括：

1. 建设前期阶段的监理工作

(1) 投资项目的决策内容和建设项目的可行性研究。
(2) 参与设计任务书的编制等。

2. 勘察设计阶段的监理工作

(1) 协助业主提出设计要求，组织评选设计方案。
(2) 协助选择勘察、设计单位，协助签订建设工程勘察合同的履行。

（3）督促设计单位限额设计、优化设计。
（4）审核设计是否符合规划要求，能否满足业主提出的功能使用要求。
（5）审核设计方案的技术、经济指标的合理性，审核设计方案能否满足国家规定的具体要求和设计规范。
（6）分析设计的施工可行性和经济性。

3. 工程施工招标阶段的监理工作

（1）受业主委托组织招标，编制与发送招标文件（包括编制标底）。
（2）协助业主考察投标单位的承包能力和水平，提出考察意见。
（3）协助业主依法招标、评标和定标。
（4）协助业主与承建单位签订建设工程施工合同。

4. 工程施工阶段的监理工作

（1）协助业主与承建单位编写开工报告，协助业主办理开工手续。
（2）确认承建单位选择的分包单位。
（3）参加施工图会审和设计交底。
（4）审查承建单位提出的施工组织设计、施工技术方案、施工进度计划、质量保证体系和施工安全保证体系，并提出审查意见。
（5）督促、检查承建单位执行建设工程施工合同和国家工程技术规范、标准，协调业主和承建单位之间的关系和争议。
（6）审核承建单位或业主提供的材料、构配件和设备的清单及所列规格、技术性能与质量。
（7）审批承建单位报送的施工总进度计划；审批承建单位编制的年、季、月度施工计划；分阶段协调施工进度计划，及时提出调整意见，督促承建单位实施进度计划。
（8）根据施工进度计划协助业主编制用款计划；审核经质量验收合格的工程量，并签证工程款支付申请表；协助业主进行工程竣工结算工作。
（9）督促承建单位严格按现行规范、规程、强制性质量控制标准和设计要求施工，控制工程质量。
（10）检查工程使用的材料、构配件和设备的规格、技术性能和质量。
（11）督促、检查、落实施工安全保证措施和防护措施。
（12）负责施工现场签证。
（13）检查工程进度和施工质量，进行技术复核和隐蔽工程验收，组织有关单位人员进行检验批和分项工程、分部（子分部）工程的验收，编写地基与基础、主体结构和其他主要分项工程、分部（子分部）工程和单位（子单位）工程的质量评估报告，阶段工程质量评估报告，并报政府质量监督机构备案。
（14）参加、督促和检查对工程质量事故的调查、分析和处理。
（15）督促整理合同文件、施工技术档案资料和竣工资料。
（16）协助业主组织设计、施工和有关单位进行工程竣工初步验收，编写工程竣工验收报告，协助业主办理工程竣工的备案手续。
（17）协助业主审查工程结算。
（18）督促承建单位及时完成未完工程尾项和维修工程出现的缺陷。

5. 工程保修阶段的监理工作

负责检查工程质量状况，鉴定质量问题的责任，督促承建单位回访和保修。

（六）项目监理工作程序

工程项目施工阶段的监理，是指工程项目已经完成施工图设计，并已经完成施工投标招标工作、签订建设工程施工合同以后，从工程项目的承建单位进场准备、审查施工组织设计开始，一直到工程竣工验收、备案、竣工资料存档的全过程实施的监理。

监理工作程序包括组建监理班子进驻施工现场、制定监理工作方法、建立监理工作报告制度、编制项目监理规划和实施细则、组织召开监理工作交流会、实施工程监理、组织工程初验、编写工程评估报告、协助建设单位组织竣工验收、施工阶段监理总结等。

二、工程监理单位

工程监理单位是指受业主的委托和授权，以自己合格的技能和丰富的经验为基础，依照国家有关工程建设的法律、法规、设计文件、合同等，对工程项目建设实施一系列技术服务活动的建设工程监理企业，一般称作工程建设监理公司或工程建设监理事务所。监理单位是受项目法人委托的技术和管理服务方，主要职责是"三控（质量控制、投资控制、进度控制）、两管（合同管理、信息管理）、一协调（组织协调承建单位与建设单位的关系）"。

1. 监理单位的资质管理

国家对工程监理单位实行资质许可制度。工程监理企业应当按照其拥有的注册资本、专业技术人员和工程监理业绩等资质条件向建设行政主管部门申请资质，经审查合格，取得相应等级的资质证书后，方可在其资质等级许可的范围内从事工程监理活动。

工程监理企业资质分为综合资质、专业资质和事务所资质。房屋建筑专业资质分为甲级、乙级和丙级；综合资质和事务所资质不分级别。

综合资质工程监理企业可以承担所有专业工程类别建设工程项目的工程监理业务。专业甲级资质工程监理企业可承担相应专业工程类别建设工程项目的工程监理业务；专业乙级资质工程监理企业可承担相应专业工程类别二级以下（含二级）建设工程项目（房屋建筑工程等级见表5-1）的工程监理业务；专业丙级资质工程监理企业可承担相应专业工程类别三级建设工程项目的工程监理业务。事务所资质工程监理企业可承担三级建设工程项目的工程监理业务，但是，国家规定必须实行强制监理的工程除外。工程监理企业可以开展相应类别建设工程的项目管理、技术咨询等业务。

建设行政主管部门对工程监理企业资质实行年检制度。工程监理企业资质年检的内容，是检查工程监理企业资质条件是否符合资质等级标准，检查工程监理企业是否存在质量、市场行为等方面的违法违规行为。工程监理企业年检结论分为合格、基本合格、不合格三种。

工程监理企业资质年检不合格或者连续两年基本合格的，建设行政主管部门重新核定其资质等级。新核定的资质等级应当低于原资质等级，达不到最低资质等级标准的企业，取消其资质。工程监理企业连续两年年检合格，方可申请晋升上一个资质等级。在规定时间内没有参加资质年检的工程监理企业，其资质证书自行失效，且一年内不得重新申请资质。

表 5-1　　　　　　　　　　　　　专 业 工 程 等 级 表

工程类别		一级	二级	三级
房屋建筑工程	一般公共建筑	28层以上；36m跨度以上(轻钢结构除外)；单项工程建筑面积3万 m² 以上	14～28层；24～36m跨度(轻钢结构除外)；单项工程建筑面积1万～3万 m²	14层以下；24m跨度以下(轻钢结构除外)；单项工程建筑面积1万 m² 以下
	高耸构筑工程	高度120m以上	高度70～120m	高度70m以下
	住宅工程	小区建筑面积12万 m² 以上；单项工程28层以上	建筑面积6万～12万 m²；单项工程14～28层	建筑面积6万 m² 以下；单项工程14层以下

2. 监理单位与建设单位的关系

(1) 建设单位与监理单位的关系是平等的合同约定关系，是委托与被委托的关系。

监理单位所承担的任务由双方事先按平等协商的原则确定于合同之中，建设工程委托监理合同一经确定，建设单位不得干涉监理工程师的正常工作；监理单位依据监理合同中建设单位授予的权利行使职责，公正独立地开展监理工作。

(2) 在工程建设项目监理实施的过程中，总监理工程师应定期（月、季、年度）根据委托监理合同的业务范围，向建设单位报告工程进展情况、存在问题，并提出建议和打算。

(3) 总监理工程师在工程建设项目实施的过程中，严格按建设单位授予的权力，执行建设单位与承建单位签署的建设工程施工合同，但无权自主变更建设工程施工合同，可以及时向建设单位提出建议，协助建设单位与承建单位协商变更建设工程施工合同。

(4) 总监理工程师在工程建设项目实施的过程中，是独立的第三方；当建设单位与承建单位在执行建设工程施工合同过程中发生的任何争议，均须提交总监理工程师调解。

总监理工程师接到调解要求后，必须在30日内将处理意见书面通知双方。如果双方或其中任何一方不同意总监理工程师的意见，在15日内可直接请求当地建设行政主管部门调解，或请当地经济合同仲裁机关仲裁。

(5) 工程建设监理是有偿服务活动，酬金及计提办法，由建设单位与监理单位依据所委托的监理内容、工作深度、国家或地方的有关规定协商确定，并写入委托监理合同。

3. 监理单位与承建单位的关系

(1) 监理单位在实施监理前，建设单位必须将监理的内容、总监理工程师的姓名、所授予的权限等，书面通知承建单位。

监理单位与承建单位之间是监理与被监理的关系，承建单位在项目实施的过程中，必须接受监理单位的监督检查，并为监理单位开展工作提供方便，按照要求提供完整的原始记录、检测记录等技术、经济资料；监理单位应为项目的实施创造条件，按时按计划做好监理工作。

(2) 监理单位与承建单位之间没有合同关系，监理单位所以对工程项目实施中的行为具有监理身份，一是建设单位的授权，二是在建设单位与承建单位为甲、乙方的建设工程施工合同中已经事先予以承认，三是国家建设监理法规赋予监理单位具有监督实施有关法规、规范、技术标准的职责。

(3) 监理单位是存在于签署建设工程施工合同的甲乙双方之外的独立一方，在工程项目实施的过程中，监督合同的执行，体现其公正性、独立性和合法性；监理单位不直接承担工程建设中，进度、造价和工程质量的经济责任和风险。

监理人员也不得在受监工程的承建单位任职、合伙经营或发生经营性隶属关系,不得参与承建单位的盈利分配。

4. 监理单位与质量监督机构的区别

建设工程监理和质量监督是我国建设管理体制改革中的重大措施;是为确保工程建设的质量、提高工程建设的水平而先后推行的制度。质量监督机构在加强企业管理、促进企业质量保证体系的监理、确保工程质量、预防工程质量事故等方面起到了重要作用,两者关系密不可分、相互紧密联系。工程监理单位要接受政府委托的质量监督机构的监督和检查;工程质量监督机构对工程质量的宏观控制也有赖于项目监理机构的日常管理、检查等微观控制活动。监理机构在工程建设中的地位和作用,也只有通过在工程中的一系列控制活动才能得到进一步加强。对工程质量监督机构和监理单位正确认识和了解,将有助于工程项目管理工作更好地开展。

第四节　建筑工程项目招投标

一、概述

1. 建设工程招标投标的概念

招标投标是在市场经济条件下进行工程建设等经济活动的一种竞争形式和交易方式,是引入竞争机制订立合同(契约)的一种法律形式。

从法律意义上讲,建设工程招标一般是建设单位(或业主)就拟建的工程发布通告,用法定方式吸引建设项目的承包单位参加竞争,进而通过法定程序从中选择条件优越者来完成工程建设任务的法律行为。建设工程投标一般是经过特定审查而获得投标资格的建设项目承包单位,按照招标文件的要求,在规定的时间内向招标单位填报投标书,并争取中标的法律行为。建设工程招标投标,是指建设单位或个人(即招标人)通过招标的方式,将工程建设项目的勘察、设计、施工、材料设备供应、监理等业务,一次或分步发包,由具有相应资质的承包单位(即投标人)通过投标竞争的方式承接。整个招标投标过程,包含着招标、投标和定标(决标)三个主要阶段。

2. 建设工程招标投标的分类

(1) 按工程建设程序分类,可分为建设项目可行性研究招标投标;工程勘察设计招标投标;材料设备采购招标投标;施工招标投标。

(2) 按行业和专业分类,可分为工程勘察设计招标投标;设备安装招标投标;土建施工招标投标;建筑装饰装修施工招标投标;工程咨询和建设监理招标投标;货物采购招标投标。

(3) 按建设项目的组成分类,可分为建设项目招标投标;单项工程招标投标;单位工程招标投标;分部分项工程招标投标。

(4) 按工程发包承包的范围分类,可分为工程总承包招标投标;工程分承包招标投标;工程专项承包招标投标。

(5) 按工程是否有涉外因素分类,可分为国内工程招标投标和国际工程招标投标。

3. 建设工程招标投标的特征和意义

建设工程招标投标具有平等性、竞争性和开放性三大特征。

实行建设项目的招标投标是我国建筑市场趋向规范化、完善化的重要举措,对于择优选择承包单位、全面降低工程造价,进而使工程造价得到合理有效的控制,具有十分重要的意义,具体表现在:推行招标投标制度,有利于规范建筑市场主体的行为,促进合格市场主体的形成;有利于价格真实反映市场供求状况,实现资源的优化配置;有利于促使承包商不断提高企业的管理水平;有利于促进市场经济体制的进一步完善;有利于促进我国建筑业与国际接轨。

4. 建设工程招标投标的基本原则

(1) 合法原则。合法原则是指建设工程招标投标主体的一切活动,必须符合法律、法规、规章和有关政策的规定。招标人必须具备一定的条件才能自行组织招标,否则只能委托具有相应资格的招标代理机构组织招标;投标人必须具有与其投标的工程相适应的资格等级,并经招标人资格审查,报建设工程招标投标管理机构进行资格复查。招标活动应按照相关的法律、法规、规章和政策性文件开展。建设工程招标投标活动的程序,必须严格按照有关法规规定的要求进行。建设工程招标投标管理机构必须依法监管、依法办事,不能越权干预招标投标人的正常行为或对招标投标人的行为进行包办代替,也不能懈怠职责、玩忽职守。

(2) 统一、开放原则。要建立和实行由建设行政主管部门统一归口管理的行政管理体制。在一个地区只能有一个主管部门履行政府统一管理的职责。规范统一,如市场准入规则的统一,招标文件文本的统一,合同条件的统一,工作程序、办事规则的统一等。

开放原则,要求根据统一的市场准入规则,打破地区、部门和所有制等方面的限制和束缚,向全社会开放建设工程招标投标市场,破除地区和部门保护主义,反对一切人为的对外封闭市场的行为。

(3) 公平、公开、公正原则。公开原则是指建设工程招标投标活动应具有较高的透明度。具体有以下几个方面,建设工程招标投标的信息公开,建设工程招标投标的条件公开,建设工程招标投标的程序公开,建设工程招标投标的结果公开。

公平原则是指所有投标人在建设工程招标投标活动中,享有均等的机会,具有同等的权利,履行相应的业务,任何一方都不受歧视。

公正原则是指在建设工程招标投标活动中,按照同一标准实事求是地对待所有的投标人,不偏袒任何一方。

(4) 其他原则。其他原则有诚实信用原则,求效、择优原则,招标投标权益不受侵犯原则等。

二、工程项目招标

1999年8月30日,九届全国人大常委会第十一次会议审议通过了《中华人民共和国招标投标法》,并于2000年1月1日起实施。2011年11月30日,国务院第183次常务会议通过了《中华人民共和国招标投标法实施条例》,并于2012年2月1日起施行。凡是在中国境内进行的工程项目招标投标活动,不论招标主体的性质、招标投标的资金性质、招标投标项目的性质如何,都要执行《中华人民共和国招标投标法》《中华人民共和国招标投标法实施条例》的有关规定。

1. 工程项目招投标的范围

(1) 必须进行招标的工程项目的范围:

1) 大型基础设施、公用事业等关系社会公共利益、公众安全的项目。

2）全部或部分使用国有资金投资或者国家融资的项目。
3）使用国际组织或者国外政府贷款、援助资金的项目。
（2）可以不进行招标的工程项目的范围：
工程有下列情形之一的，经批准后可以不进行工程招标：
1）涉及国家安全、国家机密或者抢险救灾而不适宜招标的。
2）涉及利用扶贫资金实行以工代赈需要使用农民工的。
3）施工主要技术采用特定的专利或专用技术的。
4）施工企业自建自用的工程，且该施工企业资质等级符合工程要求的。
5）在建工程追加的附属小型工程或者主体加层工程，原中标人仍具备承包能力的。
6）法律、法规、规章、规定的其他情形。

2. 建设工程招标的条件

招标项目按照规定应具备两个基本条件：
（1）项目审批手续已履行。
（2）项目资金来源已落实。

3. 建设工程招标的方式

工程项目招标的方式在国际上通行的为公开招标、邀请招标和议标，但《中华人民共和国招投标法》未将议标作为法定的招标方式，即法律所规定的强制招标项目不允许采用议标方式，主要因为我国国情与建筑市场的现状条件，不宜采用议标方式，但法律并不排除议标方式。

（1）公开招标。公开招标是指招标人以招标公告的方式邀请不特定的法人或者其他组织投标。竞争性招标又称无限竞争性招标，是一种由招标人按照法定程序，在公共媒体上发布招标公告，所有符合条件的供应商或者承包商都可以平等参加投标竞争，招标人从中择优选择中标者的招标方式。

（2）邀请招标。邀请招标是指招标人用投标邀请书的方式邀请特定的法人或者其他组织投标。邀请招标又称有限竞争性招标，是一种由招标人选择若干符合招标条件的供应商或承包商，向其发出招标邀请，被邀请的供应商、承包商投标竞争，从中选定中标者的招标方式。

（3）议标。议标（又称协议招标、协商议标）是一种以议标文件或拟议的合同草案为基础的，直接通过谈判方式，分别与若干家承包商进行协商，选择自己满意的一家，签订承包合同的招标方式。议标通常实用于涉及国家安全的工程或军事保密的工程，或紧急抢险救灾工程及小型工程。

4. 施工招标程序

从招标人的角度看，依法必须进行施工招标的工程，一般遵循下列程序：
（1）设立招标组织或者委托招标代理人。
（2）申报招标申请书、招标文件、评标定标办法和标底（实行资格预审的还要申报资格预审文件）。
（3）发布招标公告或者发出投标邀请书。
（4）对投标资格进行审查。
（5）分发招标文件和有关资料，收取投标保证金。

(6) 组织投标人踏勘现场，对招标文件进行答疑。
(7) 成立评标组织，召开开标会议（实行资格后审的还要进行资格审查）。
(8) 审查投标文件，澄清投标文件中不清楚的问题，组织评标。
(9) 择优定标，发出中标通知书。
(10) 将合同草案报送审查，签订合同。

三、工程项目投标

1. 投标的组织

投标过程竞争十分激烈，需要有专门的机构和人员对投标全过程加以组织与管理，以提高工作效率和中标的可能性。建立一个强有力的、内行的投标班子是投标获得成功的根本保证。

不同的工程项目，由于其规模、性质等不同，建设单位在择优时可能各有侧重，但一般来说建设单位主要考虑如下方面：较低的价格；优良的质量和较短的工期，因而在确定投标班子人选及制订投标方案时必须充分考虑。

投标班子应由三类人才组成：

(1) 经营管理类人才。经营管理类人才指专门从事工程业务承揽工作的公司经营部门管理人员和拟定的项目经理。经营部人员应具备一定的法律知识，掌握大量的调查和统计资料，具备分析和预测等科学手段，有较强的社会活动与公共关系能力，而项目经理应熟悉项目运行的内在规律，具有丰富的实践经验和大量的市场信息；这类人才在投标班子中起核心作用，制定和贯彻经营方针与规划，负责工作的全面筹划和安排。

(2) 专业技术人才。专业技术人才主要指工程施工中的各类技术人才，诸如土木工程师、水暖电工程师、专业设备工程师等各类专业技术人员。他们具有较高的学历和技术职称，掌握本学科最新的专业知识，具备较强的实际操作能力，在投标时能从本公司的实际技术水平出发，确定各项专业实施方案。

(3) 商务金融类人才。商务金融人才指从事预算、财务和商务等方面人才。他们具有概预算、材料设备采购、财务会计、金融、保险和税务等方面的专业知识。投标报价主要由这类人才进行具体编制。

另外，在参加涉外工程投标时，还应配备懂得专业和合同管理的翻译人员。

2. 投标的程序

建筑施工承包企业通过招标单位发布的招标公告掌握招标信息，对感兴趣的工程项目可进行调查并做出决策，申请参加投标，办理资格预审，通过资格预审后，即可领取招标文件，进行投标文件的编制等工作。

从投标人的角度看，建设工程投标的一般程序，主要经历以下几个环节：

(1) 向招标人申报资格审查，提供有关文件资料。
(2) 购领招标文件和有关资料，缴纳投标保证金。
(3) 组织投标班子或委托投标代理人。
(4) 参加踏勘现场和投标预备会。
(5) 编制、递送投标书。
(6) 接受评标组织就投标文件中不清楚的问题进行的询问，举行澄清会谈。
(7) 接受中标通知书，签订合同，提供履约担保，分送合同副本。

第五节 建设工程合同

一、建设工程合同

(一) 建设工程合同的概念

建设工程合同是承包人进行工程建设，发包人支付价款的合同。建设工程合同包括工程勘察合同、设计合同、施工合同。建设工程实行监理的，发包人也应当与监理人采用书面形式订立委托监理合同。建设工程合同是一种诺成合同，合同订立生效后双方应当严格履行。建设工程合同也是一种双务、有偿合同，当事人双方在合同中都有各自的权利和义务，在享有权利的同时必须履行义务。

(二) 建设工程合同的特征

建设工程合同具有合同主体的严格性、合同标的的特殊性、合同履行期限的长期性、计划和程序的严格性、合同形式的特殊性五大特征。

(三) 建设工程合同的种类

1. 从承发包的工程范围进行划分

从承发包的不同范围和数量进行划分，可以将建设工程合同分为建设工程总承包合同、建设工程承包合同、分包合同。发包人将工程建设的全过程发包给一个承包人的合同即为建设工程总承包合同。发包人如果将建设工程的勘察、设计、施工等的每一项分别发包给一个承包人的合同即为建设工程承包合同。经合同约定和发包人认可，从工程承包人承包的工程中承包部分工程而订立的合同即为建设工程分包合同。

2. 从完成承包的内容进行划分

从完成承包的内容进行划分，建设工程合同可以分为建设工程勘察合同、建设工程设计合同和建设工程施工合同三类。

3. 从付款方式进行划分

从付款方式不同进行划分，建设工程合同可分为总价合同、单价合同和成本加酬金合同。

(四) 建设工程施工合同的内容

为规范建筑市场秩序，维护建设工程施工合同当事人的合法权益，国家住房城乡建设部建筑、国家工商总局于2013年4月3日联合发布了《建设工程施工合同（示范文本）》（GF-2013-0201），并于2013年7月1日起开始执行，原《建设工程施工合同（示范文本）》（GF-1999-0201）同时废止。

《建设工程施工合同（示范文本）》（GF-2013-0201）适用于各类公用建筑、民用住宅、工业厂房、交通设施及线路施工和设备安装。

《建设工程施工合同（示范文本）》由协议书、通用条款、专用条款三部分组成，并附有三个附件：附件一是"承包人承揽工程项目一览表"；附件二是"发包人供应材料设备一览表"；附件三是"工程质量保证书"。

《示范文本》由合同协议书、通用合同条款和专用合同条款三部分组成。

1. 合同协议书

《示范文本》合同协议书共计13条，主要包括：工程概况、合同工期、质量标准、签约合同价和合同价格形式、项目经理、合同文件构成、承诺以及合同生效条件等重要内容，集中约定了合同当事人基本的合同权利义务。

2. 通用合同条款

通用合同条款是合同当事人根据《中华人民共和国建筑法》、《中华人民共和国合同法》等法律法规的规定，就工程建设的实施及相关事项，对合同当事人的权利义务作出的原则性约定。

通用合同条款共计 20 条，具体条款分别为：一般约定、发包人、承包人、监理人、工程质量、安全文明施工与环境保护、工期和进度、材料与设备、试验与检验、变更、价格调整、合同价格、计量与支付、验收和工程试车、竣工结算、缺陷责任与保修、违约、不可抗力、保险、索赔和争议解决。前述条款安排既考虑了现行法律法规对工程建设的有关要求，也考虑了建设工程施工管理的特殊需要。

3. 专用合同条款

专用合同条款是对通用合同条款原则性约定的细化、完善、补充、修改或另行约定的条款。合同当事人可以根据不同建设工程的特点及具体情况，通过双方的谈判、协商对相应的专用合同条款进行修改补充。在使用专用合同条款时，应注意以下事项：

（1）专用合同条款的编号应与相应的通用合同条款的编号一致。

（2）合同当事人可以通过对专用合同条款的修改，满足具体建设工程的特殊要求，避免直接修改通用合同条款。

（3）在专用合同条款中有横道线的地方，合同当事人可针对相应的通用合同条款进行细化、完善、补充、修改或另行约定；如无细化、完善、补充、修改或另行约定，则填写"无"或划"/"。

二、施工合同的管理

确定中标人后，中标人应在规定的时限（一般为中标通知书发出的 30 天）内和招标人签订工程施工承包合同，明确当事双方的权利、义务和责任。合同一经生效，即具有法律效力。

（一）施工项目合同管理的任务

施工项目合同管理是对工程项目施工过程中所发生的或所涉及的一切经济、技术合同的签订、履行、变更、索赔、接触、解决争议、终止与评价的全过程进行的管理工作。

施工项目合同管理的任务是根据法律、政策的要求，运用指导、组织、检查、考核、监督等手段，促使当事人依法签订合同，全面实际地履行合同，及时妥善地处理合同争议和纠纷，不失时机地进行合理索赔，预防发生违约行为，避免造成经济损失，保证合同目标顺利实现，从而提高企业的信誉和竞争能力。

（二）施工项目合同管理的内容

（1）建立健全施工项目合同管理制度。

（2）经常对合同管理人员、项目经理及有关人员进行合同法律知识教育，提高合同业务人员法律意识和专业素质。

（3）在谈判签约阶段，重点是了解对方的情况；监督双方依照法律程序签订合同；组织配合有关部门做好施工项目合同的鉴证、公证工作，并在规定时间内送交合同管理机关等有关部门备案。

（4）合同履约阶段，主要是检查合同以及有关法规的执行情况并做好统计分析。

（5）合同的保管和归档。

（三）施工项目合同管理的主要工作

1. 施工合同的签订

（1）合同签订的原则。对于承包商，签订施工合同应注意如下基本原则：

1）符合承包商取得工程利润的基本目标。

2）尽可能使用标准的施工合同文本。

3）积极争取自己的正当权益。

4）重视合同的法律性质。

5）重视合同的审查和风险分析。

（2）合同签订的程序。

1）合同谈判准备。在合同签订前，合同当事人一般应进行对等谈判、充分协商。在开始谈判之前，合同当事人必须细致地做好谈判的组织准备、方案准备、思想准备和资料准备，做好谈判的议程安排。

2）合同谈判的内容。合同谈判的内容主要包括：工程范围、双方的一般义务、工程的开工和工期、劳务、材料和操作工艺、施工机具、设备和材料的进口、工程的变更和增加、不可抗力的特殊风险、争端、法律依据、付款、工程质量保修等。

3）合同的签订。合同谈判双方达成一致协议后，即可由双方法人代表签字，签字后的合同文件即成为工程正式承发包的法律依据。至此，建设单位和中标人即建立了受法律保护的合作关系，招标投标工作即告成。

2. 合同文件管理

（1）发包人和监理单位对合同文件管理。发包人和监理工程师应做好施工合同的文件管理工作。在合同的履行过程中，对合同文件，包括有关的协议、补充合同记录、备忘录、函件、电报、电传等都应做好系统分类，认真管理，工程项目全部竣工之后，应将全部合同文件加以系统整理，建档保管，建设单位应当及时向建设行政主管部门或者其他有关部门移交建设项目档案。

（2）承包人对合同文件管理。施工单位应做好施工合同的文件管理。不但应做好施工合同的归档工作，还应以此指导生产，安排计划，使其发挥重要作用。

施工单位应当由项目经理组织管理人员，特别是总工程师，总会计师，负责设计、施工的工程师，测量及计算工程量的造价工程师，负责财务的人员等认真学习和研究合同条件。除技术规范外，都应熟悉理解合同条件。只有深入理解合同文件，才能自觉执行和运用合同文件，保证合同的顺利实施，保护自己权益，避免不必要的损失。

3. 合同履行管理

（1）发包人和监理单位对合同履行管理。发包人和监理工程师在合同履行中，应当严格依照工合同的规定，履行应尽的义务。施工合同内规定应由发包人负责的工作都是合同履行的基础，是为承包人开工、施工创造的先决条件，发包人必须严格履行。

在履行管理中，发包人、监理工程师也应实现自己的权利，履行自己的职责，对承包人的施工活动监督、检查。发包人对施工合同的履行管理主要是通过总监理工程师进行的。

（2）承包人对合同履行管理。在合同履行过程中，为确保合同各项指标的顺利实现，承包人需建立一套完整的施工合同管理制度。其内容主要有：工作岗位责任制度、检查制度、统计考核制度、奖惩制度。

4. 合同变更管理

合同内容频繁的变更是工程施工合同的特点之一。对一个较为复杂的工程，合同实施中的变更事件可能有几百项。合同变更应有一个正规的程序，应有一整套申请、审查、变更、会议协调、批准手续。

（1）合同变更形式。合同变更的范围很广，一般在合同签订后所有工程范围，施工方案，工程质量要求，合同条款内容，合同双方责权利关系的变化等都可以被看作为合同变更。最常见的变更形式有两种：

1）变更协议。合同双方经过会谈，对变更所涉及的问题，如变更措施，变更的工作安排，变更所涉及的工期和费用索赔的处理等，达成一致，双方签署会议纪要、备忘录、修正案等变更协议。对重大的变更一般采取这种形式。

2）变更指令。建设单位或工程师在工程施工中行使合同赋予的权力，发出各种变更指令，最常见的是工程变更指令，在实际工程中，这种变更在数量上极多。

（2）变更程序。工程变更的程序一般由合同规定。最理想的变更程序是，在变更执行前，合同双方已就合同变更中涉及的费用增加和工期延长的补偿协商达成一致。

在国际工程中，施工合同通常都赋予建设单位（工程师）以直接指令变更工程的权力。承包商在接到指令后必须执行变更。而合同价格和工期的调整由工程师和承包商在同建设单位协商后确定。

在工程项目管理中，工程变更通常经过一定的手续，如申请、审查、批准、通知（指令）等。工程变更申请表常常可以包容这些内容。申请的格式和内容可以按具体工程需要设计。

5. 合同纠纷处理

（1）施工合同争议的解决方式。根据《合同法》规定，合同争议的解决方式主要有和解、调解、仲裁和诉讼等。

合同当事人在履行施工合同时发生争议，可以和解或者要求合同管理及其他有关主管部门调解。和解或调解不成的，双方可以在专用条款内约定以下一种方式解决争议：

1）双方达成仲裁协议，向约定的仲裁委员会申请仲裁。

2）向有管辖权的人民法院起诉。

（2）争议发生后允许停止履行合同的情况。发生争议后，在一般情况下，双方都应继续履行合同，保证施工连续，保护好已完工程，只有出现下列情况时，当事人方可停止履行施工合同：

1）单方违约导致合同确已无法履行，双方协议停止施工。

2）明确要求停止施工，且为双方接受。

3）仲裁机关要求停止施工。

4）法院要求停止施工。

三、施工索赔

索赔是在合同实施过程中，合同当事人一方因对方违约，或其他过错，或无法防止的外因而受到损失时，要求对方给予赔偿或补偿的活动。施工索赔是在施工过程中，承包商根据合同和法律的规定，对并非由于自己的过错所造成的损失，或承担了合同规定之外的工作所付的额外支出，承包商向建设单位提出的经济或时间上要求补偿的活动。

（一）索赔报告的组成

索赔报告书的具体内容，随该索赔事项的性质和特点而有所不同。但一份完整的索赔报告书的必要内容和文字结构方面，它必须包括以下 4~5 个组成部分。至于每个部分的文字长短，则根据每一索赔事项的具体情况和需要来决定。

（1）总论部分。
（2）合同引证部分。
（3）索赔款额计算部分。
（4）工期延长论证部分。
（5）证据部分。

（二）索赔的程序

工程索赔程序，一般包括发出索赔意向通知、收集索赔证据并编制和提交索赔报告、评审索赔报告、举行索赔谈判、解决索赔争端等。

复习思考题

1. 建设法规立法的基本原则主要有哪些？
2. 我国建设法规体系主要由哪几个层次组成？
3. 工程项目管理的职能包括哪些？
4. 工程项目组织管理模式有哪些？
5. 工程建设监理的主要任务是什么？
6. 从投标人的角度看，建设工程投标的一般程序，主要经历哪几个环节？
7. 施工项目合同管理是什么？

附录　建筑工程常用标准规范清单

附表1　　　　　　　　　　国　家　标　准

序号	标准编号	标准名称	实施日期
1	GB/T 50001—2010	房屋建筑制图统一标准	2011-03-01
2	GB/T 50002—2013	建筑模数协调标准	2014-03-01
3	GB/T 50003—2011	砌体结构设计规范	2012-08-01
4	GB/T 50006—2010	厂房建筑模数协调标准	2011-10-01
5	GB 50007—2011	建筑地基基础设计规范	2012-08-01
6	GB 50009—2012	建筑结构荷载规范	2012-10-01
7	GB 50010—2010	混凝土结构设计规范	2011-07-01
8	GB 50011—2010	建筑抗震设计规范	2010-12-01
9	GB 50016—2014	建筑设计防火规范	2015-05-01
10	GB 50017—2003	钢结构设计规范	2003-12-01
11	GB 50023—2009	建筑抗震鉴定标准	2009-07-01
12	GB 50026—2007	工程测量规范	2008-05-01
13	GB 50033—2013	建筑采光设计标准	2013-05-01
14	GB 50037—2013	建筑地面设计规范	2014-05-01
15	GB 50038—2005	人民防空地下室设计规范	2006-03-01
16	GB 50057—2010	建筑物防雷设计规范	2011-10-01
17	GB 50068—2001	建筑结构可靠度设计统一标准	2002-03-01
18	GB/T 50083—2014	工程结构设计基本术语标准	2015-05-01
19	GB 50096—2011	住宅设计规范	2012-08-01
20	GB 50098—2009	人民防空工程设计防火规范	2009-10-01
21	GB 50099—2011	中小学校设计规范	2012-01-01
22	GB/T 50103—2010	总图制图标准	2011-03-01
23	GB/T 50104—2010	建筑制图标准	2011-03-01
24	GB/T 50105—2010	建筑结构制图标准	2011-03-01
25	GB/T 50107—2010	混凝土强度检验评定标准	2010-12-01
26	GB 50108—2008	地下工程防水技术规范	2009-04-01
27	GB 50113—2005	滑动模板工程技术规范	2005-08-01
28	GB 50118—2010	民用建筑隔声设计规范	2011-06-01
29	GB 50119—2013	混凝土外加剂应用技术规范	2014-03-01
30	GB/T 50121—2005	建筑隔声评价标准	2005-10-01
31	GB/T 50129—2011	砌体基本力学性能试验方法标准	2012-03-01
32	GB/T 50132—2014	工程结构设计通用符号标准	2015-05-01
33	GB 50134—2004	人民防空工程施工及验收规范	2004-08-01

续表

序号	标准编号	标准名称	实施日期
34	GB 50144—2008	工业建筑可靠性鉴定标准	2009-05-01
35	GB/T 50145—2007	土的工程分类标准	2008-06-01
36	GB/T 50146—2014	粉煤灰混凝土应用技术规范	2015-01-01
37	GB/T 50152—2012	混凝土结构试验方法标准	2012-08-01
38	GB 50153—2008	工程结构可靠性设计统一标准	2009-07-01
39	GB 50164—2011	混凝土质量控制标准	2012-05-01
40	GB 50189—2005	公共建筑节能设计标准	2005-07-01
41	GB 50194—2014	建设工程施工现场供用电安全规范	2015-01-01
42	GB 50201—2012	土方与爆破工程施工及验收规范	2012-08-01
43	GB 50202—2002	建筑地基基础工程施工质量验收规范	2002-05-01
44	GB 50203—2011	砌体结构工程施工质量验收规范	2012-05-01
45	GB 50204—2002	混凝土结构工程施工质量验收规范（2010版）	2002-04-01
46	GB 50205—2001	钢结构工程施工质量验收规范	2002-03-01
47	GB 50207—2012	屋面工程质量验收规范	2012-10-01
48	GB 50208—2011	地下防水工程质量验收规范	2012-10-01
49	GB 50209—2010	建筑地面工程施工质量验收规范	2010-12-01
50	GB 50210—2001	建筑装饰装修工程质量验收规范	2002-03-01
51	GB 50212—2014	建筑防腐蚀工程施工规范	2015-01-01
52	GB/T 50214—2013	组合钢模板技术规范	2014-03-01
53	GB 50222—1995	建筑内部装修设计防火规范	1995-10-01
54	GB 50223—2008	建筑工程抗震设防分类标准	2008-07-30
55	GB/T 50228-2011	工程测量基本术语标准	2012-06-01
56	GB 50278—2010	起重设备安装工程施工及验收规范	2010-12-01
57	GB/T 50279—1998	岩土工程基本术语标准	1999-06-01
58	GB/T 50300—2013	建筑工程施工质量验收统一标准	2014-06-01
59	GB/T 50314—2006	智能建筑设计标准	2007-07-01
60	GB/T 50315—2011	砌体工程现场检测技术标准	2012-03-01
61	GB 50319—2013	建设工程监理规范	2014-03-01
62	GB/T 50323—2001	城市建设档案著录规范	2001-07-01
63	GB 50325—2010	民用建筑工程室内环境污染控制规范（2013版）	2011-06-01
64	GB/T 50326—2006	建设工程项目管理规范	2006-12-01
65	GB 50327—2001	住宅装饰装修工程施工规范	2002-05-01
66	GB/T 50328—2014	建设工程文件归档规范	2015-05-01
67	GB/T 50330—2013	建筑边坡工程技术规范	2014-06-01
68	GB 50339—2013	智能建筑工程质量验收规范	2014-02-01
69	GB/T 50344—2004	建筑结构检测技术标准	2004-12-01
70	GB 50345—2012	屋面工程技术规范	2012-10-01

续表

序号	标准编号	标准名称	实施日期
71	GB 50352—2005	民用建筑设计通则	2005-07-01
72	GB/T 50353—2013	建筑工程建筑面积计算规范	2014-07-01
73	GB 50354—2005	建筑内部装修防火施工及验收规范	2005-08-01
74	GB/T 50358—2005	建设项目工程总承包管理规范	2005-08-01
75	GB/T 50362—2005	住宅性能评定技术标准	2006-03-01
76	GB 50367—2013	混凝土结构加固设计规范	2014-06-01
77	GB 50368—2005	住宅建筑规范	2006-03-01
78	GB/T 50375—2006	建筑工程施工质量评价标准	2006-11-01
79	GB/T 50378—2014	绿色建筑评价标准	2015-01-01
80	GB 50404—2007	硬泡聚氨酯保温防水工程技术规范	2007-09-01
81	GB 50411—2007	建筑节能工程施工质量验收规范	2007-10-01
82	GB/T 50430—2007	工程建设施工企业质量管理规范	2008-03-01
83	GB/T 50476—2008	混凝土结构耐久性设计规范	2009-05-01
84	GB 50496—2009	大体积混凝土施工规范	2009-10-01
85	GB 50497—2009	建筑基坑工程监测技术规范	2009-09-01
86	GB 50500—2008	建设工程工程量清单计价规范	2013-07-01
87	GB/T 50502—2009	建筑施工组织设计规范	2009-10-01
88	GB/T 50504—2009	民用建筑设计术语标准	2009-12-01
89	GB 50574—2010	墙体材料应用统一技术规范	2011-06-01
90	GB 50576—2010	铝合金结构工程施工质量验收规范	2010-12-01
91	GB/T 50621—2010	钢结构现场检测技术标准	2011-06-01
92	GB 50661—2011	钢结构焊接规范	2012-08-01
93	GB 50666—2011	混凝土结构工程施工规范	2012-08-01
94	GB/T 50668—2011	节能建筑评价标准	2012-05-01
95	GB 50693—2011	坡屋面工程技术规范	2012-05-01
96	GB/T 50731—2011	建材工程术语标准	2012-06-01
97	GB 50755—2012	钢结构工程施工规范	2012-08-01
98	GB/T 50784—2013	混凝土结构现场检测技术标准	2013-09-01
99	GB 50854—2013	房屋建筑与装饰工程工程量计算规范	2013-07-01
100	GB 50870—2013	建筑施工安全技术统一规范	2014-03-01
101	GB/T 50875—2013	工程造价术语标准	2013-09-01
102	GB/T 50905—2014	建筑工程绿色施工规范	2014-10-01
103	GB 50924—2014	砌体结构工程施工规范	2014-10-01
104	GB/T 50941—2014	建筑地基基础术语标准	2014-12-01
105	GB/T 13400.1—2012	网络计划技术 第1部分：常用术语	2013-06-01
106	GB/T 13400.2—2009	网络计划技术 第2部分：网络图画法的一般规定	2009-11-01
107	GB/T 13400.3—2009	网络计划技术 第3部分：在项目管理中应用的一般程序	2009-11-01
108	GB/T 17742—2008	中国地震烈度表	2009-03-01

附表2 行业标准

序号	标准编号	标准名称	实施日期
1	JGJ 3—2010	高层建筑混凝土结构技术规程	2011-10-01
2	JGJ 6—2011	高层建筑筏形与箱形基础技术规范	2011-12-01
3	JGJ/T 10—2011	混凝土泵送施工技术规程	2012-03-01
4	JGJ 13—2014	约束砌体与配筋砌体结构技术规程	2014-12-01
5	JGJ/T 14—2011	混凝土小型空心砌块建筑技术规程	2012-04-01
6	JGJ/T 15—2008	早期推定混凝土强度试验方法标准	2008-09-01
7	JGJ/T 17—2008	蒸压加气混凝土建筑应用技术规程	2009-05-01
8	JGJ 18—2012	钢筋焊接及验收规程	2012-08-01
9	JGJ/T 23—2011	回弹法检测混凝土抗压强度技术规程	2011-12-01
10	JGJ 26—2010	严寒和寒冷地区居住建筑节能设计标准	2010-08-01
11	JGJ/T 27—2001	钢筋焊接接头试验方法标准	2002-03-01
12	JGJ/T 29—2003	建筑涂饰工程施工及验收规程	2003-04-01
13	JGJ 33—2012	建筑机械使用安全技术规程	2012-11-01
14	JGJ 36—2005	宿舍建筑设计规范	2006-02-01
15	JGJ 38—1999	图书馆建筑设计规范	1999-10-01
16	JGJ 41—1987	文化馆建筑设计规范	1988-06-01
17	JGJ 46—2005	施工现场临时用电安全技术规范	2005-07-01
18	JGJ 48—1988	商店建筑设计规范	1989-04-01
19	JGJ 49—1988	综合医院建筑设计规范	1989-04-01
20	JGJ 55—2011	普通混凝土配合比设计规程	2011-12-01
21	JGJ 59—2011	建筑施工安全检查标准	2012-07-01
22	JGJ 62—2014	旅馆建筑设计规范	2015-03-01
23	JGJ 64—1989	饮食建筑设计规范	1990-01-01
24	JGJ 65—2013	液压滑动模板施工安全技术规程	2014-01-01
25	JGJ 67—2006	办公建筑设计规范	2007-05-01
26	JGJ 74—2003	建筑工程大模板技术规程	2003-10-01
27	JGJ 75—2012	夏热冬暖地区居住建筑节能设计标准	2013-04-01
28	JGJ/T 77—2010	施工企业安全生产评价标准	2010-11-01
29	JGJ 79—2012	建筑地基处理技术规范	2013-06-01
30	JGJ 80—1991	建筑施工高处作业安全技术规范	1992-08-01
31	JGJ 82—2011	钢结构高强度螺栓连接技术规程	2011-10-01
32	JGJ 88—2010	龙门架及井架物料提升机安全技术规范	2011-02-01
33	JGJ 92—2004	无粘结预应力混凝土结构技术规程	2005-03-01
34	JGJ 94—2008	建筑桩基技术规范	2008-10-01
35	JGJ 96—2011	钢框胶合板模板技术规程	2011-10-01

附录　建筑工程常用标准规范清单

续表

序号	标准编号	标准名称	实施日期
36	JGJ/T 97—2011	工程抗震术语标准	2011-08-01
37	JGJ/T 98—2010	砌筑砂浆配合比设计规程	2011-08-01
38	JGJ 99—1998	高层民用建筑钢结构技术规程	1998-12-01
39	JGJ 102—2003	玻璃幕墙工程技术规范	2004-01-01
40	JGJ 103—2008	塑料门窗工程技术规程	2008-11-01
41	JGJ/T 104—2011	建筑工程冬期施工规程	2011-12-01
42	JGJ/T 105—2011	机械喷涂抹灰施工规程	2012-04-01
43	JGJ 106—2003	建筑基桩检测技术规范	2003-07-01
44	JGJ 107—2010	钢筋机械连接技术规程	2010-10-01
45	JGJ 120—2012	建筑基坑支护技术规程	2012-10-01
46	JGJ 126—2000	外墙饰面砖工程施工及验收规程	2000-08-01
47	JGJ 128—2010	建筑施工门式钢管脚手架安全技术规范	2010-12-01
48	JGJ 130—2011	建筑施工扣件式钢管脚手架安全技术规范	2011-12-01
49	JGJ/T 132—2009	居住建筑节能检测标准	2010-07-01
50	JGJ 133—2001	金属与石材幕墙工程技术规范	2001-06-01
51	JGJ 134—2010	夏热冬冷地区居住建筑节能设计标准	2010-08-01
52	JGJ/T 136—2001	贯入法检测砌筑砂浆抗压强度技术规程	2002-01-01
53	JGJ 139—2001	玻璃幕墙工程质量检验标准	2002-03-01
54	JGJ 144—2004	外墙外保温工程技术规程	2005-03-01
55	JGJ 146—2013	建设工程施工现场环境与卫生标准	2014-06-01
56	JGJ/T 157—2008	建筑轻质条板隔墙技术规程	2008-08-01
57	JGJ 162—2008	建筑施工模板安全技术规范	2008-12-01
58	JGJ 166—2008	建筑施工碗扣式钢管脚手架安全技术规范	2009-07-01
59	JGJ/T 178—2009	补偿收缩混凝土应用技术规程	2009-12-01
60	JGJ 180—2009	建筑施工土石方工程安全技术规范	2009-12-01
61	JGJ/T 181—2009	房屋建筑与市政基础设施工程检测分类标准	2010-08-01
62	JGJ 184—2009	建筑施工作业劳动防护用品配备及使用标准	2010-06-01
63	JGJ/T 185—2009	建筑工程资料管理规程	2010-07-01
64	JGJ/T 188—2009	施工现场临时建筑物技术规范	2010-07-01
65	JGJ/T 189—2009	建筑起重机械安全评估技术规程	2010-08-01
66	JGJ 190—2010	建筑工程检测试验技术管理规范	2010-07-01
67	JGJ/T 191—2009	建筑材料术语标准	2010-07-01
68	JGJ/T 193—2009	混凝土耐久性检验评定标准	2010-07-01
69	JGJ 195—2010	液压爬升模板工程技术规程	2010-10-01
70	JGJ 196—2010	建筑施工塔式起重机安装、使用、拆卸安全技术规程	2010-07-01
71	JGJ/T 198—2010	施工企业工程建设技术标准化管理规范	2010-10-01
72	JGJ 202—2010	建筑施工工具式脚手架安全技术规范	2010-09-01
73	JGJ/T 204—2010	建筑施工企业管理基础数据标准	2010-07-01

续表

序号	标准编号	标准名称	实施日期
74	JGJ/T 205—2010	建筑门窗工程检测技术规程	2010-08-01
75	JGJ/T 208—2010	后锚固法检测混凝土抗压强度技术规程	2010-10-01
76	JGJ 209—2010	轻型钢结构住宅技术规程	2010-10-01
77	JGJ/T 213—2010	现浇混凝土大直径管桩复合地基技术规程	2011-03-01
78	JGJ 214—2010	铝合金门窗工程技术规范	2011-03-01
79	JGJ 215—2010	建筑施工升降机安装、使用、拆卸安全技术规程	2010-12-01
80	JGJ/T 220—2010	抹灰砂浆技术规程	2011-03-01
81	JGJ/T 222—2011	建筑工程可持续性评价标准	2012-05-01
82	JGJ/T 223—2010	预拌砂浆应用技术规程	2011-01-01
83	JGJ/T 225—2010	大直径扩底灌注桩技术规程	2011-08-01
84	JGJ/T 229—2010	民用建筑绿色设计规范	2011-10-01
85	JGJ 230—2010	倒置式屋面工程技术规程	2011-10-01
86	JGJ 231—2010	建筑施工承插型盘扣式钢管支架安全技术规程	2011-10-01
87	JGJ/T 234—2011	择压法检测砌筑砂浆抗压强度技术规程	2011-12-01
88	JGJ/T 235—2011	建筑外墙防水工程技术规程	2011-12-01
89	JGJ/T 250—2011	建筑与市政工程施工现场专业人员职业标准	2012-01-01
90	JGJ/T 251—2011	建筑钢结构防腐蚀技术规程	2012-03-01
91	JGJ/T 262—2012	住宅厨房模数协调标准	2012-05-01
92	JGJ/T 263—2012	住宅卫生间模数协调标准	2012-05-01
93	JGJ/T 268—2012	现浇混凝土空心楼盖技术规程	2012-08-01
94	JGJ/T 272—2012	建筑施工企业信息化评价标准	2012-05-01
95	JGJ 276—2012	建筑施工起重吊装工程安全技术规范	2012-06-01
96	JGJ/T 277—2012	红外热像法检测建筑外墙饰面粘结质量技术规程	2012-05-01
97	JGJ/T 279—2012	建筑结构体外预应力加固技术规程	2012-05-01
98	JGJ/T 281—2012	高强混凝土应用技术规程	2012-11-01
99	JGJ/T 283—2012	自密实混凝土应用技术规程	2012-08-01
100	JGJ/T 292—2012	建筑工程施工现场视频监控技术规范	2013-03-01
101	JGJ/T 293—2013	淤泥多孔砖应用技术规程	2013-12-01
102	JGJ/T 294—2013	高强混凝土强度检测技术规程	2013-12-01
103	JGJ/T 296—2013	高抛免振捣混凝土应用技术规程	2013-12-01
104	JGJ/T 299—2013	建筑防水工程现场检测技术规范	2013-12-01
105	JGJ/T 304—2013	住宅室内装饰装修工程质量验收规范	2013-12-01
106	JGJ 305—2013	建筑施工升降设备设施检验标准	2014-01-01
107	JGJ 311—2013	建筑深基坑工程施工安全技术规范	2014-04-01
108	JGJ 313—2013	建设领域信息技术应用基本术语标准	2014-03-01
109	JGJ/T 316—2013	单层防水卷材屋面工程技术规程	2014-06-01
110	JG/T 418—2013	塑料模板	2014-02-01
111	JG/T 420—2013	硬泡聚氨酯板薄抹灰外墙外保温系统材料	2014-03-01

参 考 文 献

[1] 住房和城乡建设部. 中国建筑技术政策 [M]. 北京：中国城市出版社，2013.
[2] 胡兴福. 土建施工类专业导论 [M]. 北京：高等教育出版社，2012.
[3] 住房和城乡建设部. 建筑业10项新技术（2010）[M]. 北京：中国建筑工业出版社，2010.
[4] 荀勇. 土木工程概论 [M]. 北京：国防工业出版社，2013.
[5] 朱克亮，周国. 新土木工程概论. [M]. 昆明：云南科技出版社，2013.
[6] 闫兴华，黄新. 土木工程概论. 2版. [M]. 北京：人民交通出版社，2013.
[7] 王清标. 土木工程概论 [M]. 北京：机械工业出版社，2013.
[8] 武胜. 土木工程概论 [M]. 北京：清华大学出版社，2013.
[9] 王建平. 土木工程概论 [M]. 北京：中国建材工业出版社，2013.
[10] 陈学军. 土木工程概论. 2版. [M]. 北京：机械工业出版社，2013.
[11] 崔京浩. 新编土木工程概论：伟大的土木工程 [M]. 北京：清华大学出版社，2013.
[12] 易成，沈世钊，等. 土木工程概论. 2版. [M]. 北京：中国建筑工业出版社，2013.
[13] 李围. 土木工程概论 [M]. 北京：中国水利水电出版社，2012.
[14] 王作文，林莉，等. 土木建筑工程概论 [M]. 北京：化学工业出版社，2012.
[15] 李斌，刘香. 土木工程概论 [M]. 北京：机械工业出版社，2012.
[16] 阎石，李兵. 土木工程概论 [M]. 北京：中国电力出版社，2012.
[17] 段树金，向中富，等. 土木工程概论 [M]. 重庆：重庆大学出版社，2012.
[18] 罗福午，刘伟庆. 土木工程（专业）概论. 4版. [M]. 武汉理工大学出版社，2012.
[19] 邓友生. 土木工程概论 [M]. 北京：北京大学出版社，2012.
[20] 郑晓燕，胡白香. 新编土木工程概论. 2版. [M]. 北京：中国建材工业出版社，2012.
[21] 孟春芳. 建筑工程概论 [M]. 北京：中国建材工业出版社，2013.
[22] 王新武，孙犁. 建筑工程概论. 2版. [M]. 武汉：武汉理工大学出版社，2013.
[23] 段莉秋. 建筑工程概论 [M]. 北京：中国建材工业出版社，2012.
[24] 申淑荣，王维. 建筑工程概论 [M]. 北京：冶金工业出版社，2011.
[25] 李钰. 建筑工程概论 [M]. 北京：中国建筑工业出版社，2010.
[26] 商如斌. 建筑工程概论 [M]. 天津：天津大学出版社，2010.